21世纪高等学校计算机规划教材

21st Century University Planned Textbooks of Computer Science

Visual Basic
程序设计教程

Visual Basic Programming

周支元 李跃强 主编

全同贵 李向楠 刘召斌 廖吾清 副主编

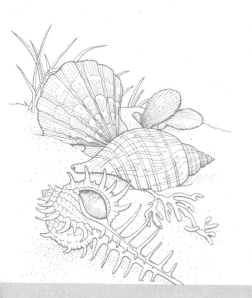

高校系列

人民邮电出版社

北 京

图书在版编目（CIP）数据

Visual Basic程序设计教程 / 周支元，李跃强主编
. -- 北京 : 人民邮电出版社，2014.9
21世纪高等学校计算机规划教材. 高校系列
ISBN 978-7-115-36313-8

Ⅰ. ①V… Ⅱ. ①周… ②李… Ⅲ. ①BASIC语言－程
序设计－高等学校－教材 Ⅳ. ①TP312

中国版本图书馆CIP数据核字(2014)第190983号

内 容 提 要

本书从 Visual Basic 程序设计概述开始，由浅入深，循序渐进，介绍了程序设计基础、结构化程序设计、常用控件、数组、过程、文件、对话框与菜单、程序调试与出错处理、图形操作、数据库技术等内容。

本书可作为普通高等院校的非计算机专业的入门教材，同时也可供相关工程技术人员和计算机爱好者参考使用。

◆ 主　编　周支元　李跃强
副主编　全同贵　李向楠　刘召斌　廖吾清
责任编辑　范博涛
责任印制　杨林杰

◆ 人民邮电出版社出版发行　北京市丰台区成寿寺路 11 号
邮编　100164　电子邮件　315@ptpress.com.cn
网址　http://www.ptpress.com.cn
北京鑫正大印刷有限公司印刷

◆ 开本：787×1092　1/16
印张：19.75　　　　　　　2014 年 9 月第 1 版
字数：493 千字　　　　　2014 年 9 月北京第 1 次印刷

定价：45.00 元

读者服务热线：(010)81055256　印装质量热线：(010)81055316
反盗版热线：(010)81055315

前　言

　　BASIC 程序设计语言曾经是我国使用最广泛的一种程序设计语言，在计算机教育和应用中占有十分重要的地位。但随着 Windows 等图形界面操作系统的广泛使用，面向过程的程序设计技术已被面向对象的程序设计技术所替代。在这种情况下，计算机程序设计语言的教学也必须转向面向对象的程序设计语言。Visual Basic（简称 VB）作为一种面向对象的程序设计语言，既保留了 BASIC 简单易学的特点，又具有功能强大、应用灵活、可视性好等优点，在数据库管理、多媒体应用、商业系统、计算机网络等许多领域得到广泛的应用，是国内外最流行的程序设计语言之一。目前，我国很多高等院校的非计算机专业，都将"Visual Basic 程序设计"作为一门重要的专业课程。为了帮助院校教师能够比较全面、系统地讲授这门课程，学生能熟练地掌握 VB 来进行软件开发，我们组织了几位长期在高等院校从事 VB 教学的教师，共同编写了这本《Visual Basic 程序设计》。

　　目前，尽管介绍 VB 程序设计语言的书有很多种，但大多数是以参考手册的形式出现，不适合作为教材使用，或者是以读者学过程序设计为前提，不适合程序设计的初学者使用。考虑以上两种情况，我们结合多年的教学和科研经验编写了本书。在编写时，充分考虑了我国教学的实际情况和读者自学的需要，力求概念清晰、准确，内容深入浅出，易教易学。从最基本的计算机程序设计基础知识讲起，由浅入深，循序渐进，使读者通过本书的学习，可较快地掌握 VB 程序设计语言。

　　本书共分 11 章，以 VB 6.0 为基础，全面介绍了面向对象的程序设计语言 VB。第 1 章主要介绍 VB 的编程环境和面向对象程序设计中的重要概念。第 2 章、第 3 章介绍 VB 的编程基础和程序流程控制，这是学习程序设计需要掌握的重要基础知识。第 4 章是第 1 章内容的提高，介绍了常用的控件，第 5 章重点介绍数组在 VB 程序设计中的应用。第 6 章重点介绍过程在 VB 中的应用，包括子过程和函数过程，是结构化程序设计必须掌握的内容。第 7 章介绍了文件的基本操作、常用文件的读写方法和常用的文件系统控件。第 8 章介绍了如何利用 VB 快速编写几种常见的对话框程序，以及菜单的基本操作。第 9 章主要介绍程序代码中可能出现的错误类型、调试工具的使用和错误捕获及处理。第 10 章主要介绍程序设计中图形和图像的基本操作。第 11 章介绍在 VB 中如何操作数据库，以及利用 VB 开发数据库管理系统的方法。各章均有一定数量的例题和习题，以提高读者分析问题、解决问题的能力。

　　本书可作为高等院校计算机专业学习 VB 程序设计的教材，也可作为非计算机专业学习计算机程序设计语言的教材，还可供有关工程技术人员和计算机爱好者参考。

　　本书由周支元、李跃强任主编，全同贵、李向楠、刘召斌、廖吾清任副主编，在本书编写过程中，得到了昆明理工大学信息工程学院王海瑞教授、云南机电职业技术学院李卫林老师以及西南林业大学赵芳婷老师的大力支持和帮助，在此表示衷心的感谢。

　　由于作者水平有限，书中难免存在错误和不妥之处，敬请各位读者批评、指正。

编　者
2014 年 5 月

目 录 CONTENTS

4

PART 1

第 1 章
Visual Basic 程序
设计概述

【学习内容】

Visual Basic 应用程序的开发是在一个集成环境中进行的。熟练地浏览和操作该软件环境是学习 Visual Basic 程序设计的基础。本章介绍 Visual Basic 6.0 的版本和特点，Visual Basic 的安装、启动和退出，Visual Basic 的工作模式，Visual Basic 6.0 的集成开发环境、窗体和基本控件，并在此基础上举例说明 Visual Basic 应用程序开发的一般步骤。

1.1 Visual Basic 的版本

程序设计主要经历了结构化程序设计和面向对象的程序设计两个阶段。BASIC 是 Beginner's All-purpose Symbolic Instruction Code（初学者符号指令代码）的英文缩写。早期的 BASIC 版本遵循结构化程序设计的原则，如 True Basic For DOS、Quick BASIC For DOS、Turbo BASIC For DOS。 Visual Basic（以下简称 VB）是 Microsoft 公司在原有 BASIC 语言的基础上开发出的新一代面向对象的程序设计语言。它提供了程序设计、软件测试和程序调试等各种程序开发工具的集成开发环境，而且加强了对 ActiveX 控件的支持，还可编写基于 Internet 的网络实用程序。因此无论是初学者，还是 Microsoft Windows 应用程序的专业开发人员，都可以轻松地运用 VB 设计应用程序的可视用户界面、设置对象属性、编写程序代码、测试和调试、保存文件、编译生成可执行文件以及最终发行应用程序。

迄今为止，VB 已经经历的几个阶段是：①1991 年推出 VB 1.0 版。②1992 年秋推出 VB 2.0 版。③1993 年 4 月推出 VB 3.0 版。④1995 年 10 月推出了能开发 32 位应用程序的 VB 4.0 版。⑤1997 年推出 5.0 版。⑥1998 年推出了 6.0 版。⑦2002 年正式发布 Visual Basic .NET。

VB 6.0 包括学习版、专业版和企业版。专业版包含学习版的全部功能，企业版包含专业版的全部功能。学习版包括所有的内部控件、网格控件、Tab 对象以及数据绑定控件。专业版还包括 ActiveX 控件、Internet 控件、Crystal Report Writer 和报表控件。企业版还包括自动化管理器、部件管理器、数据库管理工具和 Microsoft Visual SourceSafe 面向工程版的控制系统等。

VB 6.0 是专门为 32 位操作系统设计的，用来建立 32 位的应用程序，可运行在 Windows 9X、Windows NT、Windows 2000、Windows XP、Windows 7 等环境下。

1.2　Visual Basic 的特点

Visual Basic 是一种可视化、面向对象和采用事件驱动方式的结构化高级程序设计语言，可用于开发 Windows 环境下的各类应用程序。它简单易学、效率高，且功能强大，很受编程爱好者和专业程序员的喜爱。其主要特点包括：可视化编程、面向对象的程序设计、结构化程序设计、事件驱动的编程机制、支持对多种数据库系统的访问等。

1．可视化编程

传统的程序设计是面向过程的，在设计时看不到界面的实际运行效果，必须多次反复经历"编程—编译—运行—修改—编译—运行"。界面的效果不理想，就只能修改程序，编程效率很低。

Visual Basic 是面向对象的。"Visual"意为可视化。利用 VB 提供的可视化设计工具箱中的工具按钮，可以很直观地在"窗体"内画出控件（即图形对象都是可视的），并利用是"属性窗口"调整界面元素在窗体中的位置、大小和样式等属性，真正实现了"所见即所得"（What you see is what you get）。

2．面向对象程序的设计

面向对象的程序设计（Object Oriented Programming，OOP）是近年来发展起来的一种新的程序设计思想。对象具有封装性，它把程序和数据封装起来，利用属性窗口直接实现界面设计，不必编写建立和描述每个对象的程序代码。Visual Basic 界面设计代码自动产生，程序员只需要编写实现程序功能的那部分代码，从而大大提高了程序设计效率。

3．结构化程序设计

Visual Basic 是面向对象的结构化程序设计语言。结构化程序设计的指导思想是：自顶向下、逐步求精、模块化、限制使用 Goto 语句。任何一个程序的结构都是由顺序结构、选择结构和循环结构三大基本结构组合而成的。

Visual Basic 是解释性语言（逐句地翻译运行程序），因而程序易于理解、使用和维护，同时又是编译型的（把整个源程序一次性翻译成二进制目标代码程序）。整个应用程序设计好之后，可以编译生成.EXE 可执行文件。

4．事件驱动编程机制

传统的面向过程的程序设计在执行程序时规定了程序过程的执行顺序。面向对象的程序设计以"对象"为中心来设计模块，而不是以"过程"为中心考虑程序的结构。Visual Basic 是通过事件驱动的模式来执行程序的。一个对象可以识别多个事件，每个事件都对应了一段程序代码，即事件过程。哪一个事件过程先执行，哪一个后执行，由操作者根据需要临时决定，它没有固定的执行顺序。这些事件的顺序决定了代码执行的顺序。因此每次执行同一个应用程序所经历的路径可以不一样。

5．支持对多种数据库系统的访问

VB 具备很强的数据库管理功能。利用数据控件和数据库管理器，可以直接建立或处理 Microsoft Access 格式的数据库，还能直接编辑和访问其他外部数据库，如 dBase、FoxPro、Paradox 等。VB 还提供开放式数据访问（Open DataBase Connectivity，ODBC）功能，可通过直接访问或建立连接的方式使用并操作后台大型网络数据库，如 SQL Server、Oracle 等，能使用结构化查询语言 SQL，直接访问 Server 上的数据库。

另外，VB 还具有动态数据交换（DDE），对象的链接与嵌入（OLE），动态链接库（DLL），完备的 Help 联机帮助功能，Internet 组件下载，建立自己的 ActiveX 控件、ActiveX 数据对象（ADO）和 ADO 数据控件等。

1.3　Visual Basic 的安装、启动和退出

1.　Visual Basic 的安装

Windows 系统启动成功后，将 Visual Basic 6.0 安装盘放入光驱中，安装程序会自动启动，弹出"Visual Basic 6.0 中文企业版安装向导"。双击安装光盘上的 Setup.Exe 也可打开该对话框。在该对话框中单击"下一步"按钮，打开"最终用户许可协议"对话框，选中"接受协议"复选框，单击"下一步"按钮。打开"产品号和用户 ID"对话框，输入 ID，填写姓名和公司名称，单击"下一步"按钮。在弹出的对话框中选中"安装 Visual Basic 6.0 中文企业版"，单击"下一步"按钮。在"设置路径、选择安装类型"对话框中，选中"典型安装"，系统会自动安装一些最常用的组件；选中"自定义安装"，可以根据用户需要有选择地安装组件，如选中"图形"。然后将文件复制到硬盘中，完成 Visual Basic 中文企业版的安装。之后重启计算机更新系统配置使安装生效。重启计算机后会提示是否安装 MSDN 帮助系统。

2.　Visual Basic 的启动

启动 Windows 应用程序的方法对 VB 6.0 也是适用的。

第一种方法：利用"开始"菜单启动 VB，具体步骤如下。

（1）单击"开始"按钮，选择"程序"→"Microsoft Visual Basic 6.0 中文版"→"Microsoft Visual Basic6.0 中文版"命令。

（2）出现"新建工程"对话框。

（3）在"新建工程"对话框中选择创建工程类型，然后单击"打开"按钮，进入 VB 集成环境，开始程序的设计。

第二种方法：直接双击 VB 6.0 的桌面快捷方式图标。

第三种方法：利用"我的电脑"或"资源管理器"打开 VB 6.0 应用程序所在的文件夹，双击"VB 6.exe"图标。

3.　Visual Basic 的退出：

（1）单击"标题栏"右边的关闭按钮。

（2）选择"文件"→"退出"命令。

（3）当 VB 是活动窗口时，按 Alt+Q 或 Alt+F4 组织键。

1.4　VB 6.0 的集成开发环境

VB 6.0 集成开发环境的典型界面由标题栏、菜单栏、标准工具栏、工具箱、窗体设计器、工程资源管理器窗口、属性窗口、立即窗口、窗体布局窗口等组成。

1.　标题栏

标题栏中显示当前打开工程的名称、应用软件名称及工作状态。它包含系统控制菜单、标题栏、最小化按钮、最大化按钮和关闭按钮。在标题栏上反映了 VB 6.0 的 3 种工作状态：设计状态、运行状态和中断（Break）状态。设计状态有设计窗体（Form）和设计代码（Code）两种。在运行状态下不能编辑，只有返回到设计状态才能修改设计。

2. 菜单栏

菜单栏提供了开发、调试和保存应用程序所需的几乎所有命令。VB 6.0 共有 13 个菜单项，即文件、编辑、视图、工程、格式、调试、运行、查询、图表、工具、外接程序、窗口和帮助。每个菜单项含有若干子菜单，用于执行不同的命令。

除了标准的下拉式菜单外，VB 还提供了弹出式菜单，它没有显式地出现在集成开发环境中。当用鼠标右键单击对象时打开弹出式菜单，菜单中列出的操作选项清单取决于鼠标右键单击的对象。按 F10 键或 Alt 键激活菜单栏。

3. 标准工具栏

VB 6.0 包括 4 种工具栏："标准"、"编辑"、"窗体编辑器"和"调试"，每个工具栏上的按钮由部分常用菜单命令组成，利用工具栏可以快速访问相应的菜单命令。默认只显示"标准"工具栏。如果要添加或删除其他工具栏，可以执行选择"视图"菜单下的"工具栏"命令进行。工具栏有固定和浮动两种显示方式。

4. 工具箱

工具箱由 3 类工具图标组成：标准控件（即内部控件）、ActiveX 控件、可插入对象。工具箱用于设计应用程序的界面。工具箱中提供了进行程序设计所需要的标准控件，包括 1 个指针图标和 20 个标准控件图标，如图 1-1 所示。如果要使用其他的控件，如通用对话框控件，可以执行"工程"菜单下的"部件"命令来选择所需要的控件，将其添加到工具箱中。

工具栏右侧的 4 个数字用于显示当前对象的位置和大小，其长度单位为 Twip 。1 英寸 = 1440twip ≈ 2.54cm，twip 是默认单位，可通过窗体的 ScaleMode 属性来改变单位。

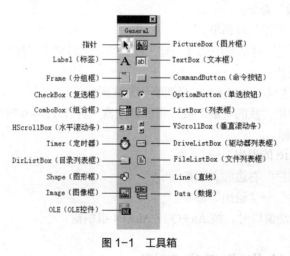

图 1-1 工具箱

5. 窗体设计器

窗体设计器简称窗体（Form），是应用程序最终面向用户的窗口，默认名称为 Formx。窗体中的小点用于对齐对象。用户通过在窗体中添加控件来建立可视用户界面。一个工程可以包含若干窗体模块，方法是：选择"工程"→"添加窗体"命令。

6. 工程资源管理器窗口

按 Ctrl+R 组合键打开工程资源管理器窗口（见图 1-2），用于管理 6 类文件：.frm 窗体文件、.bas 标准模块文件、.cls 类模块文件、.vbp 工程文件、.vbg 工程组文件、.res 资源文件。打开工程组文件就自动打开属于该工程组的所有工程文件。打开工程文件就自动打开属于该工程的所有文件。标准模块是一个纯代码文件，它不属于任何一个窗体。资源文件由字符串、位图及声音文件组成。工程资源管理器窗口中有 3 个按钮：查看代码（相当于按 F7 键）、查看对象、切换文件夹。一个工程对应一个应用程序。一个工程可以包含多个窗体模块和标准模块，但启动对象只能是一个。设置启动对象的方法是：选择"工程"→"工程属性"命令，在"工程属性"对话框选择"通用"选项卡，指定"启动对象"。启动对象可以是窗体模块或Sub Main。

图 1-2 工程资源管理器

图 1-3 代码编辑器

7. 代码窗口

程序代码窗口（见图 1-3）由标题栏、对象框、过程/事件下拉列表框、过程查看按钮、全模块查看按钮、拆分栏、编辑窗口等组成。打开代码窗口有以下 5 种方法。

（1）双击控件或窗体。

（2）选择"视图"→"代码窗口"命令。

（3）按 F7 键。

（4）单击"工程资源管理器"窗口的"查看代码"按钮。

（5）用鼠标右键单击窗体，在弹出的快捷菜单中选择"查看代码"命令。

设置代码编辑器的方法是：选择"工具"→"选项"命令，选择"编辑器"选项卡，可设置自动语法检测、要求变量声明、自动列出成员、自动显示快速信息、自动显示数据提示等。

8. 属性窗口

属性窗口用来设置对象属性，由标题栏、对象列表框、属性显示方式、属性列表框及对当前属性的简单解释几部分组成。属性显示方式有两种："按字母序"和"按分类序"。激活属性窗口有以下 6 种方法。

（1）单击属性窗口的任何可见部位。

（2）选择"视图"→"属性窗口"命令。

（3）按 F4 键。

（4）单击标准工具栏中的"属性窗口"按钮。

（5）按 Ctrl+PageDown 或 Ctrl+Page 组合键。

（6）用鼠标右键单击窗体中的对象，在弹出快捷菜单中选择"属性窗口"命令。

9. 窗体布局窗口

窗体布局窗口就像一个虚拟的显示屏幕，可以用来直观地调整应用程序窗口在实际显示屏幕上的位置。

10. 立即窗口

选择"视图"→"立即窗口"命令或按 Ctrl+G 组合键打开立即窗口，它用于调试应用程序。通过立即窗口可以用解释的方式逐句运行程序。注意，每输入一条语句，按回车键表示输入结束并运行。立即窗口是一个特殊的对象，名称为 Debug。

其他部分，如对象浏览器窗口、本地窗口、监视窗口、数据视图窗口、调色板等此处不再赘述。

1.5 Visual Basic 程序开发的一般步骤

编写 Visual Basic 应用程序需要经历建立可视用户界面、设置窗体和控件的属性、编写代码、 调试运行和保存文件 5 个步骤。如果需要，还可进一步编译生成可执行文件。

1. 设计用户界面（画控件）

用户通过工具箱控件按钮可以在窗体上设计自己需要的用户界面。向窗体上添加控件有 3 种方法。

（1）单击工具箱中的控件按钮，然后在窗体内拖动鼠标画出单个控件。

（2）双击工具箱中的控件按钮，在窗体正中央自动画控件。

（3）按 Ctrl 键+单击控件按钮，然后在窗体内拖动鼠标可连续画出多个相同类型的控件，画完控件后单击指针按钮返回编辑状态。

2. 设置窗体和控件的属性

利用属性窗口可以为窗体和窗体中的对象设置相应的属性。大部分属性的设置既可以在属性窗口中设置，也可以在代码窗口中使用赋值语句来设置。语句格式参见 1.7 的内容。

3. 编写代码

VB 是采用事件驱动的编程语言。界面仅仅决定程序的外观，用户通过界面输入信息后，程序必须能够接受，并做出相应的响应，实现用户预期的功能，还必须通过"代码窗口"为对象编写实现某一功能的程序代码。

4. 调试运行

运行程序有两个目的：输出结果和发现错误。选择"运行"→"启动"命令或按 F5 键运行工程中指定的启动对象。如果程序有错会提示出错信息，修改错误后继续运行。不断修改程序，直到运行通过为止的这个过程称为程序调试。程序调试的任务是诊断和改正程序中的错误。程序进入运行模式后，不能继续编辑，必须选择"运行"→"结束"命令或单击标准工具栏中的"结束"按钮，结束运行状态返回到设计模式方可修改设计。

5. 保存文件

选择"文件"→"保存工程"命令或单击标准工具栏上的"保存工程"按钮，即可保存工程。工程中多个模块的存取顺序是：依次保存标准模块、窗体模块、工程文件。如果有两个以上的工程，则还会提示保存工程组文件。

程序可以解释运行，也可以编译运行（即生成可执行文件）。生成可执行文件的方法是：选择"文件"→"生成工程文件名.exe"命令。生成的可执行文件能脱离 VB 环境直接在 Windows 下运行。

1.6 一个典型的 VB 应用程序

【例 1-1】在窗体 Form1 的标题栏显示"My First Program"。在窗体内画一个文本框 Text1，初始值为空。画 3 个命令按钮 Command1、Command2、Command3，标题属性分别为"显示"、"隐藏"、"退出"。程序运行时，单击 Command1，在文本框中显示"欢迎使用 Microsoft Visual Basic6.0"，单击 Command2，文本框隐藏，单击 Command3 则关闭窗口退出。最后以 lx1.frm 和实验 1.vbp 为文件名存盘。运行窗口如图 1-4 和图 1-5 所示。

图 1-4　运行窗口 1

图 1-5　运行窗口 2

操作步骤如下。

（1）启动 VB 6.0，在"新建工程"对话框中的"新建"选项卡中选择"标准 EXE"选项，单击"打开"按钮，进入编辑窗口。

（2）根据表 1-1 的要求，在窗体设计器中设计应用程序界面(参考图 1-4)。

表 1-1　窗体与控件设置列表

对象名	属性	设置值
Form1	Caption	My First Program
Text1	Text1	清空
Command1	Caption	显示
Command2	Caption	隐藏
Command3	Caption	退出

（3）利用属性窗口按表 1-1 设置各控件的属性。

（4）在代码窗口中给相应对象添加事件过程，即编写程序代码，该程序的代码如下。

```
Private Sub Command1_Click()
 Text1.Text = "欢迎使用Microsoft Visual Basic6.0"
 Text1.Visible = True
End Sub
Private Sub Command2_Click()
 Text1.Visible = False
End Sub
Private Sub Command3_Click()
 End
End Sub
```

（5）按 F5 键、单击标准工具栏上的"启动"按钮或选择"运行"→"启动"命令调试运行程序。

（6）当程序调试成功后，保存工程。选择"文件"→"保存工程"命令，先保存窗体（窗体文件名为"lx1.frm"），然后保存工程（工程文件名为"实验1.vbp"）。

（7）将工程编译成能脱离VB环境而独立运行的EXE文件。选择"文件"→"生成实验1.exe"命令。关闭VB直接在Windows下运行"实验1.exe"。

1.7 Visual Basic 中的对象

下面介绍面向对象编程的相关概念。

1. 对象（object）与类（class）

对象是系统中的基本运行实体，是类的实例，是属性（静态特征）和方法（行为方式）的封装体。对象分为两类：预定义对象和用户自定义对象。预定义对象有窗体（Form）、控件（Control）、打印机（Printer）、调试（Debug）、剪贴板（Clipboard）、屏幕（Screen）等。最常用的是窗体和控件对象。容器对象主要有窗体、图片框和框架。在容器对象中可以进一步画出其子对象。

对象具有标识唯一性、分类性、多态性、封装性、模块独立性好等基本特点。

在面对对象编程中，编程就好像搭积木一样，把复杂的设计问题分解为一个个能够完成独立功能的相对简单的对象集合。

类是具有共同属性、共同方法的对象的集合。类是对象的抽象，它描述了属于该对象类型的所有对象的性质，而一个对象是其对应类的一个实例。以"学生"为例，"学生"是一个笼统的名称，是整体概念，把学生看成一个"类"，每位具体的学生（如张三）就是这个类的实例，也就是这个类的对象。

类与对象是面向对象程序设计语言的基础。在面向对象的程序设计方法中，设计人员直接用一种称为"对象"的程序构件来描述客观问题中的"实体"，并用"对象"间的消息来模拟实体间的联系，用"类"来模拟这些实体间的共性。

注意：控件工具箱的各种控件图标并不是对象，而是代表了各种不同的类。通过控件工具箱中的图标在窗口中画出的各种图标是这些类的实例化，是真正的对象。当在窗体上画一个控件时，就将类实例化成一个具体的对象，即创建了一个控件对象，简称为控件。

2. 属性（property）

属性用来描述和反映对象的状态或特征。不同的对象有不同的属性，不同的对象也有相同的属性。在属性窗口中设置属性有3种方式：直接键入、选择输入（可双击轮换属性值）和利用对话框。大部分属性既可以在属性窗口中设置，也可以在代码窗口中设置，有的属性只能在代码窗口中设置，有的只能在属性窗口中设置（如Name和窗体的BorderStyle属性）。把只能在属性窗口设置，不能在代码窗口设置（否则运行时会出错）的属性称为只读属性。

在VB中，窗体和控件都有各自的属性。除了通过属性窗口来设置对象的属性外，还可以通过语句来实现。设置属性的语句格式如下。

[Let] [对象名.]属性名称=新设置的属性值。例如：

text1.text="Welcome to Visual Basic"将文本框Text1的内容显示为指定的字符串常量。

Let Command1.Caption = "确定"　将命令按钮Command1的标题设置为"确定"。

其中的"对象名"就是对象的名称，由对象的Name属性决定，省略时表示当前窗体。

Visual Basic 为每个控件规定了一个默认属性，在设置这样的属性时不必给出属性名，通常把这样的属性称为控件的值。对控件值属性赋值的语句格式：

控件名=属性值。例如：

`text1.text="HHYZ"`等价于 `text1="HHYZ"`。

`label1.caption="确定"`等价于 `label1="确定"`。

部分控件的控件值：复选框 CheckBox Value、单选按钮 OptionButton Value、组合框 ComboBox Text、列表框 ListBox Text、文本框 TextBox Text、通用对话框 Common Dialog Action、驱动器列表框 DriveListBox Drive、目录列表框 DirListBox Path、文件列表框 FileListBox FileName、框架 Frame Caption、水平滚动条 HscrollBar、垂直滚动条 Vscrollbar Value、图片框 PictureBox Picture、图像框 Image Picture、标签 Label Caption、直线 Line Visible、形状 Shape Shape、计时器 Timer Enabled。

使用控件值节省代码，但会影响程序的可读性。

3. 事件（event）及事件过程（event procedure）

在 VB 中，对象与对象之间、对象和系统之间及对象和程序之间要发生联系，是通过事件来完成的。所谓事件，就是由 Visual Basic 预先定义好的能够被对象识别的动作。例如，用鼠标单击命令按钮，系统就会在命令按钮上产生单击（Click）事件；用鼠标双击窗体，系统就会在窗体上产生双击（DblClick）事件。

响应某个事件后所执行的操作通过一段程序代码来实现，这样的一段程序代码叫作事件过程（event procedure）。事件过程的一般格式如下。

```
[Private | Public] Sub 对象名称_事件名称()
    过程体
End Sub
```

其中，Sub 是定义过程的开始语句，End Sub 是定义过程的结束语句。对象名称一般指对象的 Name 属性值。不过，所有窗体的对象名称不使用窗体的 Name 属性值，而是统一使用 Form。例如，Form_click(),无 FormX_click()。

4. 方法（method）

方法是对象的行为方式。触发一个方法，只要键入对象名及方法即可。方法的调用格式如下。

`[对象名称.]方法名称 [参数表]`

省略对象名称时表示当前窗体。例如：

`Picture1.Print "National Computer Rank Examination"` 在图片框 Picture1 中输出指定的字符串。

`Form1.cls`   对窗体 Form1 清屏

`Cls`   对当前窗体清屏

把方法看作对象可以执行的动作或行为，具有主动性；事件看作是使某个对象进入活动状态的一种操作或动作，相对该对象来说具有被动性。

1.8 窗体

窗体好像一块"画布"，它是创建 VB 应用程序用户界面的基础，各种控件对象必须建立在窗体上。通过设置窗体的属性并编写其响应事件的事件过程代码，能设计出满足用户要求的各种界面。窗体是 Visual Basic 中的基本对象之一，具有与之对应的属性、方法和事件。

1.8.1 窗体的结构与属性

设计阶段的窗体在运行时称为窗口。窗体的结构类似于 Windows 中的窗口，包括系统菜单（控制菜单）、标题栏、最小化按钮、最大化按钮、关闭按钮等。

窗体的属性决定了窗体的外观和操作。窗体的常用属性如下。

1．Name（名称）

VB 中引用对象的方法是按名引用。Name 属性用于定义窗体的名称，是该窗体对象的唯一标识，以供在编写代码中引用该窗体时使用。新建工程时，窗体的名称默认为 Form1；添加的第二个窗体，其名称默认为 Form2，以此类推。该属性为只读属性，只能在属性窗口中更改。

2．Caption（标题）

该属性用于设置窗体的标题文本，一般标题内容应概括说明本窗体的作用。窗体的默认 Caption 属性值与其 Name 属性值相同，但需要注意，它和名称属性是不同的。

3．Left（左边距）、Top（顶边距）

这两个属性分别用以设置对象与其容器对象的左边、顶端的距离，即对象左上角顶点在其容器对象中的横、纵坐标值。

4．Width（宽度）、Height（高度）

这两个属性分别表示对象的宽度、高度。

Left 和 Top 决定了对象的位置，Width 和 Height 决定了对象的大小。它们的长度单位均为缇（twip）。1440twip=1 英寸≈2.54cm。

5．BackColor（背景色）、ForeColor（前景色）

BackColor 属性设置窗体的背景颜色，ForeColor 属性设置窗体的前景颜色。单击该属性右侧带有省略号的按钮可以弹出调色板以供选择颜色。

6．Enabled（是否可用）、Visible（是否可见）

这两个属性的取值有两种：True 或 False，默认值均为 True。前者用来设置对象能否对用户产生的事件做出反应。设置为 False 时，对象不能被访问；后者用来设置窗体是否显示。设置为 False 时，对象将不可见。

7．Font （字体）

该属性用于设置输出字符的各种特性，包括字体名称（FontName）、字体大小（FontSize）、字体是否加粗（FontBold）、字体是否倾斜（FontItalic）、字体是否加下画线（FontUnderline）、字体是否加删除线（FontStrikethru）等一组属性值。在代码窗口中对这些属性赋值的格式分别如下。

格式 1：[窗体.][控件.]|Printer.FontName[=字体类型]

说明：字体类型是指能在计算机系统中使用的字体。例如，"楷体_GB2312"不能是"楷体"。默认的字体为"宋体"。

格式 2：FontSize[=点数]

说明：字体大小，默认为 9。

格式 3：FontBold=[Boolean]

说明：是否加粗，FontBold 值为 True 时，加粗，否则以正常字体输出。

格式 4：FontItalic=[Boolean]

说明：是否倾斜，FontItalic 值为 True 时，倾斜，否则以正常字体输出。

格式 5：FontStrikethru=[Boolean]

说明：是否加删除线，FontStrikethru 值为 True 时，加删除线，否则以正常字体输出。

8. Moveable（能否移动）

该属性决定窗体在运行时是否可以移动，默认值为 True。为 False 时，运行时窗口不能移动。

9. BorderStyle （边框类型）

该属性决定窗体边框样式及窗体能否调整大小。设定值及相关的 VB 内部常量和不同风格详见表 1-2。

表 1-2　窗体的 BorderStyle 属性取值表

设定值	常　　量	风　　格
0	vbBSNone	窗口无边框
1	vbFixedSingle	单线外框，运行时窗口大小不可改变
2	vbSizable	（默认值）双线外框，运行时可改变窗口大小
3	vbFixedDouble	双线外框，运行时窗口大小不可改变
4	vbFixedToolWindow	包含一个关闭按钮，标题栏字体缩小，窗口大小不可改变，在 Windows 任务栏中不显示
5	vbSizableToolWindow	包含一个关闭按钮，标题栏字体缩小，窗口大小可以改变，在 Windows 任务栏中不显示

10. ControlBox（是否显示控制框）

默认值为 True。为 False 时，不显示系统控制菜单。它起作用的前提是 BorderStyle 取值不能为 0。如果 BorderStyle 为 0，则 ControlBox 属性将不起作用（即使被设置为 True）。

11. MinButton（是否显示最小化）、MaxButton（最大化按钮）

默认值均为 True。为 False 时，不显示最小化、最大化按钮。它起作用的前提是 ControlBox 为 True。如果 BorderStyle 为 0 或 ControlBox 为 False，则这两个属性将被忽略。

12. Picture 属性和 Icon 属性

Picture 属性设置在窗体中显示的图片。单击 Picture 属性右边的插入按钮，弹出"加载图片"对话框，用户可选择一个图片文件作为窗体的背景图片。使用同样的方法可以设置 Icon 属性来确定运行时，窗体最小化所显示的图标。

13. WindowState 属性

设置窗体启动后窗口的大小状态，具有 0（Normal）、1（Minimized）、2（Maximized）3 种取值，分别表示正常大小、最小化和最大化。

以上这些属性适用于窗体，有的还适用于其他对象，如 Name 、Enabled、Visible、Height、Width、Left、Top 等，大多控件也有，且具有相似的作用。

1.8.2　窗体事件

常用的窗体事件如下。

（1）Click/DblClick 事件：单击/双击窗体时触发。由于窗体内控件的事件优先，所以单击窗体内没有控件的地方才能触发窗体的 Click/DblClick 事件。注意：触发双击事件之前一定会触发单击事件。

（2）Load 窗体装载事件：窗体被装入时触发的事件，该事件通常用来在启动应用程序时对属性和变量进行初始化。在装入窗体后，如果运行程序，就自动触发该事件。在 Form_Load 事件完成前，窗体或窗体上的控件是不可视的，不能用 SetFocus 方法把焦点移到正在装入的窗体或窗体上的控件，必须先用 Show 显示窗体，然后才能对窗体或窗体上的控件设置焦点。例如：

```
Private Sub Form_Load()              Private Sub Form_Load()
                      应改为              Form1.Show
Text1.SetFocus    '出错               Text1.SetFocus
End Sub                               End Sub
```

（3）Unload 窗体卸载事件：当某应用程序运行结束，单击窗体右上角的关闭按钮或执行 Unload 语句将触发窗体卸载事件。

说明：窗体的 Hide 方法可以使指定的窗体隐藏但并不从内存中卸载。如果卸载的窗体是程序中唯一的窗体，则终止程序的运行。使用 End 语句来终止程序的运行，该方法将从内存中卸载所有的窗体。

（4）Activate 活动事件、Deactivate 非活动事件：当窗体变为当前窗体时，引发 Activate 活动事件。当活动窗口变为非活动窗口时，触发 Deactivate 非活动事件。

1.8.3　窗体的常用方法

窗体的常用方法主要有以下几个。

1. Show 方法和 Hide 方法

这两个方法使窗体显示或隐藏，Show 方法运行后，窗体显示出来，Hide 方法运行后，窗体不显示出来。这两个方法多用于多窗口应用程序中指定窗口的跳转显示和隐藏。

窗体的 Show 方法与窗体的 Visible 属性值设置为 True 时执行的效果相同，窗体的 Hide 方法与窗体的 Visible 属性值设置为 False 时执行的效果相同，即：

Form1.Show 与 Form1.Visible=True 作用相同，Form1.Hide 与 Form1.Visible=False 作用相同。

2. Print 方法

格式：[对象名称.]Print　[表达式表] [, | ;]

功能：运算后在指定对象中输出表达式的值。对象名称可以是窗体、图片框、打印机（Printer）、立即窗口（Debug），省略对象名称时，默认为当前窗体。省略表达式表时，Print 输出一个空行。表达式表中的字符串常量原样输出。逗号表示标准格式（即分区格式，14 列为一个区），分号表示紧凑格式。数值的前面有一个符号位，后面有一个空格，字符串前后都没有空格。例如：

Print Tab(25);800　　在当前窗体中第 25 列输出 800

Debug.Print "L";Spc(3); "R"，在立即窗口中输出 "L R"。Spc(3)和 Space(3)都产生 3 个空格

Form2.picture1.Print "L";Space(3); "R"在窗体 Form2 中的图片框 picture1 中输出"L R"

Printer.Print "L"+Space(3)+ "R"在打印机上输出"L R"

Print "L"+Spc(3)+ "R"，出错

如果最后一个输出项后面没有分隔符出现，则该 Print 方法在输出完内容后自动换行。

3. Cls 方法和 Refresh 方法

这两个方法均可以清除窗体或图片框在运行期间产生的图形或文字，但使用 Cls 方法后，

下一输出点从窗体或图片框的左上角开始，而使用 Refresh 方法后，下一输出点是接着上次输出的位置。

4．Move 方法

Move 方法用来移动窗体或控件位置，并可改变其大小。其一般语法如下。

[对象.] Move Left[,Top[,Width[,Height]]]

Left、Top、Width、Height 分别代表左边距、顶边距、宽度和高度，它们均以 twip 为单位。如果是窗体对象，则"左边距"和"顶边距"是以屏幕左边界和上边界为准，其他对象则是以窗体的左边界和上边界为准。

能够使用 Move 方法的对象可以是窗体及除时钟、菜单外的所有控件，默认情况下代表当前窗体。

Move Left – 100   ' 省略对象时代表当前窗体，窗体向左移动 100twip

Form1.Move 0, 0, Form1.Width / 2, Form1.Height / 2   ' 窗体 Form1 移动到屏幕最左上角，宽度和高度值为执行前的一半

1.9　VB 的基本控件

控件是构成用户界面的基本元素，掌握各类控件的属性、事件和方法是构建可视用户界面和编程的基础。本节主要介绍文本控件（标签和文本框）和命令按钮的属性、事件和方法。选择控件（单选按钮、复选框、列表框和组合框）、图形控件（图片框和图像框）、滚动条、计时器、框架等常用标准控件将在第 4 章中介绍。

对象有许多有相似的属性，为了提高效率，表 1-3 列出了它们的名称和作用。

表 1-3　对象的属性

属性名称	属性的作用与特点
Name	名字属性，具有标识唯一性，按名引用对象，只读属性
Caption	标题属性，常见错误：按标题引用对象
Enabled	设置窗体或控件是否可用
Visible	设置窗体或控件是否可见
Left	窗体左边界与屏幕左边界的距离或控件与窗体左边界的距离
Top	窗体顶部与屏幕顶部的距离或控件与窗体顶部边界的距离
Width	窗体的宽度或控件的宽度
Height	窗体的高度或控件的高度
BackColor	设置背景颜色
ForeColor	设置前景颜色
FontName	设置字体名称
FontSize	设置字体大小
FontItalic	设置字体是否倾斜
FontBold	设置字体是否加粗
FontUnderline	设置字体是否加下画线

对象也有许多相似的事件，如表 1-4 所示。

表 1-4　对象的事件

事件名称	事件描述
Click	单击鼠标时产生的事件
DblClick	双击鼠标时产生的事件
MouseDown	按下鼠标时产生的事件
MouseUp	释放鼠标时产生的事件
GotFocus	在程序运行过程中，当把光标转移到控件时产生的事件
LostFocus	在程序运行过程中，当把光标从控件转移出去时产生的事件

另外每个控件还有自己专有的属性，将在下面的内容中分别进行介绍。

1.9.1　标签（Label）

标签是文本控件，默认的名称和标题属性均为 Labelx。它只可以显示文本信息，用来显示各种静态文字，如标题、说明等，但运行时不能直接编辑。其 Caption 属性的内容就是显示的文本信息。Caption 为其控件值属性。

标签的常用属性如下。

（1）Alignment：标签标题文字的对齐方式（0 左对齐、1 右对齐、2 居中）。

（2）BackStyle：设置标签的背景是否为透明（0 透明、1 不透明，标签覆盖背景）。

（3）BorderStyle：设置标签有无边框（0 无边框、1 有边框，但不会变成文本框）。

（4）AutoSize 属性：设置标签是否自动调整大小，以与标签中所显示的文本相适应。

标签支持 Move 方法。标签可以接受 Click（单击）、DblClick（双击）等事件，但不经常使用，主要用于显示一小段文本。

1.9.2　文本框（TextBox）

文本框也是文本控件，默认的名称和 Text 属性均为 TextX。它既可以显示文本信息，又可以在运行时直接编辑，相当于一个文本编辑器。其 Text 属性值就是文本框中显示的文本。Text 为其控件值属性。文本框没有标题属性 Caption。

1. 文本框的属性

文本框的常用属性如下。

（1）Locked：是否锁定对文本框的编辑。为 True 时，不能编辑，默认为 False。

（2）Multiline：设置文本框能否多行显示文本。为 False 时，只能显示单行文本，回车也不换行。为 True 时，自动换行，也可回车换行。

（3）ScrollBar：用来设置文本框中是否加滚动条。取值范围为 0～3，含义分别为：

0 表示默认值，没有滚动条；1 表示只有水平滚动条；2 表示只有垂直滚动条；3 表示同时具有水平滚动条和垂直滚动条。

注意：ScrollBar 属性起作用的前提是将 MultiLine 属性设为 True。在文本框中加入水平滚动条后，自动换行功能失效，只有按回车键才能换行。

（4）PasswordChar：设置文本框的占位符，一般使用"*"，用于输入口令时把密码转换成 *显示。默认值为空字符串（不是空格），此时在文本框中输入的字符都会以明码显示。

注意：如果 MultiLine 属性设为 True，那么 PasswordChar 属性将不起作用。

（5）MaxLength：设置文本框允许输入的最大字符数。默认值为 0，字符数不能超过 32K。

（6）SelStart、SelLength 和 SelText：这 3 个属性是文本框中文本的编辑属性。

SelStart：确定在文本框选中文本的起始位置。第一字符的位置为 0，第二字符的位置为 1，以此类推。

SelLength：设置或返回文本框中选定的文本字符串长度（字符数）。

SelText：设置或返回当前选定文本中的文本字符串。例如：

Text1.seltext="HNYXY"　　　'把 Text1 中选定的内容替换为指定的字符串

先设置 SelStart，后设置 SelLength，这样就确定了 SelText 的内容。例如，实现对文本框 Text1 内容的全选操作要经历以下两步。

Text1.selstart=0

Text1.sellength=len(Text1.text)

2．文本框的事件

文本框的常用事件如下。

（1）Change 事件：在程序运行过程中，当文本框的内容即 Text 属性值发生变化时，自动触发该文本框的 Change 事件。

（2）GotFocus 事件：当文本框获得焦点时触发。只有当一个文本框被激活且 Visible 属性值为 True 时，该文本框才能接收焦点。

（3）LostFocus 事件：当用户按下 Tab 键时，光标离开文本框，或选择其他对象时触发该事件，称为失去焦点事件。

文本框支持 SetFocus 方法。使用该方法可把光标移到指定的文本框中，使之获得焦点。当使用多个文本框时，用该方法可以把光标移到所需的文本框中。其使用格式如下。

对象.SetFocus

执行 setfocus 方法将自动触发该对象的 Gotfocus 事件。

【例 1-2】在窗体上画两个文本框 text1 和 text2，初始值清空。要求在程序运行时，把 text1 中输入的字母字符全部变成大写显示在 text2 中。运行结果如图 1-6 所示。

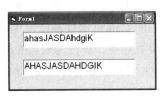

图 1-6　［例 1-2］运行结果

操作步骤如下。

（1）参照图 1-6 在窗体上画两个文本框 text1 和 text2。

（2）打开属性窗口，根据表 1-5 设置属性。

表 1-5　对象的属性设置

对　象	属　性	设　置　值
text1	Name	text1
text1	text	清空
Text2	Name	text2
Text2	text	清空

（3）双击 text1，打开代码窗口，编写如下事件过程。

```
Private Sub Text1_Change()
    text2 = UCase(Text1.Text)
End Sub
```

（4）运行程序。

（5）保存文件。

1.9.3 命令按钮（CommandButton）

命令按钮使用频繁很高，用于实现方便的人机交互操作。其默认的 Name 和 Caption 属性值均为 CommandX。

命令按钮的常用属性如下。

（1）Style：指定控件的显示类型。取值为 0 时，表示标准样式，命令按钮只显示标题文本，不显示图形；取值为 1 时，表示图形样式。把 Style 设置为 1 是命令按钮的 Picture、Downpicture、Disabledpicture 属性起作用的前提。

（2）Picture：给命令按钮指定一个图形。

（3）DownPicture：控件被单击时显示的图形。

（4）Disabledpicture：当设置命令按钮禁止使用（即 Enabled 为 False），程序运行时该命令按钮显示的图形。

注意：命令按钮不支持双击事件。为防止误操作，可让它暂时失效（Enabled 属性值设为 False）或隐藏（Visible 属性值设为 False）。

（5）Default：当命令按钮的 Default 属性值设为 True 时，按 Enter 键与单击该命令按钮的作用相同。由于获得了焦点的命令按钮(其 Default 属性值可能为 False)优先于触发它的单击事件，所以验证 Default 属性值的作用必须保证每一个命令按钮都没有焦点。否则，按回车键触发的不是 Default 属性值为 True 的命令按钮的单击事件，而是触发了已获得了焦点的命令按钮的单击事件。在一个窗体中，只允许一个命令按钮的 Default 属性被设置为 True。

（6）Cancel：当 Cancel 的属性值为 True 时，按 Esc 键与单击该命令按钮的作用相同。在一个窗体中，只允许一个命令按钮的 Cancel 属性被设为 True。

命令按钮支持 SetFocus 方法设置焦点，被设为焦点的按钮将有一个边框。

命令按钮最常用的事件是 Click 事件，这是按钮控件最基本，也是最主要的事件。命令按钮不支持 Dblclick 双击事件。

练习题

一、选择题

1. 下列关于 Visual Basic 特点的叙述中，错误的是（　　　）。

    A. Visual Basic 是采用事件驱动编程机制的语言

    B. Visual Basic 程序既可以编译运行，也可以解释运行

    C. 构成 Visual Basic 程序的多个过程没有固定的执行顺序

    D. Visual Basic 程序不是结构化程序，不具备结构化程序的 3 种基本结构

2. 下列叙述中错误的是（　　　）。

    A. 打开一个工程文件时，系统自动装入与该工程有关的窗体、标准模块等文件

    B. 当程序运行时，双击一个窗体，则触发该窗体的 DblClick 事件

    C. Visual Basic 应用程序只能以解释方式执行

    D. 事件可以由用户引发，也可以由系统引发

3. 在设计阶段，当双击窗体上的某个控件时，所打开的窗口是（　　　）。

    A. 工程资源管理器窗口　　　　　　　　B. 工具箱窗口

    C. 代码窗口　　　　　　　　　　　　　　D. 属性窗口

4. 以下不属于 Visual Basic 系统的文件类型的是（　　　）。

    A. frm　　　　　　　B. bat　　　　　　　C. vbg　　　　　　　D. vbp

5. 在 Visual Basic 集成环境中，要添加一个窗体，可以单击工具栏上（　　）按钮。

    A.　　　　　　　　B.　　　　　　　　C.　　　　　　　　D.

6. 在 VB 集成环境中要结束一个正在运行的工程,可单击工具栏上的（　　）按钮。

    A.　　　　　　　　B.　　　　　　　　C.　　　　　　　　D.

7. 以下不能在"工程资源管理器"窗口中列出的文件类型是（　　　）

    A. bas　　　　　　　B. res　　　　　　　C. frm　　　　　　　D. ocx

8. 以下叙述中错误的是（　　　）。

    A. 在"工程资源管理器"窗口中只能包含一个工程文件及属于该工程的其他文件

    B. 以.bas 为扩展名的文件是标准模块文件

    C. 窗体与代码窗口存在一一对应关系

    D. 一个工程中可以含有多个标准模块文件

9. 下列可以打开立即窗口的操作是（　　　）。

    A. 按 Ctrl+D 组合键　　　　　　　　　B. 按 Ctrl+E 组合键

    C. 按 Ctrl+F 组合键　　　　　　　　　D. 按 Ctrl+G 组合键

10. 设在名称为 Myform 的窗体上只有 1 个名称为 C1 的命令按钮，下列叙述中正确的是（　　　）。

    A. 窗体的 Click 事件过程的过程名是 Myform_Click

    B. 命令按钮的 Click 事件过程的过程名是 C1_Click

    C. 命令按钮的 Click 事件过程的过程名是 Command1_Click

    D. 上述 3 种过程名称都是错误的

11. 以下叙述中错误的是（　　　）。

    A. 事件过程是响应特定事件的一段程序

    B. 不同的对象可以具有相同名称的方法

    C. 对象的方法是执行指定操作的过程

    D. 对象事件的名称可以由编程者指定

12. 下列叙述中正确的是（　　　）。

    A. 窗体的 Name 属性指定窗体的名称，用来标识一个窗体

    B. 窗体的 Name 属性值用于显示在窗体标题栏中的文本

   C. 可以在运行期间改变窗体的 Name 属性的值

   D. 窗体的 Name 属性值可以为空

13. 为了消除窗体上的一个控件，下列操作正确的是（ ）。

   A. 按回车键

   B. 按 Esc 键

   C. 选择（单击）要清除的控件，然后按 Delete 键

   D. 选择（单击）要清除的控件，然后按回车键

14. 在窗体上画一个文本框（名称为 Text1）和一个标签（名称为 Label1），程序运行后，如果在文本框中输入文本，则标签中立即显示相同的内容。以下可以实现上述操作的事件过程是（ ）。

   A. Private Sub Text1_Change（ ）   B. Private Sub Label1_Change（ ）

       Label1.Caption=Text1.Text   Label1.Caption=Text1.Text

       End Sub   End Sub

   C. Private Sub Text1_Click（ ）   D. Private Sub Label1_Click（ ）

       Label1.Caption=Text1.Tex   Label1.Caption=Text1.Textt

       End Sub   End Sub

15. 以下说法中错误的是（ ）。

   A. 如果把一个命令按钮的 Default 属性设置为 True，则按回车键与单击该命令按钮的作用相同

   B. 可以用多个命令按钮组成命令按钮数组

   C. 命令按钮只能识别单击（Click）事件

   D. 通过设置命令按钮的 Enabled 属性，可以使该命令按钮有效或禁用

二、填空题

1. Visual Basic 是一种面向_____的程序设计语言。

2. Visual Basic 6.0 包括 3 个版本：_____版、_____版、_____版。

3. Visual Basic 6.0 的 3 种工作模式分别是_____、_____和_____。

4. 工程组文件、工程文件、窗体文件的扩展名分别是_____、_____、_____。

5. Visual Basic 应用程序中标准模块文件的扩展名是_____。

6. 创建 Visual Basic 应用程序的一般步骤是：_____、_____、_____、_____、_____、_____。

7. 选择"文件"→"_____"命令或按_____组合键可退出 Visual Basic 系统。

8. 为了使标签能自动调整大小以显示全部文本内容，应把标签的_____属性设置为 True。

9. 要想在文本框中显示垂直滚动条,必须把_____属性设置为2,同时还应把_____属性设置为_____。

PART 2

第2章
VB 程序设计基础

【学习内容】

VB 程序设计主要是用 VB 语言编写程序代码，程序代码由各种语句组成，语句是对各种类型的数据进行声明、运算和处理。为了正确灵活地写出语句，必须掌握 VB 语言的基础知识。本章主要介绍编码规范、数据类型、常量、变量、常用 VB 标准函数、运算符和表达式、混合运算优先级等基础知识。

2.1 VB 基本规范

2.1.1 标识符

标识符是为变量、常量、数据类型、过程、函数、类等定义的名称，有两种类型标识符：关键字标识符和编程者自定义的标识符。

1. 关键字

关键字是 Visual Basic 保留下来作为程序中有固定含义的标识符，不能被重新定义作它用；关键字主要有命令名、数据类型名、运算符、内部标准函数名和过程名等类型。在 VB 集成开发环境的代码窗口中输入关键字时，无论输入的是大写还是小写，系统通常都将其自动转换成首字母大写、其余字母小写的形式，如 Dim、As、If、Then、End、Print、True、False、Const、Abs 等；少数由多个单词组成的关键字转换时，自动将每个单词的首字母转换成大写，如 StrReverse、WeekDay 等。

2. 自定义标识符

自定义标识符是编程者自已定义的标识符，自定义标识符的命名规则如下。

（1）必须以字母（A~Z、a~z）或汉字开头，后跟字母（A~Z、a~z）、汉字、数字（0~9）或下画线（_）。字母不区分大、小写，如 XYZ、xyz、Xyz、xYz 等都被认为是同一标识符。

（2）长度不能超过 255 个字符。

（3）不能是小数点、空格、运算符（如+、−、*、/）、VB 的类型声明符（%、&、!、#、@、$）等。

（4）不能与 VB 关键字同名。

关于自定义标识符命名的几点建议如下。

①尽量做到"见名知义"，以提高程序的可读性，如 Sum（求和）、IsPrime（是素数）、BookName（书名）。

②对于对象的命名，一般约定标识符由指明对象类型的 3 个小写缩写字母作为前缀，加

上表示该对象作用的单词组成，如 cmdExit（退出命令按钮）、txtContent（内容文本框）、lblName（姓名标签）。

③对于常量、变量的命名，一般约定标识符由指明数据类型的小写缩写字母加上表示功能或作用的单词组成，如 blnFound（布尔逻辑变量）、lngDistance（长整型变量）。

2.1.2 语句

语句是构成 VB 程序代码的最基本成份，其一般格式如下。

语句定义符 [语句体]

说明：

（1）语句定义符规定语句的功能；

（2）语句体提供语句所要说明的具体内容或要执行的具体操作；

（3）方括号[]表示该项为可选项。

例如，Dim intX as Integer 是一条变量声明语句；intX=100 是一条赋值语句。

2.1.3 VB 代码书写规则

程序代码在代码窗口中输入和修改。输入代码时，通常应遵循如下规则。

（1）一般一行写一条语句。同一行也可写多条语句，但语句间要用英文冒号"："分开。

（2）如果一行不能写完一条语句或特别需要时，可在一行的最后加入续行符（即 1 个空格加下画线"_"）换行。一条语句最多允许 1 024 个字符。

（3）除汉字外，字母、标点符号等要用英文半角状态输入。

（4）若代码中有大量嵌套语句块，为保证语句编写正确，随着嵌套层次的增加，被嵌套的代码部分应逐渐向右缩进，但同一层次的代码是左对齐的，这样，代码层次结构清晰，便于阅读和查错。例如：

```
Private Sub Form_Load()
    Dim strPassword As String
    intX = InputBox("请输入密码")
    If intX = "123456" Then
        MsgBox "密码输入正确。"
    Else
        MsgBox "密码输入错误！"
    End If
End Sub
```

按一次 Tab 键，向右缩进 4 个字符；按一次 Shift+Tab 组合键向左缩进 4 个字符。如果要改变按 Tab 键和 Shift+Tab 组合键缩进的字符数，可选择 VB 主菜单中的"工具"→"选项"命令，在弹出的"选项"对话框中选择"编辑器"选项卡，在"Tab 宽度"文本框中设置缩进的宽度，如图 2-1 所示。

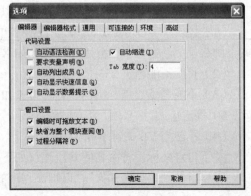

图 2-1 设置缩进

2.2　数据类型

数据是程序的必要组成部分，也是程序处理的对象，数据是有类型的。数据类型是指程序设计语言中常量、变量可选取的数据种类，每种数据类型都有取值范围以及能执行的数据运算。VB 数据类型有系统定义的和自定义的两种。系统定义的数据类型称为标准类型，主要是基本数据类型；自定义数据类型主要包括记录类型和枚举类型。

2.2.1　基本数据类型

VB 提供的基本数据类型很多，有常用的数值型、字符型和其他基本数据类型（布尔、日期、对象和变体数据类型等），如表 2-1 所示。

表 2-1　基本数据类型

数据类型		关键字	类型符	前缀	字节数	范围
数值型	字节型	Byte	无	byt	1	0~255
	整　型	Integer	%	int	2	-32 768~32 767
	长整型	Long	&	lng	4	-21 47 483 648~2 147 483 647
	单精度型	Single	!	sng	4	负数：-3.402823E38~1.401298E-45 正数：1.401298E-45~3.402823E38
	双精度型	Double	#	dbl	8	负数：-1.79769313486232D308~-4.94065645841247D-324 正数：4.94065645841247D-324~1.79769313486232D308
	货币型	Currency	@	cur	8	-922 337 203 685 477.5808~922 337 203 685 477.5807
字符型		String	$	str	按需分配	0~65535 个字符
布尔型		Boolean	无	bln	2	True 与 False
日期型		Date	无	dtm	8	日期范围为 100 年 1 月 1 日至 9999 年 12 月 31 日，时间范围为 0:00:00 至 23:59:59。
对象型		Object	无	obj	4	任何对象引用
变体型		Variant	无	vnt	按需分配	上述有效范围之一

1．数值型数据

能进行加、减、乘、除等算术运算的数据，称为数值型数据。

VB 支持的数值型数据分为整数型、浮点型和货币型。

（1）整数类型

根据表示整数大小的不同，可分为字节型（Byte）、整型（Integer）和长整型（Long）3 种。

①字节型（Byte）

字节型数据是占 1 字节宽度的无符号整数，取值范围为 0~255。

②整型（Integer）

整型数据占 2 字节宽度，取值范围为 -32768~32767。

③长整型（Long）

长整型数据占 4 字节宽度，取值范围为 − 2 147 483 648~2 147 483 647。

整数类型数据的运算速度较快，比其他数据类型占用的内存要少。程序设计时，可根据数据可能的大小选取不同数据类型的整数变量。

（2）浮点类型

浮点数也称实型数或实数，是带有小数部分的数值，由符号、指数和尾数 3 部分组成。根据精度的不同，浮点数分为单数度浮点数和双精度浮点数两种。

①单精度浮点数（Single）

单精度浮点数占 4 字节，其十进制数可精确到 7 位，取值范围如表 2-1 所示。单精度数可用 ±nE±e 浮点形式表示，其中 n 为尾数部分，表示数据的正负和有效数字；e 是指数，表示数据的 10 整数乘幂。如 1.56E5 是一个单数度数，就是 1.56×10^5。

②双精度浮点数（Double）

双精度浮点数占 8 字节，其十进制数可精确到 15 位，取值范围要比单精度大得多，如表 2-1 所示。双精度数也可用 ±nD±e 浮点形式表示，例如，4.23D−8，就是 4.23×10^{-8}。VB 系统会自动将双精度浮点型中的 D（或 d）转换成 E。

注意： 在计算机中，两个最临近的浮点数之间是有间距的；双精度浮点数比单精度浮点数间距要小，即精度高。

（3）货币类型

货币数据类型占 8 字节，是定点数，其小数点左边有 15 位数字，右边有 4 位数字。主要用于精度高要求和钱款的计算。

2．字符型数据（String）

将英文字符、汉字、数字、标点符号等组成的字符序列，用英文双引号括起来构成的数据称为字符型数据，也叫字符串数据。例如，"欢迎使用 Visual Basic 程序设计开发工具"。

长度为 0，即不含任何字符的字符串称为空字符串，用""表示。

字符串分为变长字符串和定长字符串两种。变长字符串的长度是不确定的，可包含大约 20 亿（2^{31}）个字符；定长字符串含确定个数的字符，大约可包含 1~64K（2^{16}）个字符。

几点说明如下。

（1）双引号在程序源代码中起字符串的定界作用。输出一个字符串时，双引号是不输出的；当程序运行中需要从键盘输入一个字符串时，用户不需要键入双引号，只键入文字部分。

（2）字符串中的字母大小写是有区别的。例如，"bb"与"AA"代表两个不同的字符串。

（3）如果字符串本身包括双引号，则可使用连续的两个双引号表示。

例如，要打印字符串："You are student",she said.

在程序代码中要写成："""You are student"",she said."

3．其他基本数据类型

（1）布尔型数据（Boolean）

布尔型数据也称逻辑型数据，用于逻辑判断，占 2 字节宽度，只有 True（真）和 False（假）两种值。当将数值型数据转换为布尔型时，0 转换为 False，非 0 转换为 True；当将布尔型数据转换为其他数值类型时，False 转换为 0，True 转换为 − 1。

通常布尔型变量用于存储比较或逻辑运算的结果。

（2）日期型数据（Date）

日期型数据是把字面上可作为日期和时间的字符串，用井号（#）括起来表示。例如：

\#2013−11−18\#

\#2012/10/18\#

\#9:18:28\#

日期取值范围为 100 年 1 月 1 日—9999 年 12 月 31 日，时间为 0:00:00—23:59:59。日期型数据占 8 字节宽度。

（3）对象型数据（Object）

Object 型数据变量占 4 字节宽度，存储对象的 32 位地址，可用来引用程序中或其他应用程序中的对象。对对象类型变量赋值（对象），要用 Set 语句，例如：

Dim objDb As Object

Set objDb=OpenDatabase("D:\VB\student.mdb")

注意：在声明对象变量时，应使用具体的类，而不用一般的类 Object，如用文本框类 TextBox，而不用一般控件类 Control，上面例子用 Database 取代 Object）。

（4）变体型数据（Variant）

变体型数据变量能够存储各种基本数据类型数据。把基本数据类型数据赋予 Variant 变量，VB 会自动完成必要的类型转换。例如：

Dim x   '没有定义具体的数据类型，VB 默认为 Variant 类型

x="30"   'x 包含字符串"30"

x=x−15   '现在 x 包含数值 15

x="B" & x   '现在 x 包含"B15"(3 个字符的字符串)

如果对 Variant 变量进行数学运算或函数运算，Variant 变量中就必须包含某个数。如果连接两个字符串，要用"&"运算符，不用"+"运算符。

除了可以像其他基本数据类型一样操作外，Variant 类型还包含 3 种特定值：Empty、Null 和 Error。

①Empty 值。在赋值之前，Variant 变量具有 Empty 值。

Empty 不同于 0、零长度字符串（""）或 Null 值。当值为 Empty 的 Variant 变量在数值表达式或字符串表达式中时，作为 0 或零长度字符串（""）来处理。

只要将任何值（包括 0、零长度字符串或 Null）赋给 Variant 变量，Empty 值就会消失；将关键字 Empty 赋给 Variant 变量，可将 Variant 变量恢复为 Empty。

可用 IsEmpty 函数测试 Variant 变量是否是 Empty 值，如 If IsEmpty(x) Then x=0。

②Null 值。通常用于数据库应用程序中，表示 Variant 变量确实含有一个无效数据。

Null 值特性：对包含 Null 的表达式，计算结果总是 Null；将 Null 值、含 Null 的 Variant 变量或计算结果为 Null 的表达式作为参数传递给大多数函数，函数将会返回 Null；可用 Null 关键字给 Variant 变量赋 Null 值，如 x=Null；不能给其他类型变量赋 Null 值。

可用 IsNull 函数测试 Variant 变量是否包含 Null 值。例如：

```
If   IsNull(x) Or IsNull(y) Then
     z=Null
Else
     z=0
End If
```

③Error 值。利用 CVErr 函数可将实数转换成错误值，会建立一个 Error 值，赋给 Variant 变量。例如：

dim x as Variant　　　'声明一个变体变量 x

x=CEVrr(2)

实际编程时，可根据程序设计的需要人为产生一个 Error 值，达到特殊目的。

不能将 CVErr 产生的 Error 值赋给其他类型变量，否则产生错误。

2.2.2　自定义数据类型

1. 记录类型

基本数据类型都是单个数据类型。在实际应用中，常常需要将不同基本类型的数据组合成复合数据类型。例如，一个简单的学生档案记录，至少要包括学生的编号、姓名、出生日期、性别和成绩等，表 2-2 中提供了几个学生的档案记录数据，其中 True 表示男，False 表示女。

表 2-2　记录类型数据

ID	strName	datBirthday	blnSex	sngScore
1	张三	01/12/84	True	80
2	李四	09/02/93	True	90
3	刘明	08/08/98	True	78.2
4	刘小燕	03/04/99	False	93

可见，这些学生数据都有统一的记录结构形式。为了便于在程序设计中使用这类结构的数据，VB 提供了自定义的数据类型——记录类型。记录类型就是把许多相同或不同基本数据类型的变量放置在一起，组成一个复合结构，可使用 Type 语句来定义，格式如下。

[Public]||[Private] Type　数据类型名

数据类型元素名　As 类型名

　　……

End Type

例如，上述学生记录类型的定义格式如下。

```
Public Type Student
    ID As Long
    strName As String * 10  '长度为 10 个字符的定长字符串
    datBirthday As Date
    blnSex As Boolean
    sngScore As Single
End Type
```

在使用 Type 语句时，应注意以下几点。

（1）记录类型中的字符元素可以是变长字符串，也可以是定长字符串。当在随机文件（将在后面章节中介绍）中使用时，必须使用定长字符串。定长字符串定义时，其长度用类型名称加上一个星号*和常数指明，一般格式为：String* 常数，常数指定字符串的长度，即字符数。

（2）在使用记录类型之前，必须用 Type 语句先定义。一般记录类型在标准模块中定义，前缀为 public，表示是全局自定义记录类型。

（3）在记录类型中不能使用后面章节将讲到的动态数组。

2. 枚举类型（enum）

枚举是数值类型的一种特殊形式，当一个变量只有几种可能的值时，可以定义为枚举类型。所谓"枚举"，是指将变量的值逐一列举出来，变量值只限于列举出来的值。

枚举类型提供了一种将一组常数名与常数数值相关联的简便方法。例如，VB 系统中有许多不同类型的常量定义在不同的枚举类型中。

在程序设计中用枚举类型，可增强程序的可读性。例如，可以把一周 7 天相关联的一组整数常数声明为一个枚举类型，然后在代码中使用这 7 天的名称，而不是它们的整数值。

枚举类型通过 Enum 语句定义，语法格式如下。

```
[Public | Private]  Enum  类型名称
成员名 [ = 常数表达式]
成员名 [ = 常数表达式]
……
End  Enum
```

其中：

（1）类型名称表示所定义 Enum 类型的名称。

（2）成员名用来指定所定义枚举类型的一个组成元素名称，必须是合法标识符。

（3）常数表达式为可选项。元素值可以是 Byte、Integer、Long 类型，也可以是其他枚举类型。若未指定，则默认是 Long 类型。

在 Enum 语句中，常数表达式可以省略；默认情况下，枚举中的第一个常数被初始化为 0，其后的常数将按步长 1 递增。

例如，在下面的 Enum 语句定义中，没有用赋值语句为枚举的成员赋常数值，因此 Sunday 被初始化为 0，Monday 被初始化为 1，Saturday 被初始化为 6。

```
Public  Enum  Days
    Sunday
    Monday
    Tuesday
    Wednesday
    Thursday
    Friday
    Saturday
End Enum
```

注意：如果将一个浮点数赋值给枚举中的常数，VB 会将该数取整为最接近的整数。

除了上面的两种自定义数据类型外，还有其他自定义数据类型，如数组，由于其定义和应用灵活多样，就放到后面章节介绍。

2.3 常量和变量

日常生活中，有的东西时刻在变，而有的东西却始终保持不变，这种变与不变在计算机编程语言中体现为变量和常量。

2.3.1 常量

常量是在程序执行过程中其值始终保持不变的某种类型数据。在 VB 中，常量分为直接常量和符号常量两种。

1．直接常量

在程序代码中，以直接值的形式给出的常量称为直接常量或字面常量，包括数值常量、字符串常量、布尔常量、日期常量等数据类型。

（1）数值常量：数值常量有 4 种表示方式，即整型常数、长整型常数、浮点常数和货币常数。

①整型数常数：有 3 种形式，即十进制、十六进制和八进制。

十进制整型数：由 0~9 和正、负号组成，取值范围为－32 768~32 767，如 20、-700。

八进制整型数：由 0~7 组成，前面冠以&或&O（注意是英文字母 O），其取值范围为 &0~&17777,如&76、&O123。

十六进制整型数：由 0~9 及 A~F（或 a~f）组成，前面冠以&H 或&h，取值范围为 &H0~&HFFFF，如&H89、&HABC。

②长整型常数：也有 3 种形式。

十进制长整型数由 0~9 和正、负号组成，如 987654321、-87&。

八进制长整型数由 0~7 组成，以&或&O 开始，以&结束，其取值范围为 &0&~&37777777777&，如&123&、&O333。

十六进制长整型数由 0~9 及 A~F（或 a~f）组成，以&H 或&h 开始，以&结束，取值范围为&H0&~&HFFFFFFFF&，如&H123&、&HABC123&。

③浮点型常数：有单精度和双精度两种，可以用带小数点的实数或指数形式表示，如 3.23、1.89E+6、1.67D-7。

④货币型常数：也称定点常数，可用带小数点的实数表示，如 888.1234。

值得注意的是，VB 在判断常量类型时有时存在多义性。例如，8.88 可能是单精度类型，也可能是双精度类型或货币类型。在默认情况下，VB 将选择需要内存容量最小（即占字节数最少）的表示方法，值 8.88 通常被作为单精度数处理。

为了明确地指定常数的类型，可在常数后面加类型说明符。这些说明符分别如下。

%：整型；

&：长整型；

!：单精度浮点数；

#：双精度浮点数；

@：货币型；

$：字符串型。

字节、布尔、日期、对称和变体类型没有类型说明符。

（2）字符串常量：字符串常量由字母、数字、汉字等字符组成，如"$25,000,00"、"中国——China"。

（3）布尔常量：只有真（True）和假（False）两个值。

（4）日期常量：是用两个井号（#）包围起来的日期格式数据，如#2013-09-13#。

2．符号常量

程序设计中经常遇到的或难于记忆的具体数值（即直接常量）可以用一个标识符来代表，这个标识符称为符号常量，也称为标识符常量，其命名规则同标识符。符号常量有 VB 系统已定义的系统符号常量和编程者自定义符号常量两种。

（1）系统符号常量

VB 定义的系统符号常量存放于系统的对象库中，选择"视图"→"对象浏览器"命令可查看设置情况，如图 2-2 所示。

图 2-2　对象浏览器

通常系统符号常量的名称以小写字母 vb 开始，具有"见名知义"的特点。例如，vbBlue 就是一个系统常量，表示蓝色，相当于十六进制长整数&H00FF0000&。

（2）自定义符号常量

为了提高程序的可读性和编程效率，编程者在程序代码中也经常自定义符号常量，定义格式如下。

Const 常量名称 [As 类型]|[类型符]=<表达式>。

①说明。

"常量名称"就是编程者指定的标识符。

"类型"是可选项，用于说明符号常量的数据类型，可以是各种类型关键字，如 Byte、Integer 等。如果省略类型关键字，就为变体型。

"类型符"也是可选项，只能是表 2-1 中的类型符，如整型%、单精度浮点型!等。如果省略类型符，就为变体型。

"As 类型"和"类型符"不能同时出现。一个"类型"或"类型符"只能说明一个符号常量。

"表达式"是由直接常量或已定义的符号常量和运算符组成的一个常量表达式。

②举例。

Const Maxchars As Integer=254　或　Const Maxchars%=254

Const PI As Double=3.1415 或　Const PI#=3.1415

类型说明符不是符号常量的一部分，定义符号常量后，在定义变量时要慎重。例如，假定声明了 Const intNum=8，那么 intNum!、intNum#、intNum%、intNum&、intNum@不能再用作变量名或常量名。

2.3.2　变量

变量是在程序执行过程中其值可以改变的量，实质是一个有名称（即变量标识符）的内存位置。每个变量都有一个名称和相应的数据类型，数据类型决定了变量的存储方式。变量的命名规则同标识符；VB 不区分变量名大小写。

1. 声明变量

在 VB 中使用一个变量时，可以不加任何声明而直接使用，这种声明方式叫作隐式声明，

VB 系统把这种变量自动声明为变体型变量。使用这种方法虽然简单，但容易在发生错误时令编程者产生误解，所以变量最好先声明，然后再使用。声明一个变量的主要目的是通知以后在程序中可以使用这个变量了。VB 程序设计中经常使用强制显式声明，所谓强制显式声明，是指每个变量必须事先声明，才能够正常使用，否则 VB 系统会出现错误警告。

设置强制显式声明有以下两种方法。

（1）在各种模块的声明部分添加语句：Option Explicit。

（2）选择"工具"→"选项"命令，弹出"选项"对话框，选择 "编辑器"选项卡，选中"要求变量声明"复选框即可，如图 2-3 所示。这种方法只能在以后生成的新模块中自动添加 Option Explicit 语句，对于已经存在的模块不能修改，需要手工添加。

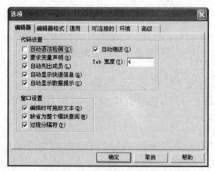

图 2-3　"选项"对话框

在不同地方声明的变量，其使用范围是不同的。根据变量声明的位置，分为过程级局部变量、模块级变量和全局级变量，其中过程级局部变量分为普通局部变量、静态局部变量。模块级变量也称为模块变量；全局级变量也称为全局变量。

（1）普通局部变量

普通局部变量在过程、函数内部声明，只能在声明所在的过程、函数内使用，即不能在一个过程中访问另一个过程中的普通局部变量。普通局部变量在过程真正执行时才分配存储空间，过程执行完毕后立即释放空间，变量的值也就不复存在了。

声明普通局部变量的格式如下。

Dim 变量名 [As 数据类型名]|[类型符]

例如：Dim intX As Integer　'声明一个普通局部整型变量 intX

　　　Dim strName$　　　　'声明一个普通局部字符串变量 strName

（2）静态局部变量

静态局部变量在过程、函数内部声明，也是只能在声明所在的过程、函数内使用，属于局部变量。但是与普通局部变量的区别在于：静态局部变量在整个程序运行期间均有效，并且过程执行结束后，只要程序还没有结束，该变量的值就仍然存在，占有的空间不被释放。

声明静态局部变量的格式如下。

Static 变量名 [As 数据类型名]|[类型符]

例如：Static dblX As Double　'声明一个静态局部双精度变量 dblX

　　　Static lngY As Long　　'声明一个静态局部长整型变量 lngY

（3）模块级变量

模块级变量必须在某个模块或类的声明部分预先声明，可以被该模块内的所有过程使用，但其他模块不能使用该模块中声明的变量。

声明模块级变量的格式如下。

[Private] | [Dim] 变量名　[As 数据类型名] | [类型符]

例如，在一个模块的声明部分输入如下代码。

Private blnX As Boolean　'声明一个模块级逻辑变量 blnX

　　　Dim　bytY As Byte　'声明一个模块级字节变量

（4）全局级变量

全局级变量一般在标准模块中预先声明，在本模块和其他模块都可使用该变量，即在整个程序内有效。

声明全局级变量的格式如下。

Public　变量名　[As 数据类型名] | [类型符]

例如：Public　vntX As Variant　'声明一个全局变体变量 vntX

Public　recStudent As Student　'声明一个记录类型变量 recStudent

注意：声明变量时，如果没有指定数据类型，则默认为变体数据类型。但是 VB 处理变体类型变量速度相对较慢，且可能产生歧义或带来麻烦，初学者应慎用。

2. 变量赋值

声明一个变量后，一般要先为变量赋一个合适的值，之后才使用。

变量赋值的格式如下。

变量名=表达式。

赋值功能是先计算表达式的值，再将值赋给变量。

例如：

```
Dim x As Integer
x=8        'x 的值为 8
x=x+2      'x 的值为 10
Dim recStudent As Student '声明一个学生记录型变量 recStudent
'以下对学生记录变量 recStudent 的各成员赋值
recStudent.blnSex = False
recStudent.datBirthday = #2/2/1989#
recStudent.intNum = 4
recStudent.sngScore = 80
recStudent.strName = "张三"
```

3. 使用变量

在需要使用变量值时，必须引用变量的名称来取出其中存放的数值。使用时，直接在需要使用数值的位置写上变量的名称，系统会自动从变量中取出相应的值进行计算。

例如，将变量 *intA* 的值赋给变量 *intB*，就必须引用变量 *intA*，将其中的数值取出赋给 *intB*，代码为 intB=intA。

2.4　常用的内部函数

VB 提供了大量的内部函数（也称标准函数），这些函数可分为数学函数、字符串函数、时间/日期函数、转换函数、随机数函数 5 类，它们一般带有一个或几个自变量。

"自变量"是数学中的术语，在 VB 中称为参数。函数可以有，也可无参数，但一定要有返回的函数值。函数可在表达式中被调用，一般调用格式如下。

函数名（[参数表]）

其中，参数可以是常量、变量或表达式。如果有多个参数，参数之间应以逗号分隔。

表 2-3 列出了 VB 中的常用函数，读者可以在"立即"窗口中验证这些函数的功能。

表 2-3　VB 中的常用函数

类别	函数名	功能	示例	结果
数学函数	Abs(x)	返回 x 的绝对值	Abs(−50.3)	50.3
	Sqr(x)	算术平方根	Sqr(9)	3
	Exp(x)	返回自然数 e 的 x 次幂	Exp(2)	e*e
	Fix(x)	返回 x 的整数部分	Fix(−99.8)	−99
	Int(x)	返回不大于 x 的最大整数	Int(−99.8)，Int(99.8)	−100，99
	Log(x)	返回以自然数 e 为底的对数	Log(1)	0
	Round(x,[n])	四舍五入保留 x 的 n 位小数	Round(3.14159,3)	3.142
	Sgn(x)	返回参数 x 的符号值	Sgn(8.8),Sgn(−8.8),Sgn(0)	1，−1，0
	Sin(x)	返回 x 的正弦值（x 为弧度）	Sin(3.1415926/180*90)	1
	Cos(x)	返回 x 的余弦值（x 为弧度）	Cos(3.1415926/180*180)	−1
	Tan(x)	返回 x 的正切值（x 为弧度）	Tan(3.1415926/180*45)	1
	Atn(x)	返回 x 的反正切值（弧度）	Atn(1)	0.7854
字符串函数	Len(C)	求字符数	Len("Vb 技术")	4
	LenB(C)	求 x 字节数（一个字符占两字节）	LenB("Vb 技术")	8
	Mid(C,n1,n2)	从 x 第 n1 位起，向右取 n2 个字符	Mid("Vb 技术",2,2)	"b 技"
	Left[$](C,n)	取 x 字符串左边 n 个字符	Left("Vb 技术",3)	"Vb 技"
	Right[$] C,n)	取 x 字符串右边 n 个字符	Right("Vb 技术",3)	"b 技术"
	UCase[$] (C)	将 x 字符串中的小写字母转换为大写	UCase("Vb 技术")	"VB 技术"
	LCase[$] (C)	将 x 字符串中的大写字母转换为小写	LCase("Vb 技术")	"vb 技术"
	Trim(C)	去掉 x 字符串两边的空格	Trim(" Vb 技术 ")	"Vb 技术"
	Ltrim(C)	去掉 x 字符串左边的空格	Ltrim(" Vb 技术 ")	"Vb 技术 "
	Rtrim(C)	去掉 x 字符串右边的空格	Rtrim(" Vb 技术 ")	" Vb 技术"
	String(n,C)	返回由 n 个首字符组成的字符串	String(3,"AB")	"AAA"
	Space(n)	返回 n 个空格	Space(3)	" "
	StrReverse[$](C)	返回字符串 C 的逆字符串	StrReverse("ABC")	CBA
	StrComp(C1,C2)	比较 C1，C2（ASCII 码）大小，返回 −1、0、1	StrComp("ABC","D") StrComp("AA","AA") StrComp("B","AA")	−1 0 1
	Instr([N],x1,x2,M)	在 C1 中从第 N 个字符开始，找 C2 若找到，则返回位置值，否则返回 0。省略 N 表示从第 1 个字符找。M=1 不区分大小写，省略则区分	Instr("baBBAC","BA") InStr(2,"ABC","BC") InStr(2,"ABC","dd") InStr(2,"ABC",bc)	4 2 0 2

类别	函数名	功能	示例	结果
日期和时间函数	Date	返回系统日期	Date	2013-11-22
	DateValue(C)	将字符串 C 转换为日期	DateValue("2013/11/22")	2013-11-22
	Day(D)	返回日期 D 中的日号：1~31	Day(#2013/11/22#)	22
	Month(D)	返回日期 D 中的月份：1~12	Month(#2013/11/22#)	11
	Year(D)	返回日期 D 中的年份	Year(#2013/11/22#)	2013
	Now	返回系统日期和时间	Now	2013-11-12 14:50:19
	WeekDay(D)	返回日期中的星期数：1~7	WeekDay(#2013/11/23#)	7（星期六）
	WeekDayName(N)	返回星期（一、二、……、日）	WeekDayName(1) WeekDayName(2)	星期日 星期一
	Time	返回系统时间	Time	14:50:18
	Hour(time)	返回指定时间的时数	Hour("15:45:33")	15
	Minute(time)	返回指定时间的分数	Minute(Now)	45
	Second(time)	返回指定时间的秒数	Second("15:45:33")	33
转换函数	Val(C)	将字符串中的数字转换成数值	Val("2.3ab") Val("a23")	2.3 0
	Asc(C)	求字符 ASCII 码值	Asc("a")	97
	Chr[$](N)	返回 ASCII 码为 N 的字符	Chr(48)	0
	Str[$](C)	数值型转换为字符型。若 C 为正值，则返回的字符串前有一个空格	Str(88) Str(-88)	□88 -88
	Val(C)	将字符型转换为数值型	Val("98AB")，Val("AC3")	98，0
	Hex$(N)	将十进制数 N 四舍五入，转换为十六进制数的字符串	Hex$(11.4)	B
	Oct$(N)	将十进制四舍五入，转换为八进制数的字符串	Oct$(-3.14)	FFFFFFFD
	CBool(x)	将数字字符串或数值转换成布尔型	CBool(1)，CBool("0")	True，False
	CCur(C)	将字符型转成货币型	CCur("88.98779")	88.9878
	CDate(C)	将有效的日期字符串转换成日期	CDate("1990,2,23")	1990-2-23
	CSng(N)	将数值转换成单精度型	CSng(23.5125468)	23.51255
	CDbl(N)	将数值转换成双精度型	CDbl(23.5125468)	23.5125468
	CByte(C)	将字符型转换成字节型	CByte("21.55")	22
	CInt(C)	将字符型转换成整型	CInt(""88.67")	89
	CLng(C)	将字符型转换成长整型	CLng("43213458.99")	43213458.99
	CStr(N)	将数值型转换成字符型	CStr(987) 比较 Str(987)	987 □987
	CVar(C)	将字符型转换成变体型	CVar("AB") CVar("22.33")	ABCD 22.33
随机函数	Rnd[(x)]	产生一个[0,1)的单精度随机数 注意：不包括 1	Rnd Rnd(8)	0.533424 0.7055475

说明：

（1）三角函数的自变量 x 是一个数值表达式。其中 Sin、Cos 和 Tan 的自变量是以弧度为单位的角度，而 Atn 函数的自变量是正切值，它返回正切值为 x 的角度，以弧度为单位。如果自变量是以角度给出的，则应将角度转换为弧度。

1 度 = π/180 = 3.14159/189（弧度）

（2）日期和时间函数 Now 的自变量是一个内部变量，不需要定义。Now 函数可以返回当前系统的日期和时间。

（3）Rnd[(x)]函数产生随机数，参数的几种情况见表 2-4。

表 2-4　随机函数 Rnd

x 的值	Rnd 生成
小于 0	每次都使用 x 作为随机数种子得到的相同结果
大于 0	序列中的下一个随机数
等于 0	最近生成的数
省略	序列中的下一个随机数

如果应用程序不断地调用 Rnd，就会反复产生同一序列中的随机数，为了消除这种情况，可以先用 Randomize 语句，其格式如下。

Randomize[(x)]

其中，x 是一个整型数，作为随机数发生器的"种子"。如果在调用 Rnd 函数之前，先使用无参数的 Randomize 语句初始化随机数发生器，则该发生器将根据系统时钟获得种子。

如果要产生[a,b]区间范围内的随机整数，可以使用如下公式。

Int((b-a+1) *Rnd+a)　或　Int(Rnd* (b-a+1))+a　或　Fix(Rnd* (b-a+1)+a

（4）在求函数值时，一个函数可以是另一个函数的参数，这叫函数嵌套。在程序设计中，经常会用到函数嵌套。例如，Len(Trim("ABC123")，其值为 6。

（5）为了检验和熟悉每个函数的功能，可以在"立即"窗口中执行函数，显示结果。选择"视图"→"立即窗口"命令打开"立即"窗口，如图 2-4 所示。

在"立即"窗口中输入命令，然后按回车键，命令解释程序对输入的命令进行解释执行，并立即响应。如果要显示结果，可在表达式前加"Print"或"?"。

例如，输入 Print StrReverse("ABC")，按回车键，下面就显示：CBA

部分函数的执行情况如图 2-4 所示。

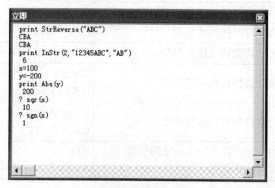

图 2-4　"立即"窗口

2.5　运算符与表达式

运算符是表示实现某种运算功能的符号。用运算符将运算对象（操作数）连接起来就构成表达式。操作数可以是常量、变量、函数、对象等，运算符有各种类型。掌握运算符的使用，以及各种表达式的书写，是正确编程的基础。

Visaul Basic 提供了丰富的运算符，包括算术运算符、字符串运算符、关系运算符和逻辑运算符 4 种，可以构成多种表达式。

2.5.1　算术运算符与表达式

算术运算符是常用的运算符，用来执行简单的算术运算。VB 提供了 9 种算术运算符，表 2-5 按优先级列出了这些算术运算符。

表 2-5　算术运算符

运算	运算符	表达式例子	结果
指数	^	4^2	16
取负	−	设 X=8、−X	−8
浮点乘法、浮点除法	*、/	2*3、7/2	6、3.5
整数除法	\	10\3	3
取模	Mod	10 Mod 3	1
加法、减法	+、−	2+10、2−8	12、−6

说明：

（1）浮点数除法与整数除法

浮点数除法运算符（/）执行标准除法操作，其结果为浮点数。例如，表达式 3/2 的结果为 1.5。

整数除法运算符（\）执行整除运算，结果为整型，因此，表达式 3\2 的值为 1。

整除的操作数一般为整型值。当操作数带有小数时，首先被四舍五入为整型数或长整型数，然后进行整除运算。例如，表达式 20.7\4.2 等效于 21/4，其值为 5。

（2）取模运算

取模运算符 Mod 用来求余数，结果为第一个操作数四舍五入，整除以第二个操作数四舍五入所得的余数。例如，7 Mod 4=3，25.63 Mod 6.99=5。

（3）算术运算符的优先级

当一个表达式中含有多种算术运算符时，必须严格按优先顺序求值。此外，如果表达式中含有括号，则先计算括号内表达式的值；有多层括号时，先算最内层括号。例如：

14/5*2=5.6，　15\5*2=1，　27^1/3=9，　27^(1/3)=3

（4）日期表达式

日期没有专门的运算符，但可用算术运算符+、−连接成日期表达式。

两个日期型数据相减，结果为数值型数据（间隔天数）。例如，计算某人出生了多少天，可用当前日期−出生日期：Date()−#1990-9-19#。日期型数据加上或减去数值型数据，结果为日期型数据。例如，#2013−11−02#+15 的结果为 2013−11−27。

2.5.2　字符串运算符与表达式

在 VB 中，可以用+、&作为字符串连接符。

1．&连接符

&是字符串专用连接运算符。用&作为字符串连接运算符，不论两边操作数是数值型，还是字符串型，都进行字符串的连接运算；如果两边有数值型操作数，系统先将数值型操作数转换为字符串，然后再进行连接运算，如"AB" & 12=AB12。

2．+连接符

用+作为字符串连接运算符，两边的操作数应均为字符串；如果一个为字符串，另一个为数值型，则出现"类型不匹配"的错误。例如，"AB" + 12，会弹出错误窗口。

注意：+、&两边要有空格与操作数隔开。

2.5.3　关系运算符与表达式

关系运算符又称为比较运算符，是进行比较运算所使用的运算符，包括>（大于）、<（小于）、=（等于）、>=（大于等于）、<=（小于等于）、<>（不等于）、Like（字符模式匹配）和 Is（对象比较）8 种。

关系表达式是用关系运算符和圆括号将两个相同类型的表达式连接起来的式子，其格式如下。

<表达式 1> <关系运算符> <表达式 2>

其功能是先计算表达式 1 和表达式 2 的值，得出两个相同类型的值，然后进行关系运算符所规定的关系运算。如果关系表达式成立，则计算结果为 True，否则为 False。关系表达式一般用于条件判断。

说明：

（1）对于数值型数据，按数值的大小进行比较。例如，8+9 > 8-4 的结果为 True。

（2）对于字符串型数据，从左到右依次按其每个字符的 ASCII 码值的大小进行比较；如果 ASCII 码值相同，则继续比较下一个字符，如此继续，直到遇到第一个不相等的字符为止。例如，"ABCD" <= "ABD"的结果为 True。

（3）运算符 Like 的功能是判断左边的字符串与右边的模式字符串是否匹配（模式字符串中可使用通配符? 、*、#），如果匹配，结果为 True，否则为 False。通配符"?"表示任意单个字符；通配符"*"表示任意多个字符；通配符"#"表示 0~9 中的任意单个数字。例如，"China" Like "*na"的结果为 True；"XYB" Like "??B"的结果为 True；"123AB" Like "###AB"的结果为 True。

运算符 Like 在数据库的 SQL 语句中经常用于模糊查询。

（4）运算符 Is 的功能是判断左边的对象是否与右边的对象相同，如果相同，结果为 True，否则为 False。例如，两个文本框对象的比较：Text1 Is Text1，结果为 True；Text1 Is Text2，结果为 False。

2.5.4　逻辑运算符与表达式

逻辑运算也称为布尔运算，运算符两边的操作数要求为逻辑值。用逻辑运算符连接两个或多个逻辑量而组成的式子称为逻辑表达式或布尔表达式。逻辑表达式的运算结果只能为 True 或 False。逻辑表达式一般用于条件判断。逻辑运算符包括 Not（非）、And（与）、Or（或）、

Xor（异或）、Eqv（等价）、Imp（蕴含）等。

1. Not（非）

非运算由真变假或由假变真，就是"取反"运算，即逻辑非运算。例如，9>10 的值为 False；Not (9>10)的值为 True。

2. And（与）

与运算就是比较两个关系表达式的值，仅当两个表达式的值同时为 True 时，结果才为 True，否则为 False。例如，(4>9) And (7<8)，结果为 False。

3. Or（或）

或运算也是比较两个表达式的值，只要一个表达式的值为 True，结果就为 True，否则为 False。例如，(4>9) Or (7<9)，结果为 True。

4. Xor（异或）

异或运算是如果两个表达式的值同时为 True 或同时为 False，则结果为 Fasle，否则为 True。例如，（4>9）Xor (7<9)，结果为 True。

5. Eqv（等价）

等价运算是如果两个表达式的值同时为 True 或同时为 False，则结果为 True，否则为 Fasle。例如，(4>9) Eqv (7<9)，结果为 False。

6. Imp（蕴含）

蕴含运算仅当运算符 Imp 左边的表达式为 True，右边的表达式为 False 时，结果才为 False，否则结果为 True。例如，(4>9) Imp (7<9)，结果为 True；(9>4) Imp (7>9)，结果为 False。

注意： 可以对整数进行逻辑运算，整数必须在 $-2147483648 \sim 2147483647$ 的范围内，如果超出这个范围内，就产生溢出错误。如果是负整数参与逻辑运算，则把它变成相应的 16 位或 32 位补码形式，再按位进行逻辑运算；如果是正整数进行逻辑运算，就要转换成 16 位整数或 32 位长整数二进制数，再按位进行逻辑运算。例如，31 And 8，转换成二进制数进行运算，即：

$$
\begin{array}{r}
00000000\ 00011111 \\
\text{And}\quad 00000000\ 00001000 \\
\hline
00000000\ 00001000
\end{array}
$$

因此，31 And 8 的结果为 8。

【例 2-1】将数学表达式 $60 \leqslant X \leqslant 100$ 写成 VB 逻辑表达式。

解：X 必须同时满足大于等于 60，小于等于 100，因此 VB 逻辑表达式为：

$X>=60$ And $X<=100$

【例 2-2】三角形 3 条边的长为 a、b、c，试写出 a、b、c 必须满足的条件。

解：因为三角形的任何两边长之和大于第三边，故 a、b、c 满足的逻辑表达式为：

$a+b>c$ And $b+c>a$ And $a+c>b$

2.5.5　复杂表达式的执行顺序

复杂表达式一般含有多种运算符、函数，VB 系统按一定优先次序对其求值，一般顺序如下。

（1）函数运算。如果表达式中有函数，应先进行函数运算。

（2）算术运算。函数运算后，就进行各种算术运算，运算次序如下。

① 指数（^）　② 取负（−）　③ 乘、浮点除（*、/）　④ 整除（\）
⑤ 取模（Mod）　⑥ 加、减（+、−）　⑦ 连接（&）

（3）关系运算。如果表达式中有关系运算符（=、>、<、<>、<=、>=、Like、Is），接着就进行关系运算。

（4）逻辑运算。如果表达式中还有逻辑运算，最后进行逻辑运算。

顺序为：

① Not　② And　③ Or　④ Xor　⑤ Eqv　⑥ Imp

如果表达式中有括号，就先计算括号内的部分。

在书写数学表达式时，不能省略运算符；函数不能省略括号。例如，数值变量 a 和 b 相乘，不能写成 ab，一定要写成 $a*b$；三角函数 $\sin x$ 一定要写成 $\sin(x)$。

练习题

一、选择题

1. 在 VB 中，下列能作为变量名的是（　　）。
   A. y+2　　　　　　B. y_2　　　　　　C. Or　　　　　　D. If

2. 在 VB 中，语句 Dim y As Single 所定义的变量 y 属于（　　）。
   A. 整数型　　　　B. 逻辑型　　　　C. 字符串型　　　D. 单精度实数型

3. 在 VB 中，用变量存储书号，如"ISBN978−7−113−13010−7"，变量数据类型应定义为（　　）。
   A. String　　　　B. Integer　　　　C. Single　　　　D. Date

4. 在 VB 中，表达式 Sqr(9) + 100 的值是（　　）。
   A. 110　　　　　　B. 103　　　　　　C. 200　　　　　　D. 100100

5. 在 VB 中，$x = -10$，表达式"100" + Str(x)的值是（　　）。
   A. 110　　　　　　B. 100−10　　　　C. 90　　　　　　D. 10010

6. 执行语句 Dim X,Y As Integer 后，下列说法正确的是（　　）。
   A. X 和 Y 均被定义为整型变量
   B. X 和 Y 均被定义为变体类型变量
   C. X 被定义为整型变量，Y 被定义为变体类型变量
   D. X 被定义为变体类型变量，Y 被定义为整型变量

7. 在 VB 中，表达式 1234\100 的值是（　　）。
   A. 1　　　　　　　B. 12　　　　　　C. 12.34　　　　　D. 123

8. 在 VB 中，表达式 56789 Mod 100 的值是（　　）。
   A. 567　　　　　　B. 89　　　　　　C. 56　　　　　　D. 9

9. 在 Visual Basic 中，表达式 Fix(2.8)的值是（　　）。
   A. 3　　　　　　　B. 2.8　　　　　　C. 2　　　　　　D. 0.8

10. 将数学表达式 $\cos x \sin 2x$（x 的单位为弧度）写成 Visual Basic 表达式，正确的是（　　）。
    A. Cos$x$Sin2x　B. Con$x$ * Sin2x　C. Cos(x)Sin(2x)　D. Cos(x) * Sin(2*x)

11. 下列属于正确的 Visual Basic 表达式的是（　　）。
    A. $a+b*|c|$　　　B. $a3+2$　　　　C. $2a-1$　　　　D. $2 \cdot a/b$

12. 在 Visual Basic 中，从字符串"早上好，Good morning"中截取"morning"的表达式是（   ）。

    A. Mid("早上好，Good morning",10, 7)   B. Mid(早上好，Good morning, 10, 7)

    C. Mid("早上好，Good morning ", 9, 7)   D. Mid("早上好，Good morning", 11, 7)

13. 将数学表达式 $1 \leqslant a \leqslant 100$ 写成 Visual Basic 表达式，正确的是（   ）。

    A. 1<=a<=100   B. 1<=a Or a<=100

    C. 1<=a And a<=100   D. 1<=a Not a<=100

14. 随机产生[0,10)中的数，正确的 Visual Basic 表达式是（   ）。

    A. Rnd()*10   B. Rnd()*11

    C. Int(Rnd()*10)+1   D. Int(Rnd()*11)+1

15. "正数 x 是否为奇数"的 Visual Basic 条件表达式是（   ）。

    A. x \ 2 = 1   B. x / 2 = 1   C. x Mod 2 = 1   D. x = Abs(x)

16. 以下 4 个字符，ASCII 码值最大的是（   ）。

    A. 0   B. 9   C. A   D. a

17. ASCII 码值为 62H 的字符是（   ）。

    A. 2   B. B   C. b   D. d

18. 如果要对程序代码进行注释，可使用的 Visual Basic 语句为（   ）。

    A. Let 语句   B. Rem 语句   C. Set 语句   D. Print 语句

二、填空题

1. 整型变量的数据范围是_____。

2. 为了强制显式声明变量，可在各模块的声明段中加入_____语句。

3. VB 复合表达式中常用多种运算符，优先级最高的是_____和_____运算符，其次为___运算符，最后为_____运算符。

4. 有如下 Visual Basic 程序段。

```
a = 4
b = 5
a = a/2
c = Abs(a-b)
```

该程序段运行后，变量 c 的值为_____。

5. 有如下 Visual Basic 程序段。

```
a = 9
b = "Command Button"
c = Len(b)
If a > 0 And a < c Then
  Print Mid(b, a, 6)
Else
  Print "error"
End If
```

该程序段运行后，在窗体上显示_____。

6. 有如下 Visual Basic 程序段。

```
a = 3.14
b = 20
c = Int(a) + b
```

该程序段运行后，变量 c 的值为_____。

7. 有如下 Visual Basic 程序段。

```
a = "360"
b = Val(a)
c = Len(a)
If b > c Then
    Print "取数值"
Else
    Print "取字符"
End If
```

该程序段运行后，在窗体上显示_____。

8. 有如下 Visual Basic 程序段。

```
a = 6
b = "Hello!"
c = (a ^ 2) - Len(b)
```

该程序段运行后，变量 c 的值为_____。

9. 有如下 Visual Basic 程序段。

```
a = 10
b = 6
c = 5
If a + b > c And b + c > a And c + a > b Then
    Print "YES"
Else
    Print "NO"
End If
```

该程序段运行后，在窗体上显示_____。

10. 有如下 Visual Basic 程序段。

```
w = 9
a = 90
b = 50
If w > 10 Or a * b > 4000  Then
    Print "托运"
Else
    Print "携带"
End If
```

该程序段运行后，在窗体上显示_____。

三、简答题

1. Visual Basic 语言中有哪些数据类型？

2. 什么是变量和常量？其作用范围是怎样确定的？

3. 符号常量和变量有什么区别？什么情况下宜用符号常量？什么情况下宜用变量？

4. 记录数据类型和枚举数据类型是如何定义的？分别列举一个应用例子。

5. 用随机函数 Rnd 产生[a,b]的随机数据，请至少写出两种表达式。

四、写出 VB 表达式

1. cos2（$a+b$）

2. 8e³ln2

3. |log1099+x|

4. 设 X、Y、Z 分别表示语文、数学、英语成绩（百分制），写出满足条件的表达式：语文成绩在 60 分以上（含 60 分），并且数学成绩在 80 分以上（含 80 分）或者外语成绩在 70 分以上（不含 70 分）。

PART 3

第 3 章
结构化程序设计

【学习内容】

目前，程序设计主要有结构化程序设计（structured programming）和面向对象程序设计（objectoriented programming）两种方法。结构化程序设计对初学者比较适合，它思路清晰、条理严谨、步骤整洁，便于阅读理解，适合于小型软件开发；而面向对象程序设计是在结构化程序设计的基础上，运用对象、类、继承、封装、聚合、关联、消息和多态性等概念和原则来构造系统，提供了更合理、更有效、更自然的方法，它适合于大型软件开发。

3.1 计算思维、算法及程序设计

3.1.1 计算思维

2006 年，美国卡内基梅隆大学（Carnegie Mellon University，CMU）计算机科学系系主任周以真（Jeannette M. Wing）教授提出了一种与数学思维、逻辑思维、工程思维、实验思维等不同的科学思维——计算思维(computational thinking)。周以真教授认为，计算思维是运用计算机科学的基础概念进行问题求解、系统设计，以及人类行为理解的涵盖计算机科学之广度的一系列思维活动。计算思维的本质是抽象和自动化。如同所有人都具备"读、写、算"（简称 3R）能力一样，计算思维是大学生必须具备的思维能力。

为便于理解，周以真教授还给出了计算思维的具体例子。

计算思维是通过约简、嵌入、转化和仿真等方法，把一个困难的问题阐释为如何求解它的思维方法。

计算思维是一种递归思维，是一种并行处理，是一种既能把代码译成数据，又能把数据译成代码的多维分析推广的类型检查方法。

计算思维是一种采用抽象和分解的方法来控制庞杂的任务或进行巨型复杂系统的设计，是基于关注点分离的 SoC（separation of concerns）方法。

计算思维是一种选择合适的方式陈述一个问题，或对一个问题的相关方面建模，使其易于处理的思维方法。

计算思维是按照预防、保护及通过冗余、容错、纠错的方式，并从最坏情况进行系统恢复的一种思维方法。

计算思维是利用启发式推理寻求解答，即在不确定情况下的规划、学习和调度的思维方法。

计算思维是利用海量数据来加快计算，在时间和空间之间、在处理能力和存储容量之间进行折中的思维方法。

总而言之，计算思维是一种基本技能，是当代大学生应具备的能力。

3.1.2 算法

1. 算法的概念

简单地说，算法（algorithm）是解决一类问题采取的方法和步骤的描述。

严格地说，算法是为完成一项任务所应当遵循的一步一步的、规则的、精确的、无歧义的、有穷命令（指令）序列的描述，它是解决某个问题的方法和步骤。

算法又分为数值型运算算法和非数值型运算算法。例如，判断素数、求阶层、数制转换等属于数值型算法，对数据进行检索、排序、分类及计算机绘图、制表等属于非数值型算法。

求解一个给定的可计算或可解的问题，不同的人可能设计出不同的算法。设计正确、简单、明了、步骤少、执行时间短、占用存储空间小的算法，是程序员追求的目标。

一般来说，算法具有以下 5 个主要的特征。

（1）可行性（effectiveness）。算法中执行的任何计算步骤都是可以被分解为基本的可执行的计算步，即每个计算步都可以在有限时间内完成（也称之为有效性）；

（2）确定性（definiteness）。算法中每一步骤都必须有明确的定义，不允许有模棱两可的解释，不允许存在多义性；

（3）有穷性（finiteness）。算法必须能在有限的时间内做完，且能在执行有限个步骤后终止，包括合理的执行时间；

（4）输入性（input）。一个算法有 0 个或多个输入，在算法运算开始之前，给出算法所需数据的初值，这些输入取自特定的对象集合；

（5）输出性（output）。作为算法运算的结果，一个算法应产生 1 个或多个输出，否则该算法将毫无意义。输出结果通常置于算法的结束部分，也可出现在算法中其他位置。

算法是计算机科学的核心，是程序的灵魂，它的基础性地位遍布计算机科学的各个分支领域。有人把程序设计又称为算法设计，可见算法的重要性。

2. 算法的描述

算法体现了解决问题的步骤，能够让人或者计算机理解即可。算法的表示方法很多，可以是自然语言、伪代码、流程图、N-S 图、PAD 图等，也可以是计算机程序设计语言，如 C++、Visual C++、C#、Visual Basic、Visual FoxPro、Java、Delphi 等高级语言或汇编语言。

（1）自然语言

自然语言采用人们日常使用的语言（如英语、汉语或其他语言）对解决问题的步骤进行描述，其描述方法通俗易懂，是一种常用的算法描述方法。自然语言描述算法时不直观，描述问题的方式、方法的不同时，可能会对描述的理解产生差异。另外，自然语言对分支、循环的描述比较烦琐。

【例 3-1】 输入 3 个数，然后输出其中最大的数。

用自然语言汉语描述算法如下。

算法开始。

将 3 个数依次输入变量 X、Y、Z 中。

将 X 与 Y 比较，若 $X \geqslant Y$ 成立，则比较 X 与 Z，若 $X \geqslant Z$ 成立，则输出 X，否则输出 Y。否则（即 $X \geqslant Y$ 不成立），则比较 Y 与 Z，若 $Y \geqslant Z$ 成立，则输出 Y，否则输出 Z。

算法结束。

需要说明的是，自然语言不是程序代码，必须将其转换成某种计算机语言才能运行。

（2）伪代码

伪代码是用介于自然语言和计算机语言之间的文字和符号（包括数学符号）来描述算法。

【例 3-2】用伪代码对【例 3-1】用另一种算法描述如下（请注意，本算法与【例 3-1】的算法不同）。

Begin（算法开始）

设变量 MAX 存放最大数

输入 X，Y，Z

　　IF X>Y 则

　　　X→Max

　　　否则　　Y→Max

　　IF Z>Max 则　Z→Max

　　Print　Max

End（算法结束）

与自然语言一样，伪代码也不是真正的程序代码，必须将其转换成某种计算机语言才能运行。

（3）流程图

流程图又称框图，是一种用规定的图形、指向线及文字说明来表示算法的图形。其特点是直观，清晰，易懂，便于检查、修改和交流。对于流程图，我国颁布了国家标准 GB1526—89《信息处理——数据流程图、程序流程图、系统流程图、程序网络图和系统资源图的文件编制符号及约定》，规定了一套流程图标准化符号，具体见表 3-1。

表 3-1　流程图中常用的图形符号

图 形 符 号	名　　称	代表的处理
	端点框	流程的起点和终点
	输入/输出框	数据的输入和输出
	判断框	根据条件判断选择不同的路径
	处理框	各种形式的数据处理
	特定处理框（如调用）	调用过程或函数
	流程流向线（简称流线）	表示程序的执行流向
	连接点	表示与流程图其他部分相连接

绘制流程时主要遵循以下原则：

①一个算法有且只有一个起点，但可以有多个终点；

②流线箭头为上进下出、左右反馈；

③流程中的各种图形应在中心线上左右对齐排列；

④框内的文字描述尽量简练，以不超过八个字为宜。

流程图比较适合于初学者编写较小程序时使用。

（4）N-S 图

N-S 图是美国 Nassi 和 Schneiderman 于 1973 年提出一种适合于程序设计的流程图，又称为盒图。N-S 图不含流程线和箭头，只有 3 种基本方框，如图 3-1 所示，下面分别介绍。

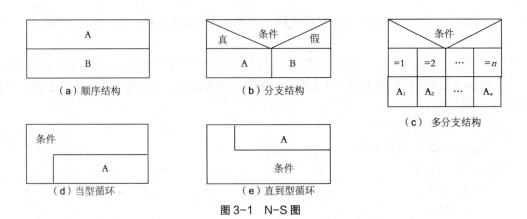

图 3-1 N-S 图

①简单方框

它是一个处理框，用于表示顺序结构，完成赋值、计算、输入、输出等功能。

②含有三角形的方框

它用于表示一个选择结构，条件写在倒三角框内。当条件满足时，执行"T"下面的语句序列 1；当条件不满足时，执行"F"下面的语句序列 2。

③含有 L 形的方框

它用于表示一个循环结构。循环条件写在 L 形框内，当循环条件满足时，反复执行循环体；当循环条件不满足时，执行整个方框后面的语句。

PAD 图

1973 年由日本日立公司发明的问题分析图（Problem Analysis Diagram，PAD）是一种二维图形，它用从上到下表示各功能框的顺序关系、从左到右表示层次关系来描述算法，其层次清晰、关系明了。用 PAD 图描述程序的 3 种基本结构如图 3-2 所示。

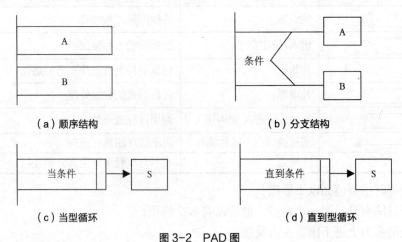

图 3-2 PAD 图

（5）编程线图 PLD

Mr Li 在汲取流程图、N-S 图优点的基础上，结合 20 多年计算机程序设计教学的实际，探索出一种与实际编程接近的算法描述方法——编程线图（Progaram Line Diagram，PLD）。PLD 图简单易学、直观、容易理解，与实际编程很接近，适应性广，很容易与各种高级程序语言接合，编程犹如代入数学、物理公式一样简单，特别是在有多重循环、多重选择时不容易出错。

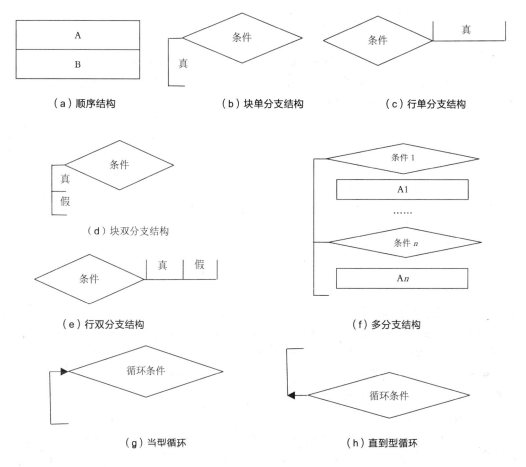

图 3-3　PLD 图

用 PLD 图描述程序的 3 种基本结构如图 3-3 所示。

以上介绍了几种描述算法的方法，需要强调的是，算法的各种描述方法仅仅体现了解决某个问题的方法和步骤，还必须把它转换为程序员熟悉的某种计算机程序设计语言，才能达到解决问题的目的。

3.1.3　常见算法

程序设计中，常见的算法有穷举法、递推法、递归法、贪婪法等。在排序中，有冒泡排序、选择排序、插入排序、堆排序、归并排序、快速排序、希尔排序等算法。在查找中，有顺序查找（也称为线性查找）、二分法查找（折半查找）、分块查找（也称为索引查找）、哈希表查找等算法。

下面介绍最常见的穷举法和递推法。

1. 穷举法（枚举法、遍历法）

穷举法的基本思想是把需要解决问题的所有可能情况一个不漏地进行排查（遍历），从中得到符合要求的答案。手工进行穷举计算是很麻烦的，计算机运算速度快，使过去手工计算难以解决的问题变得轻而易举，穷举法便于编程实现且可靠性高。穷举法是一种常用的、易于理解的算法，它主要用于解决是否有解或者有多少个解等类型的问题。

【例 3-3】在 3 位正整数中找出以下条件的数：该数的百位数的立方+十位数的立方+个位

数的立方=该数。满足该条件的数称为水仙花数。

解：算法分析

"水仙花数"问题，可采用穷举法求解。

3 位正整数 N，显然是指 100~999 的所有整数。先将 100~999 的每一个正整数分离出百位数 X、十位数 Y、个位数 Z，然后进行判断，看看是否满足：

$$N=X^3+Y^3+Z^3$$

即：100 是否等于 $1^3+0^3+0^3$，若满足条件则输出，进行下一个数的检查。

101 是否等于 $1^3+0^3+1^3$，若满足条件则输出，进行下一个数的检查。

……

345 是否等于 $3^3+4^3+5^3$，若满足条件则输出，进行下一个数的检查。

……

999 是否等于 $9^3+9^3+9^3$，若满足条件则输出，结束检查。

这样，就可找出所有 3 位正整数中的水仙花数，无一遗漏。

2. 递推法

递推算法的基本思想是在前一个（或几个）结果的基础上推出下一个结果。在实际问题中，有许多问题没有现成的公式直接推导出结果，而必须采用递推的方法逐步求出结果。使用递推法时，往往是将一个复杂的计算问题归结为多次重复的简单计算过程，而重复计算在程序设计中可用循环结构来实现。

【例 3-4】求 $1+2+3+\cdots\cdots+100$。

解：算法分析

这是求解 $1+2+3+\cdots\cdots+100$ 之和的问题。设变量 I 的值从 1 开始，每次增加 1，直到 100；将求和的结果放在变量 S 中，开始之前，变量 S 为 0。

第 1 次：把 S 的和（即 0）加上 I（即 1），得到前 1 项的和；

第 2 次：将前 1 项的和 S（即(0+1)加上 I（即 2）），得到前 2 项的和；

第 3 次：将前 2 项的和 S（即((0+1)+2) 加上 I（即 3），得到前 3 项的和；

……

第 99 次：将前 98 项的和 S（即(……(0+1)+2)+3）+……+98)加上 I（即 99），得到前 99 项的和；

第 100 次：将前 99 项的和 S（即(……(0+1)+2)+3）+……+98)加上 I（即 100），得到前 100 项的和。

详细过程如图 3-4 所示。

从以上分析可知，某一项的值是在前一项的值加 I 的值来决定的，这是一种典型的递推算法。这样，就将 $1+2+3+\cdots\cdots+100$ 的计算问题归结为多次重复做 $S=S+I$ 的简单计算。

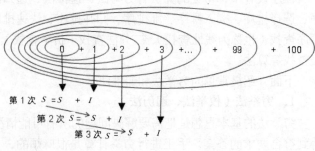

图 3-4 $1+2+3+\cdots\cdots+100$ 递推算法

3.1.4 程序设计

1. 程序设计的概念

程序设计是给出解决特定问题的过程，是软件构造活动中的重要组成部分。程序设计往往以某种程序设计语言为工具，编写出这种语言下的程序。

通俗地说，程序是人们让计算机完成特定任务的一系列命令的总称，它是命令的有序集合。用某种程序设计语言编写程序的过程便是程序设计。

严格地说，程序是用计算机能够接受的特定语言对所处理的数据以及处理的方法和步骤所做的完整而准确的描述。这个描述过程就称为程序设计。

程序设计的工具是计算机语言，由于计算机语言的语法相对固定，人们只能模仿。因此，程序设计实际上是模仿与创造的结合，模仿是基础，创造是根本。这就像是写作，文字是相对固定的，内容是创造的。

程序设计的基本方法，是以结构化与模块化程序设计为核心，学习程序设计方法、程序调试方法，进一步学习软件工程相关的思想和方法，培养一种新的思维——计算思维。也正是由于这一点，才使得程序设计的学习难度比较大。

2. 程序设计的基本步骤

（1）需求分析。对用户需求进行具体分析，研究所给定的条件，分析最后应达到的目标，找出解决问题的规律，选择解题的方法，确定应解决的问题。

（2）设计算法。选择较好的计算方法，以解决以上面提出的问题。算法通常采用形象和直观的方法（如流程图、N-S图等）来描述。

（3）编写程序。选择某种计算机语言，按照确定的算法，编写程序。对源程序进行编辑、编译和连接。

（4）调试程序。上机运行编写好的程序，以得到所需的结果。有运行结果并不意味着程序正确，还要对结果进行分析，看它是否合理。若结果不合理，则要对程序进行反复调试，检查和纠正错误，直到得出正确的结果。

（5）文档资料的编制。程序是提供给用户使用的，如同产品需要提供产品使用说明书一样，程序也要向用户提供使用说明书。其内容主要是使用手册，如功能介绍、操作说明、运行环境要求、需要输入的数据，错误信息、注意事项等。

可以认为：软件=程序+数据+文档

3. 结构化程序设计方法

结构化程序设计是软件发展的一个重要的里程碑，意大利科学家 Corrado Böhm、Giuseppe Jacopini 及荷兰科学家 Edsger Wybe Dijkstra 先后于 1966 年、1968 年发表论文，为结构化程序设计奠定了理论基础。虽然现在程序设计已发展到面向对象程序设计，但对于具体的过程本身，仍然要采用结构化程序的方法。

结构化程序设计方法的主要内容如下。

（1）以模块化设计为中心

将待开发的软件系统划分为若干相互独立的模块，这样使完成每一个模块的工作变得单纯而明确，为设计一些较大的软件打下了良好的基础。

由于模块相互独立，因此在设计其中一个模块时，不会受到其他模块的影响，因而可将原来较为复杂的问题简化为一系列简单模块的设计。模块的独立性还为扩充已有的系统、建立新系统带来了不小的方便，可以充分利用现有的模块做积木式的扩展，使程序流程简洁、层次分明，可读性强。

（2）采用自顶向下、逐步求精的程序设计方法

在需求分析、概要设计中都采用了自顶向下（瀑布式），逐层细化的方法，即从问题的总体目标开始，抽象低层的细节，先专心构造高层的结构，然后再一层一层地分解和细化。这使设计者能把握主题，高屋建瓴，避免一开始就陷入复杂的细节中，使复杂的设计过程变得简单明了，过程的结果也容易做到正确可靠。

（3）使用3种基本控制结构构造程序

任何复杂的算法，都可以通过由程序模块组成的3种基本程序结构：顺序结构、选择结构（又称分支结构）和循环结构（又称重复结构）的组合来实现。在构造算法时，也仅以这3种结构作为基本单元，同时规定基本结构之间可以并列和互相包含，不允许交叉和从一个结构直接转到另一个结构的内部。

结构化程序设计方法的结构清晰，易于正确性验证和纠正程序中的错误。

4．结构化程序的特点

结构化程序具有以下共同的特点。

- 只有一个入口；
- 只有一个出口；
- 无死语句（永远执行不到的语句）；
- 无死循环（永远执行不完的循环）。

VB 语言支持结构化的程序设计方法，并提供了相应的语言成分。

5．结构化程序的基本结构

结构化程序的3种基本结构是：顺序结构、分支结构、循环结构。

（1）顺序结构

在顺序结构中，程序中的各操作是按照它们出现的先后顺序执行的。顺序结构是最简单、最基本的结构，其结构框图如图 3-5 所示。从框图中可以看出，在结构内，语句按先 A 后 B 的顺序依次执行。

（2）选择结构

在选择结构中，程序的处理步骤出现了分支，需要根据某一特定的条件选择其中的一个分支执行。

选择结构中包含一个判断语句，根据程序给定的条件 P 判断应执行 A 操作还是 B 操作，其结构框图如图 3-6 所示。从框图中可以看出，如果条件 P 成立，则执行 A 语句，否则执行 B 语句。

选择结构有单选、双选和多选 3 种形式。

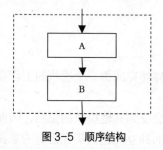

图 3-5　顺序结构

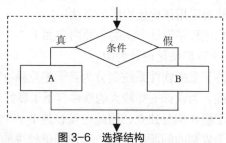

图 3-6　选择结构

（3）循环结构

在循环结构中，程序反复执行某个或某些操作，直到某条件为假（或为真）时，才可终止循环。在循环结构中最主要的是：什么情况下执行循环？哪些操作需要循环执行？

循环结构有两种基本形式：当型循环和直到型循环。

当型循环是先判断后执行，其结构框图如图 3-7 所示。它的功能是：先判断条件是否成立，若条件成立（为真），则执行 A 操作后再返回判断条件是否成立；若条件不成立（为假），则退出循环结构执行下面的语句。由于是"当条件满足时执行循环"，即先判断后执行，所以称为当型循环。当型循环有可能一次也不执行 A 操作。

直到型循环是先执行后判断，其结构框图如图 3-8 所示。它的功能是：先执行 A 操作，再判断条件是否成立，若条件不成立（为假），则返回执行 A 操作；若条件成立（为真），则退出循环结构执行下面的语句。由于是"直到条件为真时为止"，所以称为直到型循环。直到型循环至少执行一次 A 操作。

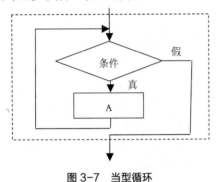

图 3-7　当型循环

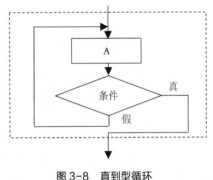

图 3-8　直到型循环

由以上 3 种基本结构构成的程序，称为结构化程序。

练习题

一、填空题

1. 仅由顺序、选择（分支）和循环（重复）结构组成的程序是＿＿＿＿＿程序。

2. 使用穷举算法解决问题时，通常使用＿＿＿＿＿结构来描述算法。

二、选择题

1. 程序通常需要 3 种不同的控制结构，即顺序结构、分支结构和循环结构，下面说法正确的是（　　　）。

　A. 一个程序只能包含一种结构

　B. 一个程序最多可以包含两种结构

　C. 一个程序可以包含以上 3 种结构中的任意组合

　D. 一个程序必须包含以上 3 种结构

2. 使用计算机解题的步骤，以下描述正确的是（　　　）。

　A. 正确理解题意→设计正确算法→寻找解题方法→编写程序→调试运行

　B. 正确理解题意→寻找解题方法→设计正确算法→编写程序→调试运行

　C. 正确理解题意→寻找解题方法→设计正确算法→调试运行→编写程序

　D. 正确理解题意→寻找解题方法→设计正确算法→编写程序→调试运行

3. 关于流程图中的开始、结束符号，以下说法正确的是（   ）。

A. 一个算法可以有多个开始处，但只能有一个结束处

B. 一个算法只能有一个开始处，但可以有多个结束处

C. 一个算法可以有多个开始处，也可以有多个结束处

D. 一个算法不能有多个开始处，也不能有多个结束处

4. 采用某种方法对结果进行搜索，在搜索结果的过程中，把各种可能的情况都考虑到，并对所得的结果逐一进行判断，过滤掉那些不合要求的，保留那些合乎要求的结果，这种方法叫作（   ）。

A. 递推法　　　　　　B. 穷举法　　　　　　C. 选择法　　　　　　D. 解析法

5. 用计算机解题前，需要将解题方法转换成一系列具体的、在计算机上可执行的步骤，这些步骤能清楚地反映解题方法一步步"怎样做"的过程，这个过程就是（   ）。

A. 算法　　　　　　　B. 过程　　　　　　　C. 流程　　　　　　　D. 程序

6. 关于算法的有穷性特征，以下描述正确的是（   ）。

A. 一个算法的步骤，只要能够自行正常结束，就符合有穷性特征

B. 一个算法运行的时间只要不超过 72 小时，就符合有穷性特征

C. 一个算法能在 1 万个步骤内终止，就符合有穷性特征

D. 一个算法的步骤能在合理的时间内终止，就符合有穷性特征

7. 算法的输出性是指算法在执行过程中或终止前，需要将解决问题的结果以一定方式反馈给用户，这种信息的反馈称为输出，关于算法中输出的描述以下正确的是（   ）。

A. 算法至少有 1 个输出，该输出可以出现在算法的结束部分

B. 算法可以有多个输出，所有输出必须出现在算法的结束部分

C. 算法可以没有输出，因为该算法运行结果为"无解"

D. 以上说法都错误

8. 图 3-9 所示的流程图算法描述实现的功能是（   ）。

A. 输入 2 个数，输出较大的数　　　　　　B. 输入 2 个数，输出较小的数

C. 输入 2 个数，输出绝对值　　　　　　　D. 输入 2 个数，输出 0

9. 图 3-10 所示的 PLD 图算法描述实现的功能是（   ）。

A. 输入 3 个数，输出最大的数　　　　　　B. 输入 3 个数，输出最小的数

C. 输入 3 个数，输出中间的数　　　　　　D. 输入 2 个数，输出最大及最小的数

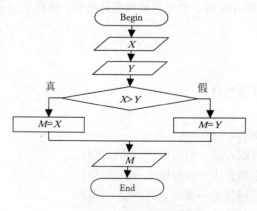

图 3-9　算法描述流程图

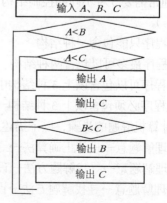

图 3-10　算法描述 PLD 图

三、作图题

对以下分段函数用 N-S 图描述算法。提示：x 作为输入，y 作出输出。

$$y = \begin{cases} -1 & x < 0 \\ 0 & x = 0 \\ 1 & x > 0 \end{cases}$$

3.2 顺序结构程序设计

顺序结构是一种最简单、最常见的基本结构，执行程序时，从上到下、从左到右（一行有多条语句时）依次执行，当所有语句都执行完或遇到 End 语句时，程序终止运行。

3.2.1 赋值语句

在顺序结构程序设计中，赋值语句是使用最频繁的语句，赋值语句虽然简单，但内容很丰富。

1. 格式

格式 1　[Let] 变量名=<表达式>

格式 2　[对象名称.]属性名称=<表达式>

2. 功能

先计算表达式的值，然后将值赋给赋值号左边的变量（或对象的属性）。赋值语句有 2 个功能：计算和赋值。

3. 说明

（1）一条赋值语句只能给一个变量赋值。例如，给 A、B、C 3 个变量都赋值 5.678，必须用 3 条语句分别赋值。

A=5.678

B=5.678

C=5.678

而不能用 A=B=C=5.678 进行赋值。

（2）右边的表达式可以是变量、常量、函数调用等特殊的表达式。

（3）赋值号（=）与等于号（=）虽然符号相同，但意义不同，读音也不同。赋值号（=）读成"赋值"或简称"赋"，等于号（=）读成"等于"。有些高级语言（如 Delphi）为了区别赋值号与等于号，把赋值号用"：="表示，等于号用"="表示。VC、C++、C 等赋值号用"="表示，等于用"=="表示。VB 系统会根据"="在语句中的位置，自动判断、识别"="是赋值号还是等于号。

（4）赋值符号"="左边一定只能是变量名或对象的属性引用，不能是常量、符号常量、表达式。例如，下面的赋值语句都是错的。

5=X　　　　　　　'左边是常量

Abs(X)=20　　　　'左边是函数调用，即表达式

（5）赋值符号"="两边的数据类型一般要求一致。

4. 举例

【例 3-5】给不同类型变量赋值举例。

N=0	' 给变量赋 0 值，又称"清零"
N1%=8	' 给整型变量 N1 赋值
N2!=0.2	' 给单精度型变量 N2 赋值
N3#=1.23456789E20	' 给双精度型变量 N3 赋值
VB$="Visual BASIC"	' 给字符型变量 VB 赋值
A$=3*4	'先计算 3*4 为 12，再将数值 12 转换为字符串"12"，赋给字

符串变量 A

Pm=true	' 给逻辑型变量 Pm 赋值
hkday=#1997-7-1#	' 给日期型变量 hkday 赋值
Command1.Caption="是(&Y) "	' 给按钮对象 Command1 的 Caption 属性赋值

【例 3-6】变量重新赋值。

A=3

A=5

变量 A 被重新赋值后，变量 A 原来的值（3）被清除，A 被重新赋予新值（5）。注意，变量重新赋值并不是累加。

【例 3-7】计数器。

若设 N=3，执行语句：

N=N+1

由于赋值语句的功能是先计算出赋值号右边表达式（3+1）的值，然后将其值（4）赋给变量 N，故变量 N 的值为 4。

再执行一次语句：

N=N+1

后，变量 N 的值加 1 变为 5。

……

其结果是：每执行一次 N=N+1，变量 N 的值就加 1，其功能相当于一个计数器，故语句 N=N+1 中的变量 N 在程序设计中称为计数器。

类似地，A=A+1、C=C+1、Counter=Counter+1 等，均称为计数器。在程序设计中，会经常用到计数器。计数器使用前，通常要先清零。

【例 3-8】累加器、累积器。

设超市收银员的收款箱为 S，里面有 100 元，每笔销售收 x 元。现销售 3 次，分别收 5 元、10 元、20 元。

设：收款箱 S 有 100 元；

第一次收款 X 为 5 元，S=S(100)+X(5)，结果 S 中有 105 元；

第二次收款 X 为 10 元，S=S(105)+X(10)，结果 S 中有 115 元；

第三次收款 X 为 20 元，S=S(115)+X(20) 结果 X 中有 135 元。

这样，反复执行的语句是 S=S+X。

实际上，每执行一次语句 S=S+X，就把原来的 S 加上 X，做了累计相加，其功能相当于一个累加器，故语句 S=S+X 中的变量 S 在程序设计中称为累加器。类似地，A=S+N、C=C+X、Sum=Sum+Score 等，均称为累加器。实际上，计数器是累加器的一个特例。

在程序设计中，经常会用到累加器。累加器使用前，通常也要先清零。

类似地，$A=A*N$、$C=C*X$、$Product=Product*Multi$ 等，均称为累积器。需要特别注意的是，累积器在使用前，通常赋值为 1。

【例 3-9】赋值号与等于号的区别。

语句 $A=A+100$ 在执行时，是把变量 A 的值加上 100，然后再赋给变量 a。

若符号"="为等于号，则有：

A−A=100   ' 将等于号"="右边的变量 a 移到左边

0=100

得出了 0=100 的荒谬结论，从而反证了符号"="不是等于号。

【例 3-10】分析赋值语句程序段的功能。

设变量 A、B 都是数值型变量，按顺序执行以下赋值语句。

A=A+B

B=A−B

A=A−B

实现了什么功能？

（1）分析

第一条语句的作用是：将赋有初值的变量 A、B 求和，再将求和后的值重新赋给变量 A。变量 A 的值已不是原来的初值，而是变量 A、B 初值的和。而变量 B 的值仍然是初值，保持不变。

第二条语句的作用是：将变量 A 的新值（变量 A、B 初值的和）减去变量 B 的初值，结果为初值 A，然后将其赋给变量 B，实际上就是把初值 A 赋给了变量 B。

第三条语句的作用：将变量 A 的值（变量 A、B 初值的和）减去变量 B 的值（第二条语句执行后，B 值已是 A 的初值）赋给变量 A。也就是初值 $A+B$ 减去初值 A，然后赋给变量 A，其结果是变量 B 的初值赋给了变量 A。

（2）结论

该程序段的功能是：变量 A、B 的值实现互换。只用到 2 个变量和 3 条赋值语句就能实现值互换。从该例题也可看到计算思维颠覆了逻辑思维：交换两个瓶子中的油必须用第三个瓶子（逻辑思维），交换两个变量中的值可以不需要第三个变量（计算思维）。

需要注意的是：以上各条程序的执行顺序不能颠倒，否则达不到两个变量相互交换的目的。

另外，不能通过以下命令交换变量 A、B 的值。

A=B

B=A

【例 3-11】三角交换。

在程序设计中，通常不采用【例 3-10】这种较难理解的方法来交换两个变量的值，而是采用容易理解的"三角交换法"。

所谓"三角交换法"，是在交换 A、B 两个变量值时，引入第三个变量 T 作为临时（Temp）变量。其方法如下（交换顺序见图 3-11）。

T=A ' 变量 A 的值赋给了变量 T，A 的值不变

A=B ' 变量 B 的值赋给了变量 A，A 原来的值丢失，赋值为 B 的值

B=T ' 变量 T 的值 (也就是原来 A 的值)赋给了变量 B，B 原来的值丢失，赋、值为原来 A 的值

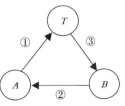

图 3-11　三角交换

这样就完成了两个变量的值交换，由于交换过程呈三角形，故形象地称之为三角交换。

3.2.2 Print 方法

方法是指对象本身所具有的、反映该对象功能的内部函数或过程，也就是对象的动作。VB 中常见的方法是 Print，在窗体、图片框、立即窗口、打印机等对象中显示、输出表达式的值或者文本字符串等均可使用 Print 方法，Print 方法是输出数据的一种重要方法。

1．格式

[对象名称.] Print [表达式列表]

2．功能

先计算表达式的值，然后在指定对象（如 Form（窗体）、Debug（"立即"窗口）、Picture（图片框）、Printer（打印机）等）中输出表达式的值。省略对象名称时，表示在当前窗体上输出。

Print 方法与赋值语句的不同之处是：前者具有计算、输出功能，后者具有计算、赋值功能。

3．说明

（1）关键字 Print 可以用符号？代替，VB 会自动将它翻译为 Print。

（2）"表达式列表"是一个或多个表达式，若为多个表达式，则各表达式之间用"，"或"；"隔开。

用"，"分隔各表达式时，各项以分区格式输出（即在以 14 个字符位置为单位划分出的区段中输出，每个区段输出一项）。

用"；"分隔各表达式时，各项按紧凑格式输出，即在每项的后面增加一个空格，若数值为正，则正号显示为空格。

（3）如果在语句行末尾有"；"，则下一个 Print 输出的内容，将紧跟在当前 Print 输出内容后面；如果在语句行末尾有"，"，则下一个 Print 输出的内容，将在当前 Print 输出内容的下一区段输出；如果在语句行末尾无分隔符，则输出完本语句内容后换行，即在新的一行输出下一个 Print 的内容。

（4）如果省略"表达式列表"，则输出一个空行。

（5）Print 方法与 Tab、Spc 函数结合，可实现定位输出、输出空格等功能。

4．举例

【例 3-12】运行下列程序，写出运行结果。

```
a = 5: b = -3
Print a, b, a * b
Print a; b; a / b
Print b, a,
Print a - b
Print
Print a * b; a - b;
Print a + b
```

解：由于没有指定对象名称，在当前窗口中输出，输出如下。

■5□□□□□□□□□□□□-3
■5□-3□-1.66666666666667
-3□□□□□□□□□□□□5
-15□■8□■2

注：■为符号位，□为空格。

3.2.3　定位输出函数 Tab()

1．格式

Tab(n)

2．功能

先计算数值型表达式 *n* 的值并取整，然后把光标或打印头，移到数值指定的列数位置输出数据，输出的内容放在 Tab 函数的后面，可以用 ";" 分隔。

3．举例

【例 3-13】Print 方法结合 Tab 函数，实现定位输出。例如：

Print Tab(5); "班级"; Tab(15); "姓名"

显示如下。

> 　　　班级　　　　姓名
> 　　12345678901234 5678

注意：下面一行数字不是输出结果，仅作为输出位置对照。

3.2.4　空格函数 Spc()

1．格式

Spc（数值型表达式）

2．功能

先计算数值型表达式 *n* 的值并取整，它给出了在下一个输出项之前插入的空格数。

3．举例

【例 3-14】Print 方法结合 Spc 函数，实现输出空格。例如：

Print Tab(5); "中国"; Spc(6); "北京"

显示如下。

> 　　　中国　　　　北京
> 　　1234567812345 67890

注意：下面一行数字不是输出结果，仅作为输出位置对照。

3.2.5　输入对话框函数 InputBox()

赋值语句提供了一种给变量赋值的简单方法，但若要改变变量的赋值，就必须修改程序。VB 提供了另外一种给变量赋值的灵活方法——输入对话框函数。输入对话框函数能产生一个相对固定的、比较美观的界面给变量赋值。

1．格式

InputBox[$]（提示［,标题］［,默认值］［,x 坐标,y 坐标］［,帮助文件名,主题］）

2．功能

InputBox()函数通常出现在赋值号的右边，用来灵活地给赋值号左边的变量赋值。

当执行该函数时，出现一个带有提示信息和供用户输入的文本框，用户输入数据后单击"确定"按钮或 Enter 键，把输入的数据赋给变量；单击"取消"按钮或按 Esc 键，则返回 0 或空串给变量。注意：无论变量是什么类型的，InputBox 函数本身的返回值都是字符型。

3．说明

InputBox 函数各个参数的含义如下。

（1）提示：对话框中的提示信息，它是一个字符串，必须用双引号括起来。它是必选参数。

（2）标题：对话框的标题，它是一个字符串，默认时以工程名作为标题。

（3）默认值：在对话框的输入文本框中显示一个默认值，默认时为空。

（4）x 坐标、y 坐标：指定对话框在屏幕左上角的坐标位置，默认时对话框显示在屏幕的中央。

（5）帮助文件名、主题：帮助文件的名称及帮助主题号。

4．举例

【例 3-15】用输入对话框函数从键盘输入半径，并将值赋给变量 R。

程序如下（提示：可在"立即"窗口中直接运行）。

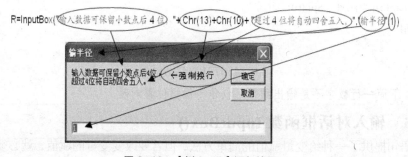

图 3-12　［例 3-15］运行结果

程序运行结果如图 3-12 所示。

【例 3-16】InputBox() 提示信息换行。

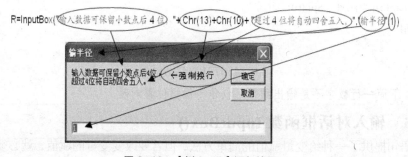

图 3-13　［例 3-16］运行结果

程序运行结果如图 3-13 所示。

【例 3-17】InputBox() 最少参数。

R=InputBox("输半径")

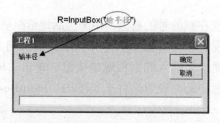

图 3-14　［例 3-17］运行结果

程序运行结果如图 3-14 所示。

3.2.6 消息框函数 MsgBox()

在应用程序中，若需要显示简短的提示，或者是根据提示进行选择，决定下一步操作，就可以使用消息框函数来完成这个任务。

1．格式

MsgBox（提示 [,按钮] [,标题] [,帮助文件] [,主题]）

2．功能

以对话框的形式向用户显示提示信息，等待用户单击按钮做出响应，然后返回一个整型数值，反馈用户单击了哪一个按钮。

3．说明

各参数含义如下。

提示、标题、帮助文件、主题：与 InputBox()函数相应参数的含义一致。

按钮：它是一个数值型表达式，由 4 个数值常量组成，这 4 个常量分别决定了消息框中的按钮数、图标的样式、默认按钮和消息框的响应模式。默认时，这 4 个常量值为 0，消息框中只有一个"确定"按钮，没有图标。

各个可选值和含义如表 3-2~表 3-5 所示。

表 3-2 按钮值、内置常量及按钮样式

按 钮 值	内置常量	按 钮 样 式
0	vbOKOnly	确定
1	vbOkCancel	确定　取消
2	vbAbortRetryIgnore	终止(A)　重试(R)　忽略(I)
3	vbYesNoCancel	是(Y)　否(N)　取消
4	vbYesNo	是(Y)　否(N)
5	vbRetryCancel	重试(R)　取消

表 3-3 样式值、内置常量及图标样式

样 式 值	内置常量	图 标 样 式
16	vbCritical	⊗
32	vbQuestion	?
48	vbExclamation	!
64	vbInformation	i

表 3-4 默认按钮值、内置常量及含义

默认按钮值	内置常量	含 义
0	vbDefaultButton1	第一个按钮为默认按钮
256	vbDefaultButton2	第二个按钮为默认按钮
512	vbDefaultButton3	第三个按钮为默认按钮

表 3-5　响应值、内置常量及含义

响　应　值	内置常量	含　义
0	vbApplicationModel	应用程序模式，用户必须在当前应用程序继续执行前对消息框做出响应
4096	vbSystemModel	系统模式，用户在对消息框做出相应响应之前，所有应用程序均挂起

当用户根据自己的需要对消息框做出相应响应，即选择单击了相关按钮后，MsgBox()函数会返回不同的值，具体如表 3-6 所示。

表 3-6　MsgBox()函数的返回值

按　　钮	内置常量	返　回　值
确定	vbOK	1
取消	vbCancel	2
终止	vbAbort	3
重试	vbRetry	4
忽略	vbIngore	5
是	vbYes	6
否	vbNo	7

4．举例

【例 3-18】设计与 Windows 删除文件类似的消息对话框

要求如下。

有是、否两个按钮，并默认选择否按钮；

有"确实要删除指定的文件吗？"提示。

有"！"号警示。

用户必须选择后才能继续执行后面的程序。

解：根据表 3-2 至表 3-5 得：

是、否两个按钮的取值为 4。

第二个按钮【否】为默认按钮，其取值为 256。

感叹号"！"图标样式的取值为 48。

用户必须选择后才能继续执行后面的程序，其取值为 0。

4 个参数值相加：4+256+48+0=308。

编程如下（提示：可直接在"立即"窗口中执行）。

A= MsgBox("您确实要删除指定的文件吗？",308,"确认删除")

也可写成表达式形式。

A= MsgBox("您确实要删除指定的文件吗？",4+256+48+0,"确认删除")

还可写成内置常量名表达式形式。

A= MsgBox ("您确实要删除指定的文件吗？", vbYesNo ＋ vbExclamation ＋ vbDefaultButton2 ＋ vbApplicationModel,"确认删除")

运行结果如图 3-15 所示。当用户选择单击"是"按钮时，将返回值 6 赋给变量 A；当选择单击"否"按钮时，将返回值 7 赋给变量 A。用 Print A 语句可检查变量 A 的值。

用户可根据返回值设计相应的处理程序。

【例3-19】把MsgBox()当成与Print方法类似的语句来使用。

当不需要消息对话框返回值时，也可以把MsgBox()当成与Print方法类似的语句来使用（称为MsgBox语句），输出的结果显示在消息框中。其语法格式如下。

`MsgBox(提示[,按钮][,标题][,帮助文件][,主题])`

例如：计算半径为4的圆面积，使用MsgBox语句在消息框中输出，编程如下（提示：可直接在"立即"窗口中执行）。

`MsgBox 3.1416*4^2`

运行结果如图3-16所示。

图3-15　消息框　　　　　　图3-16　消息输出

若要更好地表示，也可将数值型数据转换成字符串与提示连接后输出。

`MsgBox "面积为："+ STR(3.1416*4^2)`

需要说明的是，虽然MsgBox语句没有Print方法输出简便，但它能暂停程序运行，等待用户确认后再继续运行后面的程序。

3.2.7　输出格式函数 Format()

1. 格式

`Format[$]（表达式 [，"格式化符号"]）`

2. 功能

将数值、日期和时间、字符串按指定的格式输出。

3. 说明

● "表达式"是要格式化的数值、日期和时间、字符型表达式；

● "格式化符号"是表示输出所采用的格式；

● Format函数仅用于控制数据的输出形式，并不会改变数据在计算机内部的存储结构。

4. 输出格式函数举例

格式化符号可分为数值格式、日期时间、字符串等类型，有关格式化符号及其举例分别如下。

（1）数值格式化

数值格式化是将数值型表达式的值按格式化符号指定的格式输出，如表3-7所示。

表3-7　数值格式化输出

符　　号	功　　能	数值表达式	格式化符号	结　　果
0	当小数位比符号位少时，自动补0	1234.56	0.000	01234.560
	当小数位比符号位多时，四舍五入	1234.56	0.0	1234.6
#	当小数位比符号位少时，不补0	1234.56	#.###	1234.56
	当小数位比符号位多时，四舍五入	1234.56	#.#	1234.6
	加小数点"."	1234	#.##	1234.00
,	加千分位","	1234.56	0,0.000	1,234.560

符　　号	功　　能	数值表达式	格式化符号	结　　果
%	乘 100 后加百分号 "%"	0.123456	0.000%	12.346%
$	在数字前加 "$"	1234.56	$#.###	$1234.560
+	在数字前加 "+"	1234.56	+0.000	+1234.560
−	在数字前加 "−"	1234.56	−#.#	−1234.6
E+	用指数表示	123456	0.000E+00	1.235E+05
E−	用指数表示	0.123456	0.000E−0	1.23E−1

（2）日期时间格式化

日期时间格式化是将日期时间型表达式的值按格式化符号指定的格式输出，如表 3-8 所示。

以下举例设当前日期时间为：2010 年 2 月 14 日 9:10:11。

表 3-8　日期时间格式化输出

格式符号	功　　能	日期时间表达式	格式化符号	结　　果
d	显示日期(1~31)，个位前不加 0	date	d	14
dd	显示日期(01~31)，个位前加 0	date	dd	14
ddd	显示星期缩写(Sun—Sat)	date	ddd	Sun
dddd	显示星期全名(Sunday—Saturday)	date	dddd	Sunday
ddddd	显示完整日期，默认为 mm/dd/yy	date	ddddd	2010-2-14
dddddd	显示长日期，默认为 mmmm 年 dd 月 yy 日	date	dddddd	2010 年 2 月 14 日
w	星期为数字，1 是星期日，2 是星期一	date	w	1
ww	一年中的星期(周)数(1~53)	date	ww	8
m	显示月份(1~12)，个位前不加 0	date	m	2
mm	显示月份(01~12)，个位前加 0	date	mm	02
mmm	显示月份缩写(Jan—Dec)	date	mmm	Feb
mmmm	显示月份全名(January—December)	date	mmmm	February
y	显示一年中的第多少天(1~366)	date	y	45
yy	显示两位的年份(00~99)	date	yy	10
yyy	显示两位的年份+第多少天	date	yyy	1045
yyyy	显示 4 位的年份(0100~9999)	date	yyyy	2010
q	显示季度数(1~4)	date	q	1
h	显示小时(0~23)，个位前不加 0	date	h	9
hh	显示小时(00~23)，个位前加 0	date	hh	09
m	在 h 后显示分(0~59)，个位前不加 0	date	hm	910
mm	在 h 后显示分(00~59)，个位前加 0	date	hhmm	0910
s	显示秒(0~59)，个位前不加 0	date	hms	91011
ss	显示秒(00~59)，个位前加 0	date	hhmmss	091011
AM/PM am/pm	显示 12 小时时钟，午前为 AM(或 am),午后为 PM(或 pm)	date	AM/PM am/pm	AM am
A/P 或 a/p	显示 12 小时时钟，午前为 A(或 a)、午后为 P(或 p)	date	A/P a/p	A a

（3）字符串格式化

字符串格式化是将字符型表达式的值按格式化符号指定的格式输出，见表3-9。

表3-9　字符串格式化输出

符　号	功　能	字符表达式	格式化符号	结　果
<	字母以小写显示	China	<	china
>	字母以大写显示	China	>	CHINA
@	当字符数小于符号位时，字符前加空格	China	@@@@@@@@	China
&	当字符数小于符号位时，字符前不加空格	China	&&&&&&&&	China
yyyy 年 mm 月 dd 日	将日期型或日期形式的字符串转换指定格式	#2011-5-1# "2011-5-1"	yyyy 年 mm 月 dd 日 yyyy 年 m 月 d 日	2011年05月01日 2011年5月1日

3.2.8　常见方法与语句

1．Cls 方法

（1）格式

[对象.]Cls

（2）功能

清除 Print 方法显示的文本或在图片框中显示的图形，并把输出位置移到对象的左上角。

（3）举例

```
Private Sub Form_Click()
  Print "Visual BAISC 程序设计"
  MsgBox ("单击【确定】按钮后清除")
  Cls
End Sub
```

2．Show 方法

（1）格式

[窗体名称.] Show

（2）功能

具有装入和显示窗体两种功能，能把窗体装入内存并显示出来。

（3）举例

采用窗体装入（Form_Load()）过程时，如果没有将窗体的 AutoRedraw 属性设置为 True，则用 Print 方法输出的内容不能在窗体上显示出来，这时可在 Print 方法之前（或在程序顶部）加入 Show 方法。

```
Private Sub Form_Load()
    Show        ' 也可用 Form. AutoRedraw = True
    ……
    Print X
    ……
End Sub
```

3．SetFocus 方法

（1）格式

[对象.]SetFocus

（2）功能

将光标移到指定对象（如文本框、命令按钮、单选按钮、复选框、列表框、组合框等）中，称为获得焦点。

（3）举例

Text1.SetFocus

4．结束语句 End

（1）格式

End

（2）功能

终止当前运行的程序，重置所有变量，关闭所有数据文件。

（3）说明

End 语句除了可终止当前程序外，与不同的语句配合，有不同的功能。例如：

● End Sub：结束 Sub 过程；

● End Function：结束函数过程；

● End if：结束条件语句 If；

● End Select：结束选择情况语句 Select Case；

● End Type：结束用户定义类型

5．Stop 语句

（1）格式

Stop

（2）功能

暂停当前程序的运行，并自动打开"立即"窗口，方便用户调试跟踪程序、检查中间结果。

（3）说明

Stop 语句可以在程序的任何位置使用，相当于调试程序时可在程序指定位置设置断点。调试完成后，应删除此语句。

6．Rem 语句

（1）格式

Rem [注释内容]

或　　' [注释内容]

（2）功能

注释说明程序、语句的作用、功能及其他信息，也可用于保存题目内容。

（3）说明

注释语句是非执行语句，计算机会保存注释语句但不会执行。因此，编程时常常把暂时不需要的一条或多条语句（语句块）屏蔽，使其不能执行而失效。需要某条或多条语句时，去掉注释，又恢复正常。

REM、"'"二者的区别是：REM 只能用于句首，"'"既可用于句首，也可用于句尾。

（4）举例

```
Rem   6-1  求 1+2+3+…+100
' 本程序由李跃强于 2014 年 5 月 1 日编写
DIM X%, Sum%
Rem  FontSize=20              ' 本语句已被屏蔽，丧失作用
For X=1 To 100 Step 1
  Sum=Sum+X                   ' Sum 为累加器
Next
Print "1+2+3+…+100=" & Sum
```

3.2.9　顺序程序设计举例

【例 3-20】已知三角形三边的长，求三角形面积。

解：将本题采用界面设计、输入对话框两种方案求解。

方案 1（界面设计）

根据程序设计的基本步骤，解题如下。

（1）需求分析

需求分析主要对功能、界面、性能、数据的输入及输出、接口等进行分析。本题功能是已知三角形三边长，求三角形面积。以下对界面设计、数据输入及输出进行分析。

① 如何输入三角形三边的长？

在窗体对象（默认名称为 Form1）中用 3 个文本框对象（默认对象名称分别为 Text1、Text2、Text3）分别输入 3 条边长 A、B、C；用 3 个标签对象（Label1、Label2、Label3）分别显示字符"A"、"B"、"C"，用于提示是输入哪条边长。

② 面积如何输出？

在窗体 Form 对象中用 1 个文本框对象（默认对象名称为 Text4）输出面积（也可用标签对象来显示面积 S）；用 1 个标签对象（默认对象名称为 Label4）显示字符"S"，用于提示输出的是面积。

用 3 个命令按钮对象（默认对象名称分别为 Command1、Command2 Command3）分别触发单击事件启动程序，完成计算、清除、退出等功能。

界面设计如图 3-17 所示，各个对象属性设置如表 3-10 所示。

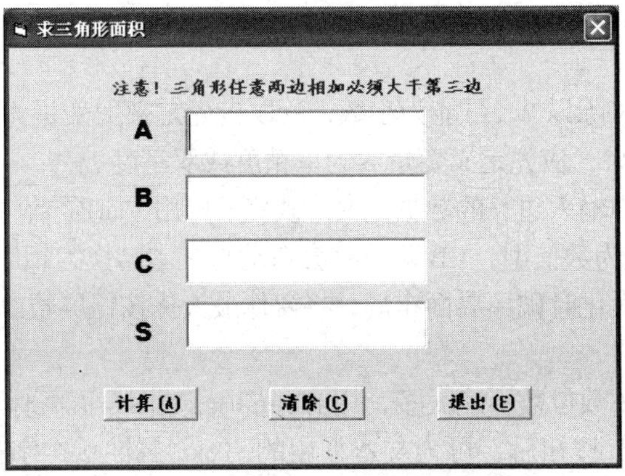

图 3-17　设计求三角形面积界面

表 3-10　对象属性设置

序号	对象类别	名　称	属性设置
1	窗体	Form1	Caption：求三角形面积 Maxbutton：False；Minbutton：False
2	标签	Label1	Autosize：True；Caption：A；Font：ArialBlack，12 号
3	标签	Label2	Autosize：True；Caption：B；Font：ArialBlack，12 号
4	标签	Label3	Autosize：True；Caption：C；Font：ArialBlack，12 号
5	标签	Label4	Autosize：True；Caption：S；Font：ArialBlack，12 号
6	标签	Label5	Caption：注意，三角形任意两边相加必须大于第三边 Autosize：True；Font：楷体，五号；Forecolor：红色
7	文本	Text1	Font：ArialBlack，12 号；Text：（清空，即把所有内容清除）
8	文本	Text2	Font：ArialBlack，12 号；Text：（清空）
9	文本	Text3	Font：ArialBlack，12 号；Text：（清空）
10	文本	Text4	Font：ArialBlack，12 号；Text：（清空）
11	命令按钮	Command1	Caption：计算（&A）；Font：宋体，10 号
12	命令按钮	Command2	Caption：清除（&C）；Font：宋体，10 号
13	命令按钮	Command3	Caption：结束（&E）；Font：宋体，10 号

（2）算法设计

① 用赋值语句分别将 3 个文本框中的边长赋给变量 A、B、C，考虑到边长可能带小数，应先声明变量 A、B、C 为单精度或双精度。

② 检查三角形边长的输入是否正确。

由于三角形任意两边相加必须大于第三边，否则无法计算。因此，应对输入的三边边长进行判断检查。鉴于到目前为止还没有学习条件判断语句，改用用 1 个标签显示"三角形任意两边相加必须大于第三边"的信息提示来解决。

③ 有了三角形三边的长，如何计算圆面积？

求解由三角形三边求面积问题，最好能建立一个数学模型（建模）来求解，这是解决问题的关键。古希腊数学家海伦建立了求解的数学模型，即海伦公式。

$$s = \sqrt{p(p-a)(p-b)(p-c)}$$

其中，$p = (a+b+c)/2$

④ 由于变量 P 是计算面积 S 的基础，因此，P 应先计算出来后，才能计算面积 S，根号在 VB 中用 Sqr() 函数表示。

⑤ 因 P 是边长之和除以 2，可能为小数，所以应先定义 P 变量为单精度或双精度；面积 S 是开平方才得到的结果，应先定义变量 S 为单精度或双精度。

⑥ 由于在文本框中输入边长的数据是文本类型，可用 Val() 函数将其转换为数值型。也可以不转换，若定义变量为数值型，VB 赋值时会自动将文本转换为相应的数值型。

⑦ 为防止窗体最大化时破坏界面布局，将窗体最大化按钮屏蔽。为美观起见，可将最小化按钮屏蔽。

⑧ 由于面积 S 的小数位数不能太多，用 Round() 函数四舍五入保留 4 位小数。

⑨ 当单击"清除"按钮后，可为文本框中的 Text 属性赋空字符串来清除原有值，如 Text1.Text=""。为使光标能移动到第一个文本框（即获取焦点），可使用 GetFocus 方法。

算法描述如图 3-18 所示。

（3）编程

用单击命令按钮（标题为"计算(A)"）事件驱动程序运行。编程如下。

```
Private Sub Command1_Click()
Dim A!, B!, C!, S!, P!
A = Val(Text1.Text)
    B = Val(Text2.Text)
    C = Val(Text3.Text)
    P = (A + B + C) / 2
    S = Sqr(P * (P - A) * (P - B) * (P - C))
    Text4.Text = Round(S, 4)
End Sub
```

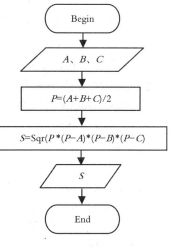

图 3-18　求三角形面积流程图

用单击命令按钮（标题为"清除(C)"）事件驱动程序运行。编程如下。

```
Private Sub Command2_Click()
    Text1.Text = ""
    Text2.Text = ""
    Text3.Text = ""
    Text4.Text = ""
    Text1.SetFocus    '使 Text1 获得焦点
End Sub
```

用单击命令按钮（标题为"退出(E)"）事件驱动程序运行。编程如下。

```
Private Sub Command3_Click()
  End
End Sub
```

（4）调试检查

分别选择典型、苛刻、刁难性的几组数据输入，检查能否得出正确的结果。例如，分别输入 A、B、C 的 3 组数据：3、4、5（正常数据），12.34567、23.45678、34.6789（苛刻数据），1、5、3（刁难数据），检查结果是否正确。

显然，以上程序对刁难性数据会发生错误，存在缺陷（在程序设计中称为 Bug），这样的程序是不合格的程序。读者学习分支程序设计后，就能自己完善该程序。

（5）文档编写

由于程序简单，无须另外专门编写文档。可在程序中注释内容作为文档。例如，在方案 1 的程序最前面加上注释语句。

Rem 本程序的功能为用海伦公式计算三角形面积

Rem 输入边长时应注意，任意两边之和必须大于第三边，否则会出错

方案 2：输入对话框

（1）算法设计

使用输入对话框输入三边的边长，用 Print 方法输出三角形面积。这样可大大减少界面设计、属性设置的时间，且功能相差不大。算法如下。

① 创建一个窗体对象 Form；

② 定义 A、B、C、P、S 为单精度或双精度；

③ 用 3 条 InputBox 语句输入三条边长 A、B、C；

④ 计算 P；

⑤ 用海伦公式计算面积 S；

⑥ 输出面积用 Print 方法，为使输出字体大小适中，应先定义字号、字体；

⑦ 用 Round()函数四舍五入（也可用 Format()格式函数）保留 4 位小数；

⑧ 采用窗体激活事件驱动程序运行。

（2）编程

```
Private Sub Form_Activate()
    FontSize = 20      ' 定义字号为 20
    Dim A!, B!, C!, P!, S!
    A = InputBox("请输入边长 A")
    B = InputBox("请输入边长 B")
    C = InputBox("请输入边长 C")
    P = (A + B + C) / 2
    S = Sqr(P * (P - A) * (P - B) * (P - C))
    Print "S="; Round(S, 4)
End Sub
```

（3）调试检查

● 分别选择典型、苛刻、刁难性的几组数据输入，检查能否得出正确的结果。

● 将输出语句改用 Print "S="; Format(S, "#.####")，比较结果。

练习题

一、选择题

1. 用来设置文字字体是否斜体的属性是（　　）。

    A. FONTUNDERLINE   B. FONTBOLD

    C. FONTSLOPE   D. FONTITALIC

2. 下列叙述中正确的是（　　）。

    A. MsgBox 语句的返回值是一个整数

    B. 执行 Msgbox 语句并出现信息框后，不用关闭信息框即可执行其他操作

    C. Msgbox 语句的第一个参数不能省略

    D. 如果省略 Msgbox 语句的第三个参数（title），则信息框标题为空

3. 执行 Print　Format$(12345, "000.00")后，窗体上显示（　　）。

    A. 123.45   B. 12345.00   C. 12345   D. 00123.45

4. 执行 Print　Format(9.8596,"$00,00.00")语句后，窗体上显示（　　）。

    A. 0,009.86   B. $9.86   C. 9.86   D. $0,009.86

5. Print　Format(1732.46,"+##,##0.0")语句的执行结果是（　　）。

    A. +1732.5   B. 1,732.5   C. + 1,732.5   D. +1,732.4

6. 在窗体上画一个名称为 Text1 的文本框和一个名称为 Command1 的命令按钮，然后编写如下事件过程。

```
Private Sub Command1_Click()
```

```
    Text1.Text = "Visual"
    Me.Text1 = "Basic"
    Text1 = "Program"
End Sub
```

程序运行后，如果单击命令按钮，则在文本框中显示（　　　）。

    A. Visual　　　　　　　B. Basic　　　　　　　C. Program　　　　　　　D. 出错

7. 下面程序运行时，若输入 395，则输出结果是（　　　）。

```
Private Sub Command1_Click()
    Dim x%
    x=InputBox("请输入一个 3 位整数")
    Print x Mod 10,x\100,(x Mod 100)\10
End Sub
```

    A. 3　9　5　　　　　　B. 5　3　9　　　　　　C. 5　9　3　　　　　　D. 3　5　9

8. 如果执行一个语句后弹出如图 3-19 所示的窗口，则这个语句是（　　　）。

    A. InputBox（"输入框"，"请输入 VB 数据"）

    B. x=InputBox（"输入框"，"请输入 VB 数据"）

    C. InputBox（"请输入 VB 数据"，"输入框"）

    D. x=InputBox（"请输入 VB 数据"，"输入框"）

图 3-19　输入对话框

二、填空题

1. 根据图 3-20 填空。

Z=InputBox(　①　，　②　，　③　)。

2. 在窗体上画一个文本框和一个图片框，然后编写下列两个事件过程。

```
Private Sub Form_Click( )
    Text1.Text="VB 程序设计"
End Sub
Private Sub Text1_Change( )
    Picture1.Print"VB Programming"
End Sub
```

图 3-20　程序示例图

程序运行后，单击窗体，在文本框中显示的内容是（＿＿4＿＿），在图片框中显示的内容是（＿＿5＿＿）。

三、编程题

用界面设计、输入对话框分别编写程序，将盎司（ounce 或 oz）换算成克，1 盎司= 28.349523125 克，结果四舍五入保留小数点后 8 位。

3.3　选择结构程序设计

选择结构也称为分支结构。在解决实际问题时，往往会要求程序根据某个特定的条件来决定下一步要求进行的操作。VB 提供了 If/End If 语句和 Select/End Select 语句来进行程序流程选择控制。

下面分别介绍 VB 中用来实现选择结构的两种语句。

3.3.1 单分支条件语句

1．格式

（1）行结构

If 条件 Then 语句序列

（2）块结构

If 条件 Then

　语句序列

End If

2．功能

若条件表达式为真，则执行"语句序列"；否则执行下一条
语句或 End If 后面的语句。执行过程如图 3-21 所示。

3．说明

● "条件"可以是逻辑变量、关系表达式或逻辑表达式；

● 当行结构中的"语句序列"由多条语句组成时，语句之
间用"："分隔。

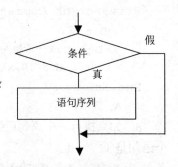

图 3-21　单分支流程图

4．举例

【例 3-21】用单分支条件语句实现绝对值函数的功能。

解：前面学习了用函数 Abs() 求一个数的绝对值，我们也可通过编程来实现同样的功能。

（1）算法分析

由于正数和 0 X 的绝对值等于它本身 X，负数 X 的绝对值等于该数的相反数 $-X$。因此，
需要对 X 进行判断，如果 $X<0$ 表示是负数，则取其相反数，否则不改变。

● 设输入的数为 X，考虑到 X 可能带小数，定义其类型为单精度或双精度。

● 输入采用输入对话框函数。

● 对 X 进行判断，若 $X<0$，则 $X=-X$。

● 输出 X。

● 采用窗体装入（Form_Load()）事件触发程序运行（这是 VB 系统默认的事件驱动）。注
意,如果在窗体装入（Form_Load()）事件内显示信息,则必须使用 Show 方法或把 AutoRedDraw
属性设置为 True,否则程序运行后不能显示信息。

（2）编程

```
Private Sub Form_Load()
    Show  ' 使用窗体装入事件驱动时需要的方法
    Dim X As Single
    X = InputBox("请输入一个数", "输入 X")
    If X < 0 Then X = -X
    Print X
End Sub
```

（3）调试检查

输入正数、0、负数及带小数的正数、负数，检查结果是否正确。

（4）讨论

将行结构的单分支条件语句改为块结构的单分支条件语句，如何修改程序？

【例3-22】任意输入3个数，将其按降序排列。

解：设这3个数分别为A、B、C，采用输入对话框输入。

（1）算法分析

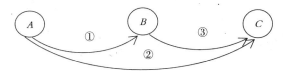

将A、B、C 3个数进行如下比较。

①A与B比较。若$A<B$为真，A与B交换；否则，A与B不交换，进行后面的比较。这种比较的结果是找出A、B中的较大者，并将其放在A变量中。

②A与C比较。若$A<C$为真，A与C交换；否则，A与C不交换，进行后面的比较。这种比较的结果是找出A、B、C中的最大者，并将其放在A变量中。

③B与C比较。若$B<C$为真，B与C交换；否则，B与C不交换，进行后面的比较。这种比较的结果是找出B、C中的较大者，也就是A、B、C中第二大者，并将其放在B变量中。

显然，A、B、C中的最大小者放在AC变量中、最小者放在C变量中。

通过以上算法操作，变量A、B、C中的值，就按从大到小的次序排列了。注意，后面输出的A、B、C值已不是先输入的A、B、C的值，其值已经进行了交换。

以上这种排序算法称为比较交换法。

算法归纳如下：

● 采用激活Activate窗体事件驱动。
● 考虑到A、B、C允许输入小数，将其定义为单精度型。
● 用输入对话框分别输入3个数A、B、C。
● 将A与B比较，若$A<B$，则A、B的值进行三角交换。
● 将A与C比较，若$A<C$，则A、C的值进行三角交换。
● 将B与C比较，若$B<C$，则B、C的值进行三角交换。
● 输出已排降序的A、B、C。

算法描述如图3-22所示

（2）编程

```
Private Sub Form_Activate()
    Dim A, B, C, T As Single
    A = InputBox("请输入第一个数", "输入A")
    B = InputBox("请输入第二个数", "输入B")
    C = InputBox("请输入第三个数", "输入C")
    If A < B Then T = A: A = B: B = T   '三
角交换
    If A < C Then T = A: A = C: C = T
```

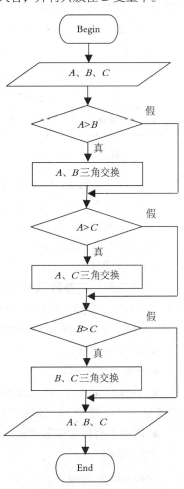

图3-22　比较交换法流程图

```
    If B < C Then T = B: B = C: C = T
    Print A, B, C
End Sub
```

3.3.2 双分支条件语句

1．格式

（1）行结构

If 条件 Then 语句序列 1 Else 语句序列 2

（2）块结构

If 条件 Then

      语句序列 1

[Else

      语句序列 2]

End If

2．功能

若条件表达式为真，则执行"语句序列 1"，否则执行"语句序列 2"。执行过程如图 3-23（流程图）、图 3-24（PLD 图）所示。

实际上，单分支条件语句是双分支条件语句的一种特例，即"语句序列 2"为空的情况。

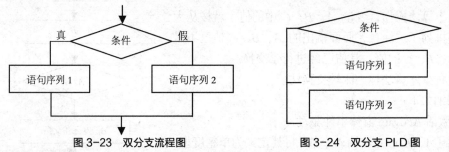

图 3-23　双分支流程图　　　　图 3-24　双分支 PLD 图

【例 3-3-3】用双分支条件语句判断整数的奇偶性。

解：本题有两种算法。

算法 1（除 2 取余法）

（1）算法分析

基本思路：把整数 X 除以 2，然后根据余数进行判断。若余数等于 0，则该整数 X 为偶数，否则 X 为奇数。例如，$X=5$ 时，$X \bmod 2=0$ 为假；$X=6$ 时，$X \bmod 2=0$ 为真。因此，可以把 $X \bmod 2=0$（或 $X \bmod 2=1$）作为判断整数 X 奇偶性的条件。

● 设 X 为整型；

● 用输入对话框输入 X；

● 用 $X \bmod 2=0$（或 $X \bmod 2=1$）作为条件判断，若为真，则显示"偶数"（或"奇数"），否则显示"奇数"（或"偶数"）；

● 用单击窗体事件驱动程序。

（2）编程

```
Private Sub Form_Click()
    Dim X%
```

```
    X = InputBox("请输入整数")
    If X Mod 2 = 0 Then
        Print X & "是偶数"
    Else
        Print X & "是奇数"
    End If
End Sub
```

（3）调试检查

由于采用了单击窗体事件驱动程序，故需要单击窗体才能运行程序。

算法2（除2取整法）

（1）算法分析

基本思路：把整数 X 除 2 与整数 X 整除 2（或除 2 取整），然后将二者进行比较。若二者相等，则 X 为偶数，否则 X 为奇数。例如，$X=5$ 时，$X / 2 = 2.5$，$X \backslash 2 = 2$，关系表达式 $X/2=X\backslash 2$（或 $X/2=Int(X/2)$）为假；$X=6$ 时，$X / 2 = 3$，$X \backslash 2 = 3$，关系表达式 $X/2=X\backslash 2$（或 $X/2=Int(X/2)$）为真。

因此，可以把 $X/2=X\backslash 2$（或 $X/2=Int(X/2)$）作为判断整数 X 奇偶性的条件。

- 设 X 为整型；
- 用输入对话框输入 X；
- 用 $X/2=X\backslash 2$（或 $X/2=Int(X/2)$）作为条件判断，若为真，则显示"偶数"，否则显示"奇数"；
- 用双击窗体事件驱动程序。

（2）编程

```
Private Sub Form_DblClick()
    Dim X%
    X = InputBox("请输入整数")
    If X / 2 = X \ 2 Then
        Print X & "是偶数"
    Else
        Print X & "是奇数"
    End If
End Sub
```

（3）调试检查

由于采用了双击窗体事件驱动程序，故需要双击窗体才能运行程序。

【例3-24】出租车计费。某城市出租车计费方法为：3 公里以内 8 元，超过 3 公里后按每公里 1.8 元计费，不足 1 公里按 1 公里计算。请编程计算车费。

解：把以上计费方法建立数学模型如下。

设路程为 D，车费为 Fee，则：

$$Fee = \begin{cases} 8 & (D \leqslant 3) \\ 8 + Int((D-3)+0.9999) \times 1.8 & (D > 3) \end{cases}$$

（1）算法分析

- 路程 D 可能有小数，应定义为单精度型或双精度型；

- 车费 *Fee* 定义为货币型；
- 用输入对话框灵活输入路程 D；
- 用条件语句 IF D<=2 进行判断；
- 解决超过 3 公里时，不足 1 公里按 1 公里计算可采用将路程加 0.99999……再取整的算法；
- 四舍五入保留小数点 2 位输出车费。

算法描述如图 3-25 所示。

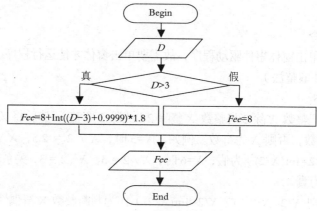

图 3-25　出租车计费流程图

（2）编程

```
Dim Fee@, D!
D = InputBox("请输路程(公里)")
If D < 3 Then
  Fee = 8
Else
  Fee = 8 + Int((D - 3) + 0.9999) * 1.8
End If
Print "车费为: " & Round(Fee, 2) & "元"
```

（3）调试检查

检查程序是否正确时，应对每一个分支进行检查。例如，分别输入路程 2、5 进行检查。还应检查超过 3 公里后，不足 1 公里按 1 公里计算的问题是否正确，如输入路程 5.001。

3.3.3　条件函数 IIf()

VB 还提供了与双分支条件语句功能相同的函数——IIf()函数，使用 IIf()函数可以简化双分支编程。

1. 格式

IIf(条件,条件为真的结果,条件为假的结果)

2. 功能

若条件为真，则计算并返回条件为真的结果，否则计算并返回条件为假的结果。

3. 说明举例

【例 3-25】用条件函数 IIf()判断整数的奇偶性。

解：[例 3-23] 是采用双分支条件语句来判断整数的奇偶性，现采用条件函数实现如下。

```
Dim X%
X = InputBox("请输入整数")
Print IIf(X Mod 2 = 0, X & "是偶数", X & "是奇数"))
```

由此可见，使用 IIf()函数能较大幅度地简化编程。

3.3.4 条件语句嵌套

双分支条件语句 If/Else/End If 中的条件为真时，执行 IF/Else 之间的语句；否则执行 Else/End If 之间的语句。也就是说，一条双分支条件语句当条件为真时可解决一个问题，为假时解决另一个问题，即一条双分支条件语句可解决两个问题。

当需要解决的问题多于两个时，如何处理呢？

例如，根据考试分数划分等级，见表 3-11。

表 3-11 考试等级划分表

等级	分数
A	$85 \leqslant Score \leqslant 100$
B	$75 \leqslant Score < 85$
C	$60 \leqslant Score < 75$
D	$Score < 60$

这里有 4 个问题，能用双分支语句解决吗？回答是肯定的，但需要用 3 条双分支语句解决。为要解决的问题（分支）比较多时，设置条件最好采用"吃甘蔗"法，从端点（顶端或底端）开始，通过一层一层地筛选来解决问题。这样层次比较分明，代码简洁，不容易出错。

对以上划分等级问题，可从顶端（100 分）开始向下解决问题，先将满足 $Score \geqslant 85$ 条件的归入 A 等，剩下的另外用双分支语句进一步处理；然后将满足 $Score \geqslant 75$ 条件的归入 B 等，剩下的另外用双分支语句进一步处理……处理过程如图 3-26 所示。

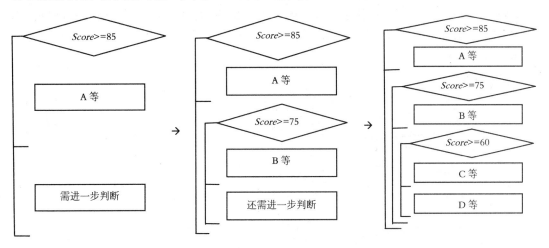

图 3-26 条件嵌套

当然，也可从底端（小于 60 分）开始向上一层一层地筛选，先将满足 $Score < 60$ 条件的归入 D 等，剩下的另外用双分支语句进一步处理；然后将满足 $Score < 75$ 条件的归入 C 等，剩下的另外用双分支语句进一步处理……

需要说明的是，以上分析并不健壮，还存在 Bug（缺陷），请读者找出原因。

这种一个条件语句中包含另一个条件语句的做法，称为条件嵌套。

一般说来，两个问题可用一个条件语句解决，3 个问题可用两个条件语句嵌套解决，4 个问题可用 3 个条件语句嵌套解决……

构建条件嵌套时应注意，嵌套应分层次，不能交叉。图 3-27（a）~图 3-27（c）是正确的不同形式条件嵌套示意图，图 3-27（d）是错误的条件嵌套示意图。

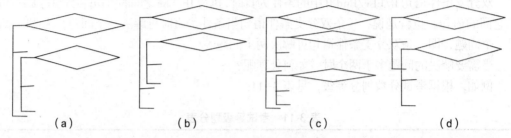

（a）　　　　　　（b）　　　　　　（c）　　　　　　（d）

图 3-27　条件嵌套示意图

需要注意的是，输入程序代码时，对不同层次的嵌套采用不同的缩进，这是防止嵌套出错的有效方法。

举例，【例 3-26】用条件语句嵌套实现按考试分数划分等级。

解：按以上分析，可采用自顶向下筛选、自底向上筛选等多种算法。

算法 1（自顶向下筛选）

（1）算法分析

● 设分数为 *Score*，考虑分数有小数点，声明为单精度型；等级为 *Grade*，字符型。

● 分数从输入对话框 InputBox() 输入。

● 对于分支比较多的情况，采用从顶端开始的分层筛选，先将 *Score*>=85 筛选出来，满足这个条件是 A 等，剩下来的 *Score*<85；再将 *Score*>=75 筛选出来（隐含了 *Score*<85，即 *Score*<85 And *Score*>=75），满足这个条件是 B 等，剩下来的 *Score*<75；又将 *Score*>=60 筛选出来（隐含了 *Score*<75，即 *Score*<75 And *Score*>=60），满足这个条件是 C 等，剩下来的为 D 等。

● 最后打印结果。

（2）编程

```
Dim Score As Single, Grade As String
Score = InputBox("请输入成绩")
If Score >=85 Then
    Grade = "A"
Else
    If Score >=75 Then
        Grade = "B"
    Else
        If Score >=60 Then
            Grade = "C"
        Else
            Grade = "D"
        End
    End
End
Print Grade
```

（3）调试检查

● 分别输入 90、80、70、50 检查每一个分支。

● 输入刁难性数据 800、−20 检查，就会发现程序出错了。请修改程序，增加其健壮性。

算法 2（从底端向上分层筛选）

算法分析、编程及调试检查请读者完成。

【例 3-27】登录窗口设计。

要求用户名为 frank，口令（密码）为 152637。

解：登录窗口是常见的应用，如 QQ 登录、学籍管理系统登录、游戏登录等。

（1）算法分析

● 设计一个登录界面，包括一个窗体、两个文本框、两个标签、一个命令按钮等对象，界面如图 3-28 所示。

● 用条件语句判断用户名与密码，若为真，则用消息框提示，模拟进入学籍管理系统，如图 3-29 所示。为假，则弹出有"重试"、"取消"两个按钮的消息框供用户选择。将消息框的返回值赋给变量 X，用于判断用户选择了哪个按钮。

图 3-28　界面设计

图 3-29　模拟进入学籍管理系统

● 用另一个条件语句判断 X 的值。当用户选择"重试"按钮（返回值为 4）时，清除原来输入的用户名、口令，并将光标定位到输入用户名的文本框中（获得焦点 SetFocus）；否则退出程序（用 End 语句）。

● 消息框中设置"重试"、"取消"两个按钮（其值为 5），用"！"图标样式（其值为 48），默认按钮为第一个(其值为 0)，其和为 5+48+0=53。提示信息为"用户名或口令错误，要重新输入请选择重试"，如图 3-30 所示。

● 为使输入密码时不可见，可设置第二个文本框的 PasswordChar 属性为"*"。

图 3-30　"重试"、"取消"按钮消息框

（2）编程

● 命令按钮（标题为"确定(Y)"）事件过程如下。

```
Private Sub Command1_Click()
  Dim X As Integer
  If Text1.Text = "frank" And Text2.Text = "123456" Then
    MsgBox ("欢迎使用学籍管理系统")
  Else
```

```
        X = MsgBox("用户名或口令错误,要重新输入请选择【重试】", 53, "重新输入")
        If X = 4 Then
          Text1.Text = ""
          Text2.Text = ""
          Text1.SetFocus
        Else
          End
        End If
      End If
  End Sub
```

● 命令按钮（标题为"退出(E)"）事件过程如下。

```
Private Sub Command2_Click()
  End
End Sub
```

3.3.5 条件函数嵌套

条件函数也可像条件语句一样实现嵌套。

【例 3-28】用条件函数嵌套实现按考试分数划分等级。

解：采用自顶向下筛选的算法，编程如下。

```
Dim Score As Single, Grade As String
Score = InputBox("请输入成绩")
Grade=IIf(Score>=85,"A",IIF(Score>=75,"B",IIf(Score>=60,"C","D")))
Print Grade
```

3.3.6 多分支条件语句

当需要对多个条件进行判断，产生多个分支时，用条件嵌套就显得比较麻烦，而且容易出错。对此，VB 提供了多分支条件语句。

1．格式

If 条件 1 Then
　语句序列 1
ElseIf 条件 2 Then
　语句序列 2
ElseIf 条件 3 Then
　语句序列 3
……
[Else
　语句序列 n+1]
End If

2．功能

当"条件 1"的值为真时，执行"语句序列 1"，然后转到 End If 后面的语句继续执行；当"条件 1"的值为假时，继续判断"条件 2"，当"条件 2"的值为真时，执行"语句序列 2"，然后转到 End If 后面的语句继续执行，以此类推。如果所有条件都不满足，则执行"语句序列 n+1"。这 n+1 个语句序列中，只能执行其中的一个语句序列。若有多个条件均为真，则执行最先满足条件的相应语句序列。执行过程如图 3-31 所示。

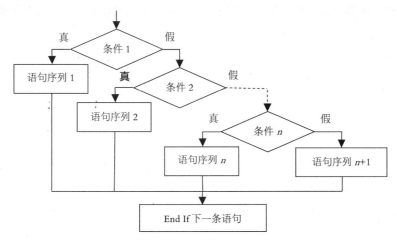

图 3-31　多分支条件语句执行流程

3．举例

【例 3-29】评定考试成绩的等级（多分支）。

（1）算法分析

● 设分数为 *Score*，考虑分数有小数点，声明为单精度型；等级为 *Grade*，字符型。

● 分数从输入对话框 InputBox() 输入。

● 对于分支比较多的情况，采用从顶端开始的"筛选法"，考虑到程序的健壮性，先将 *Score*>100（可能存在录入错误）筛选出来,提示信息为"输入不能>100",剩下的是 *Score*<=100；再将 *Score*>=85 筛选出来（隐含了 *Score*<=100，即 *Score*<=100 And *Score*>=85），满足这个条件是 A 等，剩下的是 *Score*<85 的；再将 *Score*>=75 筛选出来（隐含了 *Score*<85，即 *Score*<85 And *Score*>=75），满足这个条件是 B 等……

● 最后打印结果。

（2）编程

```
Dim Score As Single, Grade As String
Score = InputBox("请输入成绩")
If Score > 100 Then
   Grade = "分数不能大于100"
ElseIf Score >= 85 Then
   Grade = "A"
ElseIf Score >= 75 Then
   Grade = "B"
ElseIf Score >= 60 Then
   Grade = "C"
ElseIf Score >= 0 Then
   Grade = "D"
Else
   Grade = "分数不能为负数"
End If
Print Grade
```

3.3.7　选择情况语句

当对一个表达式的不同取值情况进行多种处理时，用多分支语句就比较麻烦。对此，VB

提供了另一种实现多分支结构的语句，即 Select Case / End Select 语句，该语句使程序的结构更加清晰。

1．格式

Select Case 表达式

Case 取值列表 1

 语句块 1

Case 取值列表 2

 语句块 2

……

[Case Else

 语句块 n+1]

End Select

2．功能

先计算表达式的值，然后将该值依次与每个 Case 子句中的"取值列表"比较，如果条件满足，则执行该 Case 子句下面的语句块，然后执行 End Select 下面的语句；如果都不满足，则执行 Case Else 下面的语句块，然后执行 End Select 下面的语句。执行过程与多分支条件语句类似。

3．说明

"表达式"可以是数值表达式或字符串表达式。

"取值列表"必须是"表达式"可能的结果，取值可以有以下 4 种形式。

（1）数值型或字符型常量或表达式，如 2、2.3、"A"等。

（2）用"表达式 1 To 表达式 2"表示的数值或字符常量区间，如 1 To 10、X To Y、"A" To "D"等。

（3）用"Is 关系运算符表达式"表示的区间，如 Is>=20、Is< "X"。

（4）枚举型数值或字符常量。取值列表取值允许有多个，项与项之间用逗号隔开。例如，2，3，5 To 7，Is>9。

4．举例

【例 3-30】评定考试成绩的等级（用选择情况语句实现）。

解：用选择情况语句来解决评定考试成绩等级这样的问题，比用多分支条件语句实现更简捷且不容易出错，程序代码如下。

```
Dim Score As Single, Grade As String
Score = InputBox("请输入成绩")
Select Case Score
  Case Score > 100
    Grade = "分数不能大于100"
  Case Score >= 85
    Grade = "A"
  Case Score >= 75
    Grade = "B"
  Case Score >= 60
    Grade = "C"
  Case Score >= 0
```

```
        Grade = "D"
     Case Else
        Grade = "分数不能为负数"
End Select
Print Grade
```

练习题

一、选择题

1. 设 a="a"，b="b"，c="c"，d="d"，执行语句 x=IIf((a<b) Or (c>d),"A","B")后，x 的值为（   ）。

    A. a   B. b   C. B   D. A

2. 现有语句：y=IIf(x>0,x Mod 3,0)，设 x=10，则 y 的值是（   ）。

    A. 0   B. 1   C. 3   D. 2

3. 设 x 是整型变量，与函数 IIf(x>0,−x,x)有相同结果的算术式是（   ）。

    A. $|x|$ B. $−|x|$ C. x D. $−x$

4. 在窗体上画一个命令按钮和一个文本框，名称分别为 Command1 和 Text1，然后编写下列事件过程。

```
Private Sub Command1_Click( )
     a=InputBox("请输入日期（1～31）")
     t="旅游景点："  &  IIf(a>0 And a<=10, "长城"," ")  &  IIf(a>10 And a<=20,"故宫"," ")_
        & IIf(a>20 And a<=31, "颐和园"," ")
     Text1.Text=t
End Sub
```

程序运行后，如果从键盘上输入 16，则在文本框中显示的内容是（   ）。

    A. 旅游景点：长城故宫   B. 旅游景点：长城颐和园

    C. 旅游景点：颐和园   D. 旅游景点：故宫

二、填空

设有整型变量 s，取值范围为 0～100，表示学生的成绩，有如下 A 程序段。若用 Select Case 结构改写成 B 程序段，使两段程序实现的功能完全相同，请填空。

```
REM    A 程序段
If s >= 90 Then
Level = "A"
ElseIf s >= 75 Then
Level = "B"
ElseIf s >= 60 Then
Level = "C"
Else
Level = "D"
End If
```

```
REM    B 程序段
Select Case s
Case【   (1)   】>= 95
Level = "A"
Case 75 To 90
Level = "B"
Case 60 To 74
Level = "C"
Case【   (2)   】
Level = "D"
【   (3)   】
```

三、编程

1. 从键盘输入 3 个数 a、b、c，输出其中最大者（参照【例 3-21】、【例 3-22】给出的两种不同算法，编写两个不同的程序）。

2. 从键盘输入 4 个数 a、b、c、d，要求按从小到大的顺序输出。

3. 分别用条件嵌套、多分支条件语句实现符号函数 Sgn() 的功能，符号函数 Sgn(N) 功能如下。

$$Sgn(N)= \begin{cases} 1 & N>0 \\ 0 & N=0 \\ -1 & N<0 \end{cases}$$

编程求符号 Sign 的值，N 的值从键盘输入。

4. 有如下分段函数。

$$y= \begin{cases} x & (x<1) \\ 2x-1 & (1 \leqslant x<10) \\ 3x-11 & (x \geqslant 10) \end{cases}$$

分别用条件语句嵌套、条件函数嵌套及多分支条件语句编程求 y 的值，x 的值从键盘输入。

5. 某超市购物优惠如下。

购物金额	优惠率
500~1000	5%
1000~2000	8%
2000~5000	10%
5000~10000	15%
10000 以上	20%

分别用条件嵌套、多分支条件语句、选择情况语句编程求优惠金额。

6. 采用设计界面（见图 3-32）实现摄氏温度 C 与华氏温度 F 互换，互换公式为：

图 3-32 温度转换

$F=C\times 9/5 + 32$

$C=(F-32)\times 5/9$

要求四舍五入保留 2 位小数。

7. 无须界面设计，编程求一元二次方程 $AX^2+BX+C=0$ 的解，当 $B^2-4AC \geqslant 0$ 时有实根。

$$x_{1,2}=\frac{-b \pm \sqrt{b^2-4ac}}{2a}$$

否则，显示"无实数解"。其中，系数 A、B、C 的值从键盘输入。

3.4 循环结构程序设计

在解决实际问题时，经常需要反复执行某段程序（或一条语句，也可没有任何语句），直到满足条件，才终止这种重复工作，能实现这种重复工作的程序结构称为循环结构（又称为重复结构）。用于控制重复工作的条件称为循环条件。把某些实际问题转化为重复执行某个程序段的方法，称为组织循环。

循环结构是程序中一种重要的控制结构，也是最能体现编程特点的一种结构。许多复杂问题的求解可采用递推、穷举、递归等算法，转换成在指定的条件下多次重复执行一组语句，使复杂的问题变得简单。循环结构程序设计是本课程的重点内容之一，其中有很多编程技巧需要掌握，务必认真学习。

3.4.1 循环的分类

1．按循环的次数是否确定分

根据循环的次数是否确定，循环可以分为确定性循环和非确定性循环。

（1）确定性循环

若进行的重复操作次数是固定的，则这种循环称为确定性循环。也就是说，它已预先确定了需要重复操作的次数。

例如，在实际问题中，常常要进行某种重复的计算。例如，打印 10～30 的平方根表，用顺序程序实现如下。

```
Print 10,Sqr(10)
Print 11,Sqr(11)
……
Print 30,Sqr(30)
```

显然，这样需要编写 21 行程序，程序太繁琐了。实际上，以上是反复执行了如下语句。

Print　N, Sqr(N)

其中 N 的变化范围为 10～30。

确定性循环的基本结构如下。

① 循环体：反复执行的程序段，这是循环的中心。例如，上例中的 Print N, Sqr(N)。

② 循环变量：控制循环执行方式的变量。例如，上例中的 N。

③ 循环条件：用于控制重复操作次数。它由 3 个参量决定。

◆ 初值：循环变量起始时所赋的值。例如，上例中的 10。

◆ 终值：循环变量超过某个值时循环就结束，这个值就称为终值。例如，上例中的 30。

◆ 步长：每次执行循环体后，循环变量的值要进行修正，这个修正值叫作步长。例如，上例中的步长为 1。步长既可为正值（递增），也可为负值（递减）。

在 VB 中，确定性循环最好采用 For/Next 语句实现。

（2）非确定性循环

若进行的重复操作由于满足了某个设定的条件或因某个初始条件发生了变化而终止重复，则这种循环称为非确定性循环。也就是说，它事先并不知道要重复操作多少次，而要根据循环体内循环条件的变化来决定是否终止循环。

在 VB 中，非确定性循环由 Do While/Loop、Do Until/Loop、Do/Loop While、Do/Loop Until、While/Wend 5 种语句实现。

2．按条件判定先后分

根据循环条件判定先后的不同，循环可以分为以下几种类型。

（1）当型循环

当型循环首先判断循环条件，然后根据判断结果决定是否执行循环体。当型循环有可能一次都不执行循环体。

（2）直到型循环

直到型循环首先执行循环体，然后判断循环条件，再根据判断结果决定是否循环。直到型循环至少执行循环体一次。

3.4.2　For/Next 语句

1．格式

For 循环变量=初值 To 终值 [Step 步长]

　　[循环体语句序列]

　　[Exit For]

Next [循环变量]

2．功能

程序执行到 For 语句后，完成以下过程。

（1）计算初值、终值和步长各数值型表达式的值。

（2）赋初值给循环变量。

（3）将循环变量的值与终值比较，判断循环变量的值是否超过终值。如果超过，则执行循环体语句序列，当执行到 Next 语句时，自动将循环变量的值与步长值相加后再赋给循环变量，然后转回到（3）起始；否则，跳出循环，执行 Next 后面的语句。

For/Next 语句在执行过程中的详细执行流程如图 3-33 所示。

显然，For/Next 循环属于先判定型循环。

3．说明

（1）"循环变量超过终值"有两种含义，即大于或小于。当步长为正值时，循环变量的值大于终值为"超过"；当步长为负值时，循环变量的值小于终值为"超过"。

（2）循环体中可以包含 Exit For 语句，遇到该语句时，跳出循环，执行 Next 的下一句语句。

（3）若省略步长值，则默认步长值为 1。

（4）For/Next 语句适应于对循环次数已知的情况，对循环次数未知的情况则不适用。使用 For/Next 语句不但会使源程序更加简洁，还可以加快程序执行的速度。

（5）循环语句与分支语句的嵌套式。在用循环语句解决实际问题时，常常需要与条件语句（If…Then、If…Then…Else…Endif、select case…end select）嵌套使用。循环语句与条件语句只能嵌套，不能交叉。二者合法的嵌套形式如图 3-34 所示，不合法的嵌套形式如图 3-35 所示。

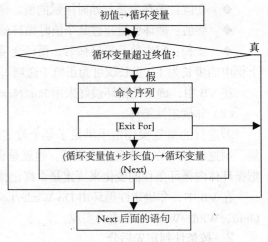

图 3-33　For/Next 循环执行流程

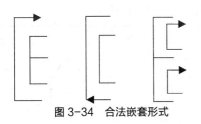

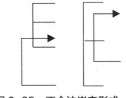

图 3-34　合法嵌套形式　　　　图 3-35　不合法嵌套形式

4. 应用举例

【例 3-31】打印 10～30 的平方根表。

解：由于循环次数已知，选用确定性循环语句 For/Next 比较好。

（1）算法分析

- 设循环变量为 N，数据类型为整型。初值为 10，终值为 20，步长为 1。
- 循环体如下。

Print N, Sqr (N)

（2）编程

采用窗体装入（Form_Load()）事件触发程序运行。注意，如果在窗体装入（Form_Load()）事件内显示信息，则必须使用 Show 方法或把 AutoRedraw 属性设置为 True，否则程序运行后不能显示信息。

```
Private Sub Form_Load()
Show
Dim N%
   For n = 10 To 99 Step 1
     Print N, Sqr(N)
   Next N
End Sub
```

【例 3-32】求 $S=1+2+3+\cdots+100$。

解：在【例 3-4】中对该题算法进行过分析，可使用递推算法求解。

（1）算法分析

- 设求和变量为 Sum，循环变量为 X，初值为 1，终值为 100，步长为 1（可省略）。
- 反复执行的循环体为累加器：$Sum=Sum+X$

（2）编程

```
Private Sub Form_Activate()
   FontSize = 20
   Dim Sum%, X%
   For X = 1 To 100 Step 1
     Sum = Sum + X
   Next
   Print Sum
End Sub
```

（3）分析执行过程

按流程图逐步分析执行过程见表 3-12。

表 3-12　按 For/Next 流程图分析程序执行过程

循 环 次 数	X	$X>$终值	$Sum=Sum+X$	Next
第 1 次	1	1>100　.F.	$Sum=0+1$	$X=1+1$
第 2 次	2	2>100　.F.	$Sum=(0+1)+2$	$X=2+1$
第 3 次	3	3>100　.F.	$Sum=(0+1+2)+3$	$X=3+1$
……	…	……	……	……
第 99 次	99	99>100　.F.	$Sum=(0+1+2+3+…)+99$	$x=99+1$
第 100 次	100	100>100　.F.	$Sum=(0+1+2+3+…)+100$	$x=100+1$
第 101 次	101	101>100　.T.	不执行循环体，退出循环	

需要特别注意的是，当步长为正数时，循环正常结束后，循环变量的值一定会大于终值。

（4）调试检查

将终值分别改为1、2、3、…、10，将程序运行结果与心算结果比较，检查结果是否正确。这种近似于数学归纳法的验证，通常可以作为检验程序是否正确的参考。

将终值分别改为10000、100000、1E+10（刁难性数据）后，检查程序是否能正常运行。若不能正常运行，为什么会出错？程序应如何修改？

【例 3-33】求 20!=1×2×3×…×20。

解：本题与【例 3-32】类似，只是由求累加改为求累积。

（1）算法分析

● 由于求累积具有一定的规律性，故可采用递推算法组织循环。

● 循环变量为：X，初值为 1，终值为 20，步长为 1。

● 求积用累积器：$T=T*L$，累积器 T 在使用前应清除原来的值，但不能赋零值（为什么？）。

（2）编程

```
Dim I%, T!
T=1
For I = 1 To 20
   T=T*I
Next
Print T
```

（3）分析执行过程

按流程图逐步分析执行过程见表 3-13。

表 3-13　按流程图逐步分析执行过程

循 环 次 数	I	$I>$终值	$T=T*I$		Next
第 1 次	1	1>20　.F.	$T=I*1$	(1!)	$I=1+1$
第 2 次	2	2>20　.F.	$T=(1)*2$	(2!)	$I=2+1$
第 3 次	3	3>20　.F.	$T=(1*2)*3$	(3!)	$I=3+1$
……	…	……	……		……
第 20 次	20	20>20　.F.	$T=(1*2*3*…)*20$	(20!)	$I=20+1$
第 21 次	21	21>20　.T.	不执行循环体，退出循环		

（4）调试检查

若没有 $T=1$ 语句，结果如何？

将终值分别改为1、2、3、4、5，检查结果与心算结果比较，检查结果是否正确？

将终值改为刁难性数据，如：100、1000，看程序能否正常运行。

【例3-34】求 1!+2!+3!+…+10!

解：本题与【例3-33】相似，可借鉴其算法。

（1）算法分析

若将【例3-33】程序中循环的终值改为10，是求10!。从表3-13中可以看出，阶乘 T 的值分别是 1!、2!、3!…因此，只需设置一个累加器 Sum，将每次得到的阶乘值累加即可。

（2）编程

```
Dim I%, T&,Sum&
T=1
For I = 1 To 10
   T=T*I
   Sum=Sum+T
Next
Print "Sum="+Str(Sum)
```

（3）分析执行过程

按流程图逐条语句分析执行过程见表3-14。

表3-14　按流程图逐条语句分析执行过程

循环次数	I	I>终值	$T=T*I$	$Sum=Sum+T$	Next
第1次	1	1>10　.F.	$T=1*1$	$Sum=0+1!$	$I=1+1$
第2次	2	2>10　.F.	$T=(1)*2$	$Sum=(1!)+2!$	$I=2+1$
第3次	3	3>10　.F.	$T=(1*2)*3$	$Sum=(1!+2!)+3!$	$I=3+1$
……	…	……	……	……	……
第10次	10	10>10　.F.	$T=(1*2*3*…)*20$	$Sum=(1!+2!+…)+10!$	$I=10+1$
第11次	11	11>10　.T.	不执行循环体，退出循环		

（4）调试检查

将终值分别改为1、2、3，将程序运行结果与心算结果比较，检查结果是否正确。

【例3-30】求费波纳契（Fibonacci）数列之和。

一个数列的前二个数为0和1，第3个数是第1、第2个数之和，第4个数是第2、第3个数之和，以后每个数都是它前两个数之和。例如，0、1、1、2、3、5、8…要求一行显示4个数，并求 Fibonacci 数列的前30项之和。

解：本题采用4种算法，算法描述采用自然语言。

算法1　分组法

（1）算法分析

● 将 Fibonacci 数列前6项列出，从左边开始按每2个数为一组划分，每一组分别为 A、B 两个变量，如图3-4-4所示。

第1组：$A=0$　　　　$B=1$（赋初值）

第2组：$A=A+B$　　　$B=A+B$

第3组：$A=A+B$　　　$B=A+B$

……

第 N 组：$A=A$（上组中的 A）$+B$（上组中的 B）　$B=A$（本组中的 A）$+B$（上组中的 B）

费波纳契（Fibonacci）数列分组过程如图 3-36 所示。

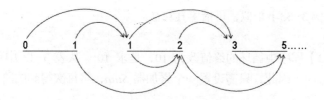

图 3-36 费波纳契数列分组求和过程

● 对各组的 A、B 求累加和：$Sum=Sum+A+B$。

● 因每次可累加 2 个数 A、B，30 个数需要做 15 次累加。用循环控制累加次数，设 I 为循环变量，初值为 1，终值为 15，步长为 1。

● 由于 I 较小，可将 I 声明为整型。变量 A、B 较大，声明为长整型。

● 用 Print 方法与 Tab() 函数结合定位输出。一行显示 4 个数，设置计数器 K，一次输出两个数，当计数 2 次后换行，并重新计数。

● 最后输出求和的结果。

由上可知，该算法是一个典型的递推算法。

（2）编程

```
Dim I%, A&, B&, Sum&, K%
A = 0: B = 1: K = 0
For I = 1 To 15
Rem 以下 6 行用于控制输出格式，可以省略
  Print Tab(3 + K * 16); A; Tab(19 + K * 16); B; '
  If K = 2 Then
    Print
    K = -2
  End If
  K = K + 2
  Sum = Sum + A + B
  A = A + B
  B = B + A
Next
Print: Print
```

图 3-37 Fibonacci 数列求和运行结果（算法 1）

```
Print Tab(24); "Sum="; Sum
```

程序运行结果如图 3-37 所示。

（3）调试检查

将终值分别改为 2、3、4（注意，每组是 2 个数），检查结果与心算结果比较，检查结果是否正确？

算法 2 不分组法

（1）算法分析

● 将 Fibonacci 数列前 5 个数列出如下。

0   1   1   2   3…

Fibonacci 数列前 2 个数为 $A=0$（初值）、$B=1$（初值）。

第 3 个数 C 是前两个数 A、B 之和，然后把上一次的 B 当作为 A，把 C 当作 B。

第 4 个数 C 是前两个数 A、B 之和，然后把上一次的 B 当作为 A，把 C 当作 B。

……

费波纳契数列求和过程如图 3-38 所示。

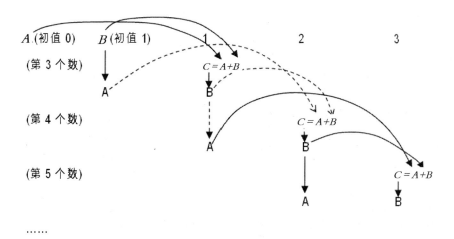

图 3-38　费波纳契数列求和过程（算法 2）

通过以上分析可知，除第 1 个、第 2 个数外，其他数均可用 C 表示，每一个 C 均是前两个数 A、B 之和，即 $C=A+B$。只需将从第 3 个开始至第 30 个结束的这 28 个 C 求累加和，再加上第 1 个（A 的初值）和第 2 个（B 的初值）数即是 Fibonacci 数列的前 30 项之和。算法归纳如下。

● 用 Sum 作为累加器：$Sum=Sum+C$。

● 用循环来控制累加次数 C。设循环变量为 I，初值为 3，终值为 30，步长为 1。

● 对 C 求累加后，应取得下一个新的 C 值。新的 C 值由以下程序决定。

$A=B$

$B=C$

● 采用分区格式显示，每行显示 4 个数后换行。

● 循环结束后输出结果 Sum。

综上所述，反复执行的部分如下。

C=A+B

Sum=Sum+C

A = B

B = C

显然，这也是采用了递推算法。

（2）编程

```
Dim I%, A&, B&, C&, Sum&, K%
A = 0: B = 1: Sum = A + B
K = 2
Print A,: Print B,
For I = 3 To 30
  C = A + B
```

```
Rem 以下 3 行用于控制输出格式，可以省略
  If K Mod 4 = 0 Then  Print
    Print C,
    K = K + 1
    Sum = Sum + C
    A = B
    B = C
Next
Print: Print
Print Tab(24); "Sum=" & Sum
```

程序运行结果如图 3-39 所示。

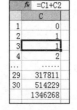

图 3-39 Fibonacci 数列求和运行结果（算法 2）　　　图 3-40　用 Excel 对 Fibonacci 数列求解

（3）调试检查

将终值分别改为 3、4、5（注意，这里没有分组），将程序运行结果与心算结果比较，检查结果是否正确。

算法 3 数组法

参见第 5 章数组【例 5-9】。

算法 4 用 Excel 求解

解：先求出 Fibonacci 数列，再将奇数项选出，最后求出奇数项之和。

用 Excel 求解的步骤如下。

（1）在 C1 单元格输入第一个数 0，在第 C2 单元格输入第二个数 1。

（2）在 C3 单元格输入公式=C1+C2，得到结果 1。

（3）拖动 C3 单元格填充柄复制公式至 C30 单元格，得到对应的 Fibonacci 数列。

（4）对 C 列求和，得到最后结果：1346268。计算如图 3-40 所示。

【例 3-36】求水仙花数。

所谓水仙花数，是指一个 3 位数，其各位数字的立方和等于该数本身，如 $153 = 1^3 + 5^3 + 3^3$。要求显示所有水仙花数，并求和及计数。

（1）算法分析

● 用穷举法，将所有可能的情况都检验到。水仙花数是一个 3 位数，即范围为 100～999。设循环变量为 N。初值为 100，终值为 999。

● 怎样从每一个 3 位数 N 中分离出百位 I、十位 J、个位 K？按它们之间是否有联系，可分为两种方法。

① 独立分解。

独立分解是将 3 位数 N 分解时，百位 I、十位 J、个位 K 只由 N 决定。

$I = N \setminus 100$ 或 $I = \mathrm{Int}(N / 100)$

$J = N \setminus 10 \text{ Mod } 10$

$K = N \text{ Mod } 10$

② 关联分解。

关联分解是将 3 位数 N 分解时，十位 J 与 N、I 关联，个位与 N、I、J 关联。

$I = N \setminus 100$ 或 $I = \text{Int}(N / 100)$

$J = N \setminus 10 - I * 10$ 或 $J = \text{Int}(N / 10) - I * 10$ 或 $J = (N - I * 100) \setminus 10$ 或 $J = \text{Int}((N - I * 100) / 10)$

$K = N - I*100 - J*10$

● 用条件 $N = I^3 + J^3 + K^3$ 判断是否为水仙花数，若满足条件，则输出水仙花数、求累加和并计数。

● 用 $Total$ 作为累加器、$Counter$ 作为计数器。

（2）编程

```
Dim Counter%, Total%, N%, I%, J%, K%
For N = 100 To 999
  I = N \ 100
  J = N \ 10 Mod 10
  K = N Mod 10
Rem Print I, J, K      ' 检查百位 I、十位 J、个位 K 是否正确分离
  If (N = I ^ 3 + J ^ 3 + K ^ 3) Then
    Print N
    Total = Total + N
    Counter = Counter + 1
  End If
Next
Print "Total=" & Total
Print "Count=" & Counter
```

（3）调试检查

检查 I、J、K 是否正确分离，可在分离百位 I、十位 J、个位 K 后增加显示 I、J、K 的语句，正常情况下，其数字会从 1000 到 9999 连续显示，若分离错误，通常数字不会连续显示。进一步检查可将百位 I、十位 J、个位 K 分别定义为单精度或双精度，若某一位出现错误（如出现小数），则检查此位或前一位的分离表达式。

调试完毕，可加注释符（Rem 或'），将"Print I, J, K"语句屏蔽。

【例 3-4-7】判断素数。

解：除了 1 和本身以外，不能被其他任何一个整数整除的自然数称为素数（prime）或质数，如 2、3、5、7、11、13、17、19、…另外，特别规定：1 不是素数。

由于没有一个通项公式可以表示素数，所以如何求（判断）素数成了科学家们的研究课题。判断素数的算法已有不少，最简单的是根据素数的定义来判断。

1．判断素数的方法

判断一个正整数 X 是否为素数的方法如下。

（1）用 X 除以 $2 \sim X-1$，若有一次被整除，则 X 不是素数（合数），否则为素数。

（2）用 X 除以 $2 \sim X/2$ 的任何一个整除，若有一次被整除，则 X 不是素数，否则 X 为素数。这是因为超过 $X/2$ 后，X 除以 $X/2$ 已经小于 2 了。

（3）数学上已证明，不能被从 $2\sim X-1$ 的各个自然数整除的数也一定不能被 $2\sim \text{Sqr}(X)$ 的各个自然数整除。因此，判断素数时，除数的查找范围可缩小为 $2\sim \text{Sqr}(X)$，而不必为 $2\sim X-1$ 或 $2\sim X/2$。这样可大大缩小判断的范围，加快速度。

用穷举法来判断素数的方法称为朴素算法。一般说来，判断 11 位（含 11 位）以下的素数可采用朴素算法。要判断整数长度为 80 位的十进制数，需要试除的 40 位数就有 10^{32} 个，假定计算机每秒钟能试除 10^{16} 个，则至少需要 1 亿年才能完成。

2．3 种朴素算法

判断一个自然数 X 是否为素数的朴素算法有以下 3 种。

算法 1 标志变量判断法

（1）算法分析

基本思路：先设置一个标志变量 *Flag*，赋初值为 True。将 X 除以 I（I 的值为 $2\sim X-1$ 或 $\text{Sqr}(X)$），若有一次被整除，则将标志变量的值改为 False，并退出循环（因有一次被整除，后面就没有必要判断了）。循环结束后，判断标志变量 *Flag* 的值，若仍然为 True，则表示它没有被 $2\sim X-1$ 的数整除过，故 X 为素数，否则 X 为合数。

算法描述的 N-S 图和 PLD 图如图 3-41 所示。

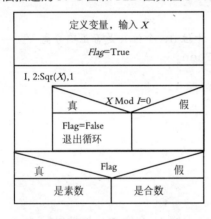
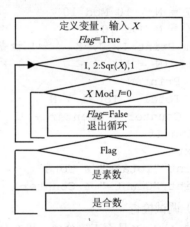

（a）素数判断 N-S 图　　　　　　　　　（b）素数判断 PLD 图

图 3-41　素数判断算法描述

● 设标志变量 Flag，其类型是逻辑型，并赋初值 True。

● 采用输入对话框可比较灵活地输入自然数 X。

● 设循环变量为 I，初值为 2，终值为 $X-1$（或 $\text{Sqr}(X)$），步长为 1。

● 用条件语句判断每一个 I 能否被 X 整除：$X \text{ Mod } I = 0$，若有一次被除尽，则令标志变量为 False，并退出循环。

● 当循环全部完成后，检查标志变量 *Flag*，若仍然为 True，则 X 为素数；否则 X 为合数。

● 为防止对小于等于 1 的数进行误判，增加一条判断语句。

（2）编程

```
Dim I%, X%, Flag As Boolean
Flag = True
X = InputBox("输>1 的正整数")
If X <= 1 Then Flag = False
For I = 2 To X - 1                '或为 Sqr(X)
```

```
    If X Mod I = 0 Then
      Flag = False
      Exit For
    End If
  Next
  If Flag Then                    ' 也可将条件写为 Flag = True
    Print X & "是素数"
  Else
    Print X & "是合数"
  End If
```

算法 2　循环变量判断法

（1）算法分析

基本思路：用 X 除以循环变量 I（ I 的值为 $2 \sim X-1$ 或 Sqr(X)），当 X 能整除 I 时，则退出循环。当循环结束后（正常结束或中途退出），若循环变量 I 的值大于终值 $X-1$（由于步长为 1，也可以说循环变量 I 的值等于 X），说明循环过程中没有一次被整除，循环没有中途退出。若循环时有一次被整除，循环会中途退出，I 的值不会大于终值 $X-1$。因此，可将将循环变量的值与终值 $X-1$（或 Sqr(X)）的比较结果作为判断条件，若循环变量的值 I 大于终值 $X-1$（或者等于 X），则 X 为素数，否则 X 为合素数。

- 设循环变量为 I，初值为 2，终值为 $X-1$，步长为 1。
- 用条件语句判断每一个 I 能否被 X 整除：X Mod I=0。若有一次被除尽，则退出循环。
- 当循环全部完成后，将循环变量 I 的值与终值 $X-1$ 比较，若循环变量 I 的值等于 X，则 X 为素数，否则 X 不是素数。

（2）编程

```
Dim I%, X%
X = InputBox("输>1 的正整数")
If  X <= 1 Then  I = 1
For I = 2  To X - 1
  If  X  Mod  I = 0  Then
    Exit  For
  End If
Next
If  I = X  Then            ' 或 I > X -1
  Print  X  &  "是素数"
Else
  Print  X  &  "是合数"
End If
```

算法 3　计数判断法

（1）算法分析

基本思路：先设置一个计数器 C，用 X 除以 $2 \sim X-1$，统计被除尽的次数。全部循环完成后，若只有 2 次被除尽（除以 1 与 X 本身），则 X 为素数；若有 2 次以上（不含 2 次）被除尽，则 X 不是素数。

- 设循环变量为 I，初值为 1，终值为 X，步长为 1，计数器为 $Count$。
- 用条件语句判断每一个 I，能否被 X 整除：X Mod I=0。若有一次被除尽，则计数器加 1。

● 当循环全部完成后，检查计数器 *Count*，若其值等于 2，则 *X* 为素数，否则 *X* 不是素数。

（2）编程

```
Dim I%, X%, Count%
X = InputBox("输>1 的正整数")
If  X <= 1 Then Count = 3
For I = 1 To X
  If  X  Mod  I = 0  Then
    Count = Count + 1
   End If
Next
If Count = 2 Then
   Print  X  & "是素数"
Else
   Print  X  & "是合数"
End If
```

比较以上 3 种素数判断算法，算法 1（标志变量判断法）设置一个逻辑标志变量进行判断，容易理解，且运行效率较高；算法 2（循环变量判断法）没有增设逻辑标志变量，而利用循环变量来进行判断，变量使用少，且运行效率较高；算法 3（计数判断法）虽然概念上容易理解，但运行效率低。例如，判断 1 亿是否为素数，算法 1、算法 2 当能整除 2 时就能迅速做出判断，而算法 3 必须循环到 1 亿后才能做出判断。建议熟练掌握算法 1、算法 2，了解算法 3。

3. 素数的应用

1977 年，由美国麻省理工学院的 Ron Rivest、Adi Shamir 和 Leonard Adleman 3 位学者基于一个十分简单的数论事实：将两个大素数相乘十分容易，其逆过程却极其困难，也就是说判断一个大素数（上百位甚至上千位）非常困难，因此可以将两个大素数的乘积公开作为加密密钥。据此，3 位学者研究出著名的 RSA 公钥加密算法（RSA 这个名称来自 3 位学者的名字），RSA 是目前最有影响力的公钥加密算法，已被 ISO 推荐为公钥数据加密标准。RSA 加密算法常被用于信息加密、数字签名等。

对更大素数(上百位甚至上千位)的寻找，是不少数学家追求的目标，已研究出 Eratosthenes 筛选法、Miller-Rabin 算法等素数判断方法。

1999 年，研究人员用一台 Cray 超级计算机，花费 5 个月时间完成对 512 位素数的判断。2009 年，又有研究人员完成对 768 位素数的判断。目前典型 RSA 算法密钥长度是 1028 位。

3.4.3 Do/Loop 语句

当循环次数已知时，用 For/Next 循环非常方便。但是，事先未知循环的次数，需要根据条件来决定是否继续执行循环体时，For/Next 循环就无能为力了。对此，VB 提供了另外 5 种循环语句解决这一问题。

1. 格式

（1）当型（先判定型）循环

① Do [While 条件表达式]

　　　　[循环体]

　　　　　[Exit Do]

　　Loop

② Do [Until 条件表达式]

   [循环体]

   [Exit Do]

 Loop

③ While 条件表达式

   [循环体]

   [Exit Do]

Wend

（2）直到型（后判定型）循环

① Do

   [循环体]

   [Exit Do]

Loop [While 条件表达式]

② Do

   [循环体]

   [Exit Do]

Loop [Until 条件表达式]

2．功能

● While：若选择此关键字，当条件成立（其值为 True、非零的数或非零的字符串（）时，执行循环体；当条件不成立（其值为 False、0 或"0"）时，结束循环，转去执行 Loop（或 Wend）后面的语句。

● Until：若选择此关键字，当条件不成立（其值为 False、0 或"0"）时，执行循环体；当条件成立（其值为 True、非零的数或非零的字符串）时，结束循环，转去执行 Loop（或 Wend）后面的语句。

● Exit Do：结束循环，执行 Loop（或 Wend）后面的语句。它通常与条件判断语句配合使用。

3．说明

（1）"条件表达式"通常使用关系表达式、逻辑变量或逻辑表达式。

（2）Do/Loop 必须成对出现。

（3）While、Until 二者的循环条件完全相反。

（4）与 For/Next 循环不同，Do/Loop 循环本身不会修改循环的条件。因此，在循环体内应有修改条件表达式的语句。否则，一旦条件为真，系统就有可能永远跳不出循环（即进入"死循环"）或发生溢出错误。

（5）若仅有 Do/Loop 语句，则表示"条件表达式"为真。若其中没有跳出循环的语句，则成为"死循环" 或发生溢出错误。

4．提示

若进入死循环，按 Ctrl+Break 组合键可强制退出。

5．Do/Loop 应用举例

【例 3-38】用 5 种 Do/Loop 循环语句求 S=1+2+3+…+100。

解：本题用 For/Next 循环可以很容易地求解，现改用 Do While/Loop 语句求解。

（1）算法分析

● 设循环变量为 X。

● 初值。显然初值为 1，但 Do While/Loop 语句没有像 For/Next 语句那样有代入语句格式，必须另外用一条语句 X=1 实现。

● 循环条件。在 For/Next 语句中，循环变量 X 的值大于终值（100）时跳出循环（不循环）。反过来说，要循环就必须满足小于或等于 100。由于 Do While/Loop 语句是满足循环条件才循环，而 For/Next 中的循环条件是：条件为真才循环，即 Do While X<=100。

● 步长。步长为 1，由于 For/Next 语句中遇到 Next 会自动将循环变量的值加上步长值再循环。而 Do/Loop 语句中的 Loop 语句只有循环功能，没有自动将循环变量的值加上步长值再循环的功能。因此，必须另外加上一条增加步长值的语句 X=X+1。注意，这一点很重要，否则由于没有修改循环条件的语句，一旦条件为真，就会导致死循环。

● 循环体为累加器：$Sum=Sum+X$。

（2）编程

以下左侧为用 For/Next 求解的程序段，右侧为用 Do While/Loop 求解的程序段。

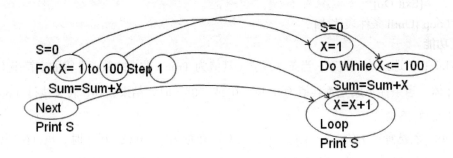

（3）分析执行过程

以上右侧 Do While/Loop 程序段的执行过程见表 3–15。

表 3-15　Do While/Loop 程序段的执行过程

循环次数	X	$X<=100$	$Sum=Sum+X$	$X=X+1$
第 1 次	1	1<=100　.T.	$Sum=0+1$	$X=1+1$
第 2 次	2	2<=100　.T.	$Sum=(0+1)+2$	$X=2+1$
第 3 次	3	3<=100　.T.	$Sum=(0+1+2)+3$	$X=3+1$
……	……	……	……	……
第 99 次	99	99<=100　.T.	$s=(0+1+2+3+…)+99$	$x=99+1$
第 100 次	100	100<=100　.T.	$S=(0+1+2+3+…)+100$	$x=100+1$
第 101 次	101	101<=100　.F.	不执行循环体，跳出	

（4）用另外 4 种循环语句编程

因 While、Until 二者的循环条件完全相反，只要会写其中任一种循环格式的程序，其他 4 种就很容易写出来。

Dim Sum%,X%
X=1
Do
  Sum=Sum+X
  X=X+1
Loop While X<=100
Print Sum
	Dim Sum%,X%
	X=1
	While X<=100
	  Sum=Sum+X
	  X=X+1
	Wend
	Print Sum
		Dim Sum%,X%
		X=1
		Do Until X>100
		  Sum=Sum+X
		  X=X+1
		Loop
		Print Sum
			Dim Sum%,X%
			X=1
			Do
			  Sum=Sum+X
			  X=X+1
			Loop Until X>100
			Print Sum

【例 3-39】分析以下 4 个相似程序，写出运行结果。

REM 例 3-4-10A
Dim Sum%,X%
X=1
Do While X<=100
  X=X+1
  Sum=Sum+X
Loop
Print Sum
	REM 例 3-4-10B
	Dim Sum%,X%
	X=1
	Do While X<100
	  Sum=Sum+X
	  X=X+1
	Loop
	Print Sum
		REM 例 3-4-10C
		Dim Sum%,X%
		X=1
		Do While X=100
		  Sum=Sum+X
		  X=X+1
		Loop
		Print Sum
			REM 例 3-4-10D
			Dim Sum%,X%
			X=0
			Do While X<=100
			  Sum=Sum+X
			  X=X+1
			Loop
			Print Sum

解：以上 4 个程序虽然相似，但细节不同，因而结果也不相同。

（1）分析执行过程

● 例 3-39A。

第 1 次执行循环体，$X=X+1$ 是 $X=1+1$，累加器 $Sum=0+2$。

第 2 次执行循环体，$X=X+1$ 是 $X=2+1$，累加器 $Sum=(0+2)+3$。

……

第 100 次执行循环体，$X=X+1$ 是 $X=100+1$，累加器 $Sum=(0+2+3+\cdots+100)+101$。

结果是 $Sum=2+3+4+\cdots+101$，结果为 5150。

● 例 3-39B。

本程序与例 3-4-9A 比较，循环条件改为 $X<100$，由于循环条件为 $X<100$，循环会比 $X<=100$ 少最后一次，不会累加 100。结果是 $Sum=1+2+3+\cdots+99$，结果为 4950。

● 例 3-39C。

执行循环时首先判断循环条件：1=100，结果为假，跳出循环。结果为 0。

● 例 3-39D。

本程序与 3-39A 比较，虽然本程序 X 初值为 0（后者为 1），循环次数会比后者多 1 次，但累加器只是多加一次 0，对累加结果没有影响，结果为 5050。

（2）讨论

● 应注意初值的设置。

● 注意循环条件的设置，如是">="还是">"、是"<="还是"<"等。

● 注意改变循环条件是在累加（累积或其他）操作之前还是之后。

● 检查程序时注意前 3 次循环、最后 2 次循环体中各个变量的变化是否符合要求。

【例 3-40】韩信点兵（中国剩余定理）。

相传汉高祖刘邦问大将军韩信统御兵士多少，韩信答说：每 3 人一列余 1 人、5 人一列余 2 人、7 人一列余 4 人、13 人一列余 6 人。问最少多少兵士？

（1）算法分析

基本思路：将士兵从小到大增加，每增加一人，检查其是否满足"每3人一列余1人、5人一列余2人、7人一列余4人、13人一列余6人"的条件，一旦条件满足，就可得出最少的士兵人数。

● 设士兵为 N 人，从"每13人一列余6人"可知，士兵人数 N 的初值为19。

● 由于事先不知道 N 要增加到多少人才能满足要求，但知道 N 若不满足条件，就继续增加士兵人数。因此，采用 Do Until /Loop 循环比较好。

● 循环条件为 Do Until N Mod 3=1 And N Mod 5=2 And N Mod 7=4 And N Mod 13=6（或 Do While N Mod 3<>1 Or N Mod 5<>2 Or N Mod 7<>4 Or N Mod 13<>6）。

● 循环体为 $N=N+1$。

（2）编程

```
Dim N%
N = 19
Do Until N Mod 3 = 1 And N Mod 5 = 2 And N Mod 7 = 4 And N Mod 13 = 6
' 以上语句可改为 Do While N Mod 3<>1 Or N Mod 5<>2 Or N Mod 7<>4 Or N Mod 13<>6
   N = N + 1
Loop
Print N
```

【例 3-41】借贷还款、人口增长等计算。设某国人口年增长率为 1.5%，问多少年后，其人口会翻一番？

解：该问题在数学上可归结为银行计算利率问题。

$$M=M×(1+R)$$

其中，M 为金额，R 为利率。

（1）算法分析

● 设目前人口为 P（设初值为 1 亿），每年的增长率为 R，其值为 0.015（不能写成 1.5%，因%是整型数据的符号），人口 P 为：

$$P=P* (1+R)$$

● 每运行一次 $P=P*（1+R）$，相当于增加一年，设置变量 $Y=Y+1$ 作为年的计数器。

● 由于事先不知道需要运行多少次（即经过多少年），才能达到 2 亿，故使用 Do /Loop 循环来解决比较好。

● 若用 Do While/Loop 循环，当人口 $P<=2$ 为真时，需要重复计算 $P=P* (1+R)$，故其循环条件为 $P<=2$；若用 Do Until/Loop 循环，当人口 $P>2$ 为假时，需要重复计算 $P=P* (1+R)$，故其循环条件为 $P>2$。

（2）编程

```
Dim Y%, P!, R!
   Y = 0
   P = 1
   r = 0.015
Do While P <= 2    ' 或者 Do Until P > 2
   P = P * (1 + R)
```

```
  Y = Y + 1
Loop
Print Y
```

3.4.4 循环嵌套

循环嵌套是程序设计中的重要内容，比较复杂的实际问题通常需要用循环嵌套解决。

1. 循环嵌套的结构

在一个循环结构中包含另一个循环结构，称为循环嵌套或多重循环。如果在一个循环内包含另一个循环，则外面的循环称为外循环，里面的循环称为内循环。

对于循环嵌套应注意以下两点。

- 内循环与外循环的循环变量名不能相同，以免互相影响。
- 外循环必须完全包含内循环，不能交叉。

2. 应用举例

【例 3-42】打印“九九乘法表”。

解：要打印的九九乘法表如图 3-42 所示。

（1）算法分析

用前面学习的单循环结构编程如下。

```
I = 1
For J = 1 To 9
  X = I & "×" & J & "=" & I * J
  Print Tab((J - 1) * 9 + 2); X;          '定位输出
Next J
Print                                '换行
I = 2
For J = 1 To 9
  X = I & "×" & J & "=" & I * J
  Print Tab((J - 1) * 9 + 2); X;
Next J
Print
……
```

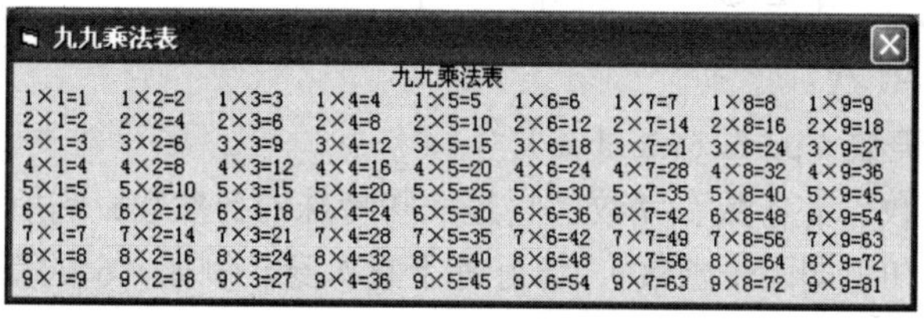

1×1=1	1×2=2	1×3=3	1×4=4	1×5=5	1×6=6	1×7=7	1×8=8	1×9=9
2×1=2	2×2=4	2×3=6	2×4=8	2×5=10	2×6=12	2×7=14	2×8=16	2×9=18
3×1=3	3×2=6	3×3=9	3×4=12	3×5=15	3×6=18	3×7=21	3×8=24	3×9=27
4×1=4	4×2=8	4×3=12	4×4=16	4×5=20	4×6=24	4×7=28	4×8=32	4×9=36
5×1=5	5×2=10	5×3=15	5×4=20	5×5=25	5×6=30	5×7=35	5×8=40	5×9=45
6×1=6	6×2=12	6×3=18	6×4=24	6×5=30	6×6=36	6×7=42	6×8=48	6×9=54
7×1=7	7×2=14	7×3=21	7×4=28	7×5=35	7×6=42	7×7=49	7×8=56	7×9=63
8×1=8	8×2=16	8×3=24	8×4=32	8×5=40	8×6=48	8×7=56	8×8=64	8×9=72
9×1=9	9×2=18	9×3=27	9×4=36	9×5=45	9×6=54	9×7=63	9×8=72	9×9=81

图 3-42 九九乘法表

这样编写程序虽然也能达到目的，但程序非常冗长。观察发现，*I* 值的变化很有规律，初值为 1，终值为 9，步长为 1，用 For/Next 语句组织循环很容易实现。

（2）编程

```
Dim I%, J%, X$
Print Tab(36); "九九乘法表"
For I = 1 To 9
  For J = 1 To 9
```

```
    X = I & "×" & J & "=" & I * J
    Print Tab((J - 1) * 9 + 2); X;              ' 定位输出
  Next
  Print                                  ' 取消 ; 的作用，光标移至下一行
Next
```

这样，用循环嵌套能大大简化程序。

（3）分析执行过程

程序执行过程详细步骤见表 3-16。

表 3-16   程序执行过程分析

循环次数	I	$I>9$	操 作	J	$J>9$	操 作	Next J	Next I
第 1 次	1	1>9 .F.	执行外循环	1	1>9 .F.	执行内循环	J=1+1	
第 2 次	1			2	2>9 .F.	执行内循环	J=2+1	
…	…	…		…	…	…	……	…
第 9 次	1			9	9>9 .F.	执行内循环	J=9+1	
第 10 次	1	.		10	10>9 .T	不执行循环体，退出		I=1+1
第 10 次	2	2>9 .F	执行外循环	1	1>9 .F.	执行内循环	J=1+1	
第 11 次	2			2	2>9 .F.	执行内循环	J=2+1	
…	…	…	…	…	…	…	……	…
第 18 次	2			9	9>9 .F.	执行内循环	J=9+1	
第 19 次	2			10	10>9 .T	不执行循环体，退出		I=2+1
第 19 次	3	3>9 .F	执行外循环	1	1>9 .F.	执行内循环	J=1+1	
…	…			…	…	…	……	…
第 81 次	9			9	9>9 .F.	执行内循环	J=9+1	
第 82 次	9	.		10	10>9 .T	不执行循环体，退出		I=9+1
第 82 次	10	10>9 .T	不执行循环体，退出					

内循环实际循环 81 次。

【例 3-43】求完美数（perfect number）。

完美数又称完全数、完备数、完数，它是一些特殊的自然数：它所有的真因子（即除了自身以外的约数）的和（即因子函数），恰好等于它本身。例如，6 的真因子有 1、2、3（不包括 6 本身），且 6=1+2+3。求 2～1000 的完数。

解：此题与例 3-4-8 算法有些相似，只是判断对象是否为完美数。

（1）算法分析

● 用外循环逐一列出 2～1000 的数，设循环变量为 I，初值为 2，终值为 1000。

● 对于每一个 I，从 1～（$I-1$）逐个进行整除检查（设循环变量为 J，初值为 1，终值为 $I-1$，步长为 1），若 I 能整除 J，则说明 J 是 I 的一个真因子，把这些真因子用累加器 Sum 进行累加。

● 判断 Sum 是否等于 I，若是，则打印该数，并设置一个计数器 $Count$ 用于计数。

（2）编程

```
Dim I%, J%, Count%, Sum%
For I = 2 To 1000
  Sum = 0
  For J = 1 To I - 1
   If I Mod J = 0 Then
     Sum = Sum + J
   End If
  Next J
  If Sum = I Then
    Print I
    Count = Count + 1
  End If
Next I
Print "Count=" & Count
```

【例3-44】找出200以内的所有素数。

解：【例3-38】给出了3种判断素数的方法。若通过键盘手工输入2~200中的数据进行判断，显然非常麻烦。

（1）算法分析

● 将从键盘手工输入改为用外循环代替，设循环变量为 X，初值为2，终值为200，步长为1。

● 若 X 是素数，则打印出来。

（2）编程

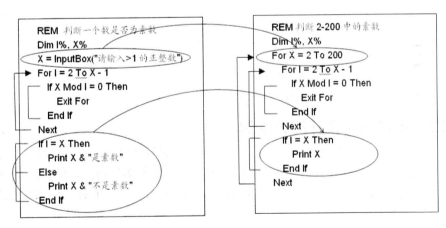

（3）调试检查

若要将素数显示改用一行显示4个素数，如何修改程序？

【例3-45】求解"百马百担"问题。

数学上有一个经典的"百马百担"问题：有100匹马驮100担货，大马驮3担，中马驮2担，2匹小马驮一担。在每种马都有的情况下，有多少种驮法？

解：设大马为 *Big*，中马为 *Mid*，小马为 *Small*。数学方法是将问题归结为求两个不定方程：

$$3*Big+2*Mid+Smal/2=100$$

$$Big+Mid+Small=100$$

的整数解。若用手工计算，其速度将会很慢。若利用计算机速度快的优势，用穷举算法进行简单重复的计算求解，其速度将会很快。

（1）算法分析

● 用穷举法，把所有可有的情况都列举出来，然后用两重循环（也可用三重循环）求解。

● 外循环穷举大马，设循环变量为 *Big*，考虑到各种马至少有 1 匹，设大马初值为 1。由于至少有 1 匹中马、2 匹小马，能驮 3 担货，100 担货最多还剩 97 担，因此，大马最多为 32 匹，故其终值为 32，步长为 1。

● 内循环穷举中马，设循环变量为 *Mid*，初值为 1。由于至少有 1 匹大马、2 匹小马，能驮 4 担货，96 担货最多需要 48 匹中马驮，故其终值为 48，步长为 1。

● 小马 *Small*=100 − *Big* − *Mid*。

● 用共驮 100 担货为判断条件：*Big**3+*Mid**2+*Small**0.5=100

● 设计数器为 *Count*。

（2）编程

```
Dim Big%, Mid%, Small%, Count%
For Big = 1 To 32
  For Mid = 1 To 48
    Small = 100 - Big - Mid
      If 3 * Big + 2 * Mid + 0.5 * Small = 100 Then
        Print Big, Mid, Small
          Count = Count + 1
      End If
  Next
Next
Print "Count="; Count
```

（3）调试检查

● 若不考虑每种马都有，如何修改程序？

● 若用三重循环求解，如何修改程序？

● 比较二重循环、三重循环运行所需的时间。

3.4.5　循环程序设计综合举例

程序设计是一项创造性的工作，学习难度大。要学好程序设计，除了学习基本规则（如语法、数据结构）外，还要掌握各种算法等。这些算法中有很多技巧，需要多思考、勤学习、深探索。以下有的例题采用了多种（最高为 5 种）算法求解，期望能对读者培养计算思维技能、提高编程水平有所帮助。

【例 3-46】用格里高利（Gregory）公式求 π 的近似值。英国数学家 Gregory 于 1671 发现圆周率近似公式：

π/4=1 − 1/3+1/5 − 1/7+1/9 − 1/11+⋯ − 1/99

求 π 的值。要求：四舍五入精确到小数点后第 4 位。

解：本题采用 3 种算法求解。

算法 1　轮换符号求和法

（1）算法分析

● 用循环将各项列出。设循环变量为 *I*，初值为 1，终值为 99，步长为 2。

● 各项的符号分别按：+、−、+、−…的规律出现，用变量 S（Sign）表示符号，设初值为 1，执行语句 $S=-S$，就可轮换 S 的值。设第 1 次的符号为正，即 $S=1$；执行语句 $S=-S$ 后，$S=-1$；再次执行语句 $S=-S$ 后，$S=1$。

● 用变量 Sum 作为累加器：$Sum=Sum+S*1/I$（或 $Sum=Sum+S/I$）。

● 考虑到倒数（$1/I$）为小数点，应定义 Sum 为单精度或双精度。

● 注意，结果 $Sum(=\pi/4)$ 应乘以 4 才是 π。

（2）编程

```
Dim S%, I%, Sum#, Pi#
S = 1
For I = 1 To 99 Step 2
  Sum = Sum + S * 1 / I
  S = -S
Next
Pi = Sum * 4
Print "Pi="; Round(Pi, 4)
```

算法 2 分类求和法

（1）算法分析

● 将 $1-1/3+1/5-1/7+1/9-1/11+\cdots-1/99$ 中的正数项、负数项分类列出。

$1/1+1/5+1/9+\cdots+1/97$

$1/3+1/7+1/11+\cdots+1/99$

分别求出各项的和。

● 对于正数项，设循环变量为 I，初值为 1，终值为 97，步长为 4。对于负数项，设循环变量为 J，初值为 3，终值为 99，步长为 4。

● 分别用变量 $Sum1$、$Sum2$ 作为累加器，结果变量为 $Pi(=Sum1-Sum2)$。

（2）编程

```
Dim I%, J%, Sum1!, Sum2!, Pi!
For I = 1 To 97 Step 4
  Sum1 = Sum1 + 1 / I
Next
For J = 3 To 99 Step 4
  Sum2 = Sum2 + 1 / J
Next
Pi=(Sum1 - Sum2) *4
Print Round(Pi, 4)
```

算法 3　用 Excel 求解

用 Excel 求解的步骤如下。

（1）在 A 列按步长值为 4 自动填充正数的等差数列 p：1、5、9、…、97，在 B 列按步长值为 4 自动填充负数的等差数列 n：3、7、11、…、99。

（2）在 C 列用公式（=1/A2）求出 p 数列——对应的倒数值，在 D 列用公式（=1/B2）求出 n 数列——对应的倒数值。

（3）对 C 列、D 列分别求和。

（4）将 C 列之和减去 D 列之和，乘 4 后四舍五入保留 2 位小数，最后结果为 3.12。

用 Excel 计算格里高利公式的过程如图 3-43 所示。

D2 = =1/B2

A	B	C	D
p	n	1/p	1/n
1	3	1	0.333333333
5	7	0.2	0.142857143
9	11	0.111111111	0.090909091
13	15	0.076923077	0.066666667
17	19	0.058823529	0.052631579
21	23	0.047619048	0.043478261
25	27	0.04	0.037037037
29	31	0.034482759	0.032258065
33	35	0.03030303	0.028571429
37	39	0.027027027	0.025641026
41	43	0.024390244	0.023255814
45	47	0.022222222	0.021276596

图 3-43　用 Excel 计算格里高利公式的过程

【例 3-47】求同构数。

一个自然数平方的末几位与该数相同时，称此自然数为同构数，如 6^2=36、25^2=625。求[1，1000]内所有同构数的个数及同构数之和。

解：本题采用两种算法求解。

算法 1　函数法

（1）算法分析

根据同构数的定义，同构数 *I* 平方的末几位等于 *I*，即：

当 *I* 为 1 位数时，把 *I* 的平方从右边取 1 位，其数值与 *I* 相等。

当 *I* 为 2 位数时，把 *I* 的平方从右边取 2 位，其数值与 *I* 相等。

……

当 *I* 为 *N* 位数时，把 *I* 的平方从右边取 *N* 位，其数值与 *I* 相等。

根据以上分析可知，首先要求出 *I* 的位数 *N*、*I* 的平方从右边取 *N* 位的值，再判断它们是否相等，即可求出同构数。

- 用穷举法将自然数 2～1000 逐个列出。设循环变量为 *I*，初值为 2，终值为 1000，步长为 1。计数器为 *Count*，累加器为 *Sum*。
- 求数值型数据 *I* 位数的方法如下。

先将数值型数据自然数 *I* 用函数 Str()转换成字符串。由于数值型数据转换成字符串时，其符号位也占一位（正数为空格，负数为 -），正数转换成字符串后，可用 LTrim()函数将其左边的空格压缩掉（也可用 Trim()函数将所有的空格压缩掉），然后再用 Len()函数求出其长度(位数)。

Len(LTrim(Str(I)))

- 求 *I* 平方的末几位的方法如下。

先用 Sr()函数将数值型数据自然数 *I* 的平方转换为字符串，然后用 Right()函数在字符串的右边（末位）取与同构数 *I* 的位数相同的字符串个数，把取出的字符串用 Val()函数转换成数值型数据。

Val(Right((Str(I ^ 2)), Len(LTrim(Str(I)))))

- 同构数的条件如下。

I = Val(Right((Str(I ^ 2)), Len(LTrim(Str(I)))))

（2）编程

```
Dim I%, Count%, Sum%
For I = 1 To 1000
```

```
  If I = Val(Right((Str(I ^ 2)), Len(LTrim(Str(I))))) Then
    Print I, I ^ 2
    Count = Count + 1
    Sum = Sum + I
  End If
Next
Print "Counter="; Count
Print "Sum="; Sum
```

算法 2 取余法

（1）算法分析

根据"同构数 I 平方的末几位等于 I"的定义，找出同构数的规律如下。

1 位自然数 6 是同构数，有 $6^2=36$，即 6= 36 Mod 10→ 6= 6^2 Mod 10。

2 位自然数 25 是同构数，有 $25^2=625$，即 25= 625 Mod 100 →25= 25^2 Mod 100。

……

N 位自然数 I 是同构数，有 $I= I$^2 Mod 10^N

根据以上分析可知，需要先求出自然数 I 的位数 N，通过取余后判断，即可求出同构数。

● 自然数 I 的位数 N，由 Len(LTrim(Str(I)))求出。

● 用条件 $I=I$^2 Mod 10^(Len(LTrim(Str(I))))找出符合条件的同构数。

（2）编程

将算法 1 程序的条件语句：

If I = Val(Right((Str(I ^ 2)), Len(LTrim(Str(I))))) Then

改为：

If I = I ^ 2 Mod 10 ^ (Len(LTrim(Str(I)))) Then

即可。

（3）调试检查

比较以上两种算法的结果。

【例3-4-18】求大数的尾数。20 世纪末人类已知的最大素数是 $2^{859\,433}-1$，求该数的最后 6 位数。

解：若直接计算 $2^{859\,433}$，其结果已超出计算机允许的精确数值的范围。

（1）算法分析

● 采用循环控制 859 433 个 2 相乘。设循环变量为 N，初值为 1，终值为 859 433，步长为 1。

● 累积器 $T=T*2$，T 的初值应为 1。

● 当数值 T 超过 6 位数时，用求余的方法截取其最后的 6 位数字。

$T=T$ mod 1E6

（2）编程

```
Dim N&, T&
T = 1
For N = 1 To 859433
  T = T * 2
  If T >= 1E6 Then
    T = T Mod 1E6
  End If
Next N
Print "最后 6 位数为: " & T - 1
```

（3）调试检查

先在"立即"窗口中查看 2^39 的结果，再修改数据运行程序得出结果，对比二者的结果是否相同。

【例 3-49】求回文数。

回文数是指正读和反读都一样的正整数。例如，3773 是回文数。求出[1000，9999]的奇数回文数的个数。

解：本题采用 2 种算法。

算法 1 分离法

（1）算法分析

● 用穷举法，将所有可能的情况都检验到。设循环变量为 X，初值为 1000，终值为 9999。按例【3-37】的方法从 X 中分离出千位 A、百位 B、十位 C 和个位 D。

● 回文数的条件如下。

$A = D$ And $B = C$

或 $X=D*1000+C*100+B*10+A$

● 奇数的条件是： X Mod 2 =1 或 X Mod 2 <>0

● 用 $Count$ 作为计数器。

（2）编程

```
Dim X%, A%, B%, C%, D%, Count%
For X = 1000 To 9999
   A = X \ 1000
   B = X \ 100 Mod 10
   C = X \ 10 Mod 10
   D =X Mod 10
   REM Print A, B, C, D    ' 检查千位A、百位B、十位C、个位D的分离是否正确
   If A = D And B = C And X Mod 2 = 1 Then
      Count = Count + 1
   End If
Next X
Print Count
```

算法 2 函数法

（1）算法分析

VB 提供一个转换函数 StrReverse()，其功能是将指定字符串转换成顺序相反的字符串。例如， StrReverse("ABCD")返回字符串 DCBA。

● 用穷举法，将所有可能的情况都检验到。设循环变量为 X，初值为 1 000，终值为 9 999。

因正数的数值型数据转换成字符串时，其符号位是 1 个空格，故需用 LTrim()或 Trim()函数函数空格压缩掉。回文数的条件如下。

Trim(Str(X))=StrReverse(Trim(Str(X)))

● 奇数的条件是： X Mod 2 =1 或 X Mod 2 <>0

● 用 $Count$ 作为计数器。

（2）编程

```
Dim X%, Count%
For X = 1000 To 9999
```

```
If Trim(Str(X)) = StrReverse(Trim(Str(X))) And X Mod 2 = 1 Then
    Count = Count + 1
End If
Next X
Print Count
```

（3）讨论

对比两种算法，算法 2 更简洁。由此也可看出掌握函数的重要性，使用函数能大大简化程序，提高运行效率。

【例3-50】求最大公约（因）数。

解：最大公约数（Greatest Common Divisor，GCD）的定义是：能被整数 A、B（可以是两个以上的整数）共同整除的最大整数。例如，24 和 16 的最大公约数是 8。最大公约数又称为最大公因数。

以下先求两个数的最大公约数，再求两个以上数的最大公约数。

1. 求两个数的最大公约数

求解最大公约数的算法很多种，下面分别进行介绍。

◆ 算法 1 升序查找法

（1）算法分析

● 若采用从小到大查找最大公约数，则可从最小的公约数 1 开始，找出能被 A、B 共同整除的整数，再在其中找出最大的数即可。A、B 中的最大公约数不能超过 A、B 中的最小数，更不可能超过 A、B 中的最大数。因此，初值取 1，终值取 A、B 中的任意一个均可。设循环变量为 I，初值为 1，终值为 A、B 中的任意一个，步长为 1。

● 满足公约数的条件为：A mod I=0 And B mod I = 0。

● 在先后求出的公约数中取得最大值以下算法。

先暂设最大公约数=1，当求出公约数 I 后，就与最大公约数比较，若求出的公约数 I 大于最大公约数，就用 I 取代最大公约数。当求出所有的公约数后，最后 GCD 中也就是最大的。

为什么要先暂设最大公约数为 1？ 1 是最小的公约数而不是最大的公约数。实际上，只要暂设的最大公约数不大于真正的最大公约数，设为什么数都没有关系，因为一旦求出的公约数大于先暂设的最大公约数，就将其取代（覆盖）掉了。注意！这种算法在编程求最大值时经常采用。与此类似，求最小值时，可暂设一人最大值权当最小值，当一个数比这个权当的最大值小时，就取代它了。

（2）编程

```
Dim A&, B&, GCD&, I&
  A = 24
  B = 16
  GCD = 1
  For I = 1 To A
   If A Mod I = 0 And B Mod I = 0 Then
    If I > GCD Then
       GCD = I
       End If
     End If
   Next
```

```
Print "GCD="; GCD
```

（3）调试检查

交换 A、B 的值再次运行程序，检查结果。

◆ 算法 2 降序查找法

（1）算法分析

● 按从大到小查找求最大公约数时，由于最大公约数不能超过 A、B 中的最小数，更不可能超过 A、B 中的最大数。因此，初值取 A、B 中的任意一个均可（最好是 A、B 中的最小数）。用 A，$A-1$，$A-2$，$A-3$，……、1 依次除 A、B，判断其是否能整除。设循环变量为 I，初值为 A、B 中的任意一个，终值为 1，步长为 -1。

● 满足公约数的条件为：$A \bmod I=0$ And $B \bmod I = 0$。

● 最大公约数应该是 I 中第一个能满足 $A \bmod I=0$ And $B \bmod I = 0$ 条件的数。故一旦该条件成立，就应该用 Exit For 跳出循环，输出 I（即最大公约数）。

（2）编程

```
Dim A&, B&, I&
A = 24
B = 16
For I = A To 1 Step -1
  If A Mod I = 0 And B Mod I = 0 Then
    Exit For
  End If
Next
Print "GCD="; I
```

◆ 算法 3 欧几里德（Euclid）算法

古希腊数学家欧几里德（Euclid，约公元前 325 年—公元前 265 年）发现求最大公约数可通过"辗转相除"来实现，这种算法称欧几里德算法，又称辗转相除（算）法。

辗转相除法的过程如下。

（1）将被除数 Dd（dividend）除以除数 Dr（divisor），得到余数 R。

（2）若余数 R 为 0，则除数就为最大公约数；若余数 R 不为 0，则把上一次的除数作为本次的被除数，将上一次的余数作为本次的除数。

（3）重复第（1）步，直到余数 R 为 0 为止。

为了便于理解辗转相除法，代入 DD=60、DR=14 来说明。辗转相除的过程见表 3-16。

表 3-16　辗转相除执行过程

辗转次数	被除数 Dd	除数 Dr	余数 R
1	60	14	4
2	14	4	2
3	4	2	0

结果：最大公约数为 2。

（1）算法分析

● 采用键盘输入两个数 Dd、Dr。

● 若事先不知 Dd、Dr 哪个大，可通过三角交换使大数放在 Dd 中，小数放在 Dr 中。

● 因不知道辗转循环的次数，故采用 Do/Loop 循环较好。又因 $R=0$ 时停止循环，也就是当 $R<>0$ 时循环，故循环条件为 Do While R<>0。

● 用 Dd Mod Dr 取得余数 R 的初值。

（2）编程

```
Dim Dd&, Dr&, R&, T&, Count%
Dd = Val(InputBox("请输入第一个数: "))
Dr = Val(InputBox("请输入第二个数: "))
If Dd < Dr Then T = Dd: Dd = Dr: Dr = T        ' 三角交换
R = Dd Mod Dr      '给余数 R 赋初值
Do While R <> 0
  Dd = Dr
  Dr = R
R = Dd Mod Dr
Loop
Print "GCD=";Dr
```

（3）讨论

若将程序改为 Do/Loop Until R=0 循环形式，如何修改程序?

◆ 算法 4 降序查找法

（1）算法分析

根据定义，找到两个数 A、B 中的较小数（假定为 A），用 $A-1$、$A-2$、$A-3$ 等数依次去除 A、B 两个数，当第一个能同时除 A 与 B 时，则该数就是 A、B 两数的最大公约数。

● 从键盘输入两个数 A、B，若 $A>B$，则应将 A、B 两个数交换，以保证 A 为较小数。

● 由于 A 的值要逐渐减少，应先将 A 的值用变量 I 保存起来，用累减器 $I=I-1$ 逐渐减小。

● 由于事先不知要循环多少次后才找到最大公约数，故只能采用 Do/Loop 循环；当条件 A Mod $I=0$ And B mod $I=0$ 没有满足时，应将 I 减 1 后再试，一旦达到以上条件，就退出循环。因此，用 Do Until A Mod $I=0$ And B Mod $I=0$/Loop 较好。若换成 Do While/Loop，则为 Do While A Mod $I<>0$ Or B Mod $I<>0$。

（2）编程

```
Dim A%, B%, I%, T%
A = Val(InputBox("请输入第一个数: "))
B = Val(InputBox("请输入第二个数: "))
If A > B Then T = A: A = B: B = T  ' 三角交换
I = A
Do Until A Mod I = 0 And B Mod I = 0
REM  以上语句可改成 Do While a Mod i <> 0 Or b Mod i <> 0
  I = I - 1
  Loop
Print I
```

◆ 算法 5 用 Excel 求解

最大公约数也可非常容易地用 Excel 求解。设两个数分别为 3 662 307、3 641 979，用 Excel 求解、验证步骤如下。

（1）在 A1 单元格输入被除数（两数中的较大数）;

（2）在 A2 单元格输入除数（两数中的较小数）;

（3）在 A3 单元格输入公式：

=MOD(A1,A2)

求出余数。

（4）拖动填充柄复制公式，余数为 0 的上一个单元格中的数（即除数），就是最大公约数（363）。

用 Excel 计算最大公约数如图 3-42 所示。

算法 6 用 Excel 提供的特殊函数求解

Excel 提供了"分析工具库"加载宏，里面有 100 多个函数，其中就有最大公约数（GCD）、最小公倍数（LCM）等函数。这些特殊的函数通常需要手工加载，方法如下。

（1）在 Excel 2003 或更低版本的 Excel 中，可选择"工具"→"加载宏"命令，在弹出的窗体中选中"分析工具库"，若 Excel 安装时没有选择完全安装，则没有分析工具库的选项。

（2）在 Excel 2007 或更高版本的 Excel 中，可通过单击 Microsoft Office "🏢"按钮→"Excel 选项"→"加载项"类别→"管理"→"Excel 加载宏"→"转到"→"可用加载项"列表，选择"分析工具库"框来加载分析工具库。

例如，求 60、14 的最大公约数，在单元格中输入=GCD(60,14)，结果为 2。

求 36、90、72 的最小公倍数，在单元格中输入=LCM(36,90,72) 结果为 360。

2．求多个数的最大公约数的算法

对于求多个数的最大公约数，可先求出其中两个数的最大公约数（设为 $G1$），再求出 $G1$ 与第三个数的最大公约数（设为 $G2$），又求出 $G2$ 与第四个数的最大公约数（设为 $G3$）……

【例 3-51】求最小公倍数。

解：最小公倍数（Least Common Multiple，LCM）的定义是：若干个数能被某个数整除，则该数是这若干个数的公倍数，最小公倍数就是 LCM。

下面先求解两个数的 LCM，再求解两个以上数的 LCM。

1．求两个数的 LCM

算法 1 倍数法

（1）算法分析

两个数 X、Y 的最小公倍数 N 就是：既能整除 X，又能整除 Y 的最小的数。

因此，X、Y 的 LCM 应该是 X 的倍数（至少为 X 的一倍）中第一个被 Y 整除的数，这样能保证数 N 为 LCM。或者说，两个数 X、Y 的 LCM 应该是 Y 的倍数中第一个被 X 整除的数。

● 设循环变量为 N，初值为 X，终值为 $X*Y$，步长为 X，这样可保证 N 是 X 的倍数（至少为 X 的一倍）。

● 对已满足是 X 的倍数的数 N 进行判断，检查是否有能整除 Y 的数，判断 N 整除 Y 的条件为：

● $N \bmod Y = 0$

● LCM 应该是 X 的倍数中第一个能整除 Y 的数。故一旦该条件成立，就应该用 Exit For 跳出循环，输出 N（即 LCM）。

● 为加快运算速度，可先设 $Z=X*Y$。

（2）编程

设 $X=$ 9269，$Y=$ 8671

```
Dim X&, Y&, Z&, N&
X = 9269
Y = 8671
Z = X * Y
For N = X To Z Step X
    If N Mod Y = 0 Then
        Exit For
    End If
Next
Print "LCM="; N
```

（3）调试检查

输入常规数检查程序，设 $X=18$，$Y=12$；再设 $X=12$，$Y=18$。检查程序运行结果是否正确。

算法2 用 GCD 求解

数学上有"两个数的最大公约数与最小公倍数的乘积为这两个数的乘积"定理。因此，最小公倍数 LCM 等于这两个数 A、B 的乘积除以这两个数的最大公约数 GCD。即：

$LCM=A*B/GCD$

请读者自行完成编程。

2．求多个数的 LCM 的算法

对于求多个数的 LCM，可先求出其中两个数的 LCM（设为 $L1$），再求出 $L1$ 与第三个数的 LCM（设为 L2），又将 L2 与第四个数求出 LCM（设为 L3）……

【例 3-52】精确求循环小数的后 1000 位。

有一个真分数，分子为 1093，分母为 1379。求：

（1）结果是多少？精确到小数点后的 1000 位数字。

（2）小数点后第 987 位数字是什么？

解：由于 CPU 的字长、操作系统等因素的影响，计算机的计算精度是有限的。例如，VB 中双精度的有效位是 15 位；VB.NET 的有效位是 29 位，其中小数位为 28 位。通过增加硬件 CPU 字长来获得更多有效位显然成本太高，也是不现实的。另外，通过适当的算法也能获得更多的有效位。

现通过手工计算 5/7，寻找机器解题的算法。手工计算的主要方法如下。

求商时，若被除数不够除除数，被除数后面添 0 后（即被除数乘 10）除以除数。商是不超过二者相除的最大整数。

下一次的被除数是上一次被除数后面添 0 后（即被除数乘 10）减去商乘上除数。

手工计算过程如图 3-44 所示。

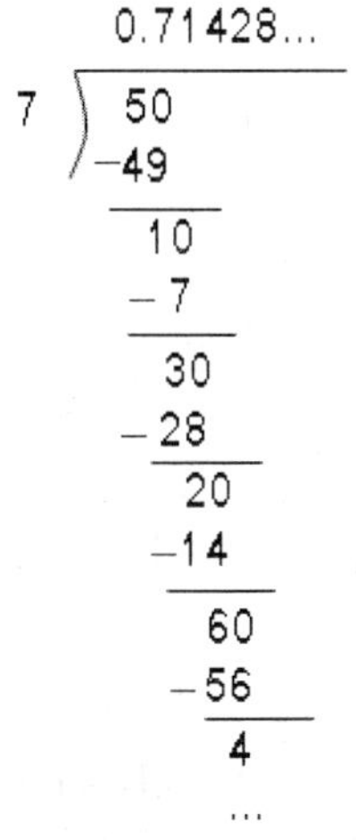

（1）算法分析

● 设被除数为 X（5），除数为 Y（7），每一次 X/Y 的商(quotient)为 Q。

● 商 $Q = Int(X * 10 / Y)$

● 下一次被除数 $X = X * 10 - Y * Q$

● 设结果为 R，将每次得到的商 Q 依次连接到 R 的右边 $R=R$ &

```
        0.71428...
    ┌─────────────
  7 │ 50
    │-49
    ├─────
    │ 10
    │ -7
    ├─────
    │ 30
    │-28
    ├─────
    │ 20
    │-14
    ├─────
    │ 60
    │-56
    ├─────
    │  4
        ...
```

图 3-44 手工计算过程

X，R 赋初值为"0"。

● 设循环变量为 I，初值为 1，终值为 M。

● 设置一个计数器 N 对小数点计数，当 N 达到指定位时，将商 Q 赋给临时变量 *Temp* 保存。

● 设计一个界面（见图 3-45），其中显示结果的文本框属性 MultiLine（多行文本）设置为 True。

（2）编程

```
Dim X%, Y%, Q%, Temp%, N%, M%, I%, R$
  X = Text2.Text       '用于输入分子，如 1093
  Y = Text3.Text       '用于分母，如 1379
  R = "0."
  M = Text4.Text       '用于输入保留多少位小数，如 1000
  N = Text5.Text       '用于输入要求哪位小数，如 987
  For I = 1 To M
    Q = (X * 10) \ Y
    R = R & Q
    X = X * 10 - Y * Q
    If N = I Then
      Temp = Q
    End If
  Next
Text1.Text = R
Label6.Caption = Temp
```

程序运行结果如图 3-45 所示。

图 3-45　精确求循环小数 1000 位的界面及程序运行结果

（3）调试检查

先用"立即"窗口计算 1093/1397，再运行程序求 1093/1397，保留小数点后 15 位，求第 10 位小数是多少。比较两种计算的结果是否相同。

【例 3-53】求 $e^x ≈ 1 + x + x^2/2! + x^3/3! + x^4/4!……+x^n/n!$ 的近似值。

设 $x=9$，要求直到最后一项小于 0.0001 为止。

本题可用两种算法求解。

算法 1　用 Do/Loop 语句求解

（1）算法分析

先将 $1 + x + x^2/2! + x^3/3! + x^4/4!……+x^n/n!$

写成

① $+ x^1/1! + x^2/2! + x^3/3! + x^4/4!……+x^n/n!$

将第一项 1 单列出来，仅对 $x^1/1! + x^2/2! + x^3/3! + x^4/4! \ldots\ldots + x^n/n!$ 求和。

- 设累加器为 Epx，初值为 1。
- N 每循环一次按 1，2，3，…递增，$N=N+1$。
- 设每一项分子 X 的乘方（power）为变量 Xp，$Xp=Xp^N$，Xp 的初值为 1。
- 设每一项分母 N 的阶乘（factor）为变量 $Factor$，$Factor=Factor*N$，$Factor$ 的初值为 1。
- 由于不清楚循环多少次才能满足要求，采用 Do/Loop 循环比较好。由于到最后一项小于 0.0001 为止不循环，即大于或等于 0.0001 就循环，因而采用 Do While Xp/Factor >= 0.0001 作为循环条件(也可采用 Do Until Xp/Factor < 0.0001 作为循环条件，二者循环条件完全相反)。
- 累加器为 $Exp=Exp+Xp/Factor$。
- 四舍五入保留 4 位小数点用 Round() 函数实现。
- 考虑到灵活输入 X 值，采用输入对话框函数。

② 编程

```
Dim Epx#, Factor#, Xp#, N%
X = InputBox("X=?")
Epx = 1: Xp = 1: Factor = 1: N = 1
Do While Xp / Factor >= 0.0001
  Xp = Xp * X
  Factor = Factor * N
  Epx = Epx + Xp / Factor
  N = N + 1
Loop
Print Epx
```

③ 调试检查

将 $X=1$ 代入分别求前 2、3、4 项的和，用"立即"窗口或计算器计算后进行对比检查。

④ 讨论

若想知道循环了多少次，如何修改程序？

算法 2 用 For/Next 语句求解

基本思路：用 For/Next 语句时，把循环的终值设置得尽可能大，再用条件语句判断，当满足条件时跳出循环。

- 设累加器为 Epx，初值为 1。
- 设循环变量 N 的初值为 1，终值尽可能大（如 1E6），步长为 1。
- 设每一项分子 X 的乘方（power）为变量 Xp，$Xp=Xp^N$，Xp 的初值为 1。
- 设每一项分母 N 的阶乘（factor）为变量 $Factor$，$Factor=Factor*N$，$Factor$ 的初值为 1。
- 用条件语句进行判断，当某一项小于 0.0001 时，用 Exit For 跳出循环。
- 累加器为 $Exp=Exp+Xp/Factor$。

（2）编程

```
Dim Epx#, Factor#, Xp#, N&
X = InputBox("X=?")
Epx = 1: Xp = 1: Factor = 1
For N = 1 To 1E6
  Xp = Xp * X
  Factor = Factor * N
```

```
    If Xp / Factor < 0.0001 Then
       Exit For
    End If
    Epx = Epx + Xp / Factor
Next
Print Round(Epx, 4)
```

（3）讨论

若想知道循环了多少次，如何修改程序？

【例3-54】分解合数的质因数。

解：每个合数（非素数）都可以写成若干质（素）数相乘的形式。其中每个质数都是这个合数的因数，叫作这个合数的分解质因数，分解质因数只针对合数。例如，72＝2*2*2*3*3（其中2、3为素数），则质因数个数为5。分解质因数对解决一些自然数和乘积的问题很有帮助，也可作为求最大公约数和最小公倍数的基础。分解质因数最常用的手工方法有"短除分解法"和"塔形分解法"。

（1）算法分析

用计算机对合数 N 分解质因数的方法如下。

① 将质因数 P 从最小的质数2开始增加，2，3，5，7，…，$N-1$。

② 若 N 能整除 P，则 P 为 N 的质因数，并用 N 除以 P 的商作为新的正整数 N，重复执行第②步。

③ 如果 N 不能被 P 整除，则用 $P+1$ 作为 P 的值执行第2步。

质数从2，3，5，…，$N-1$，不包括 N，是为了防止素数也被分解质因数。

为了说明问题，设 N 为60，分解质因数的过程见表3-17。

表3-17　分解质因数的过程

N	P	N/P能整除吗？	质因数	商
60	2	True	2	30
30	2	True	2	15
15	2	False		
15	3	True	3	5
5	3	False		
5	4	False		
5	5	True	5	1
1	结束(当N大于1时继续，为1时结束)			

有人会问：当质因数为3后，$P+1$ 为4，而4不是素数。事实上，4是素数2的倍数，在 P 为2时，因重复第②步，已被分解成两个素数2了。同理，6、8、9…也一样。

● 设合数为 N，质因数 P 的初值为2。

● 判断质因数的条件为 N Mod $P=0$，若条件为真，则计数器 $Count$ 加1，并把 N/P 的商作为新的正整数 N（即 $N=N/P$）；否则，质因数 P 增加1。

● 由于循环次数未知，只能用 Do/Loop 语句。当循环条件为 $P<N$（不超过 N）时，继续循环，采用 Do While/Loop 语句比较适当。

● 因 N 在执行过程中会发生变化，可预先将 N 赋值给临时变量 $Temp$ 固定其值。

● 分解质因数算法的过程如图 3-46 所示。

（2）编程

```
Dim N&, Temp&, P&, Count&
N = 60
Temp = N
P = 2
Do While (P < Temp)
   If (N Mod P = 0) Then
      Count = Count + 1
      Print P
      N = N / P
   Else
      P = P + 1
   End If
Loop
Print "Count=" & Count
```

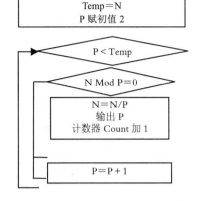

图 3-46　分解质因数 PLD 图

（3）调试检查

● 分别将合数、质（素）数赋给 N，检查结果是否正确。

● 将 Do While P < Temp 语句改为 Do While N<>1，检查结果。

【例 3-55】将 M 进制整数转换为 N 进制整数。

解：十进制整数 D 转换为二进制数 B 的手工方法是短除法：除 2 取余。例如：

$(11)_{10} = (\ ?\ )_2$，采用短除法手工转换步骤如下。

（除数 B）			（被除数 D）	（余数 R）	（次数 N）
2	11		（被除数 D）		
2	5		（被除数 D）	1	第 1 次
2	2		（被除数 D）	1	第 2 次
2	1		（被除数 D）	0	第 3 次
	0		（被除数 D）	1	第 4 次

短除 2 后第 1 次的结果是最低位，第 4 次的结果是最高位。故结果为 $(11)_{10}=(1011)_2$

算法 1（字符串连接法）

（1）算法分析

● 余数 $R = D$ Mod B。

● 将余数 R 连接到字符串变量 D2B 的左边保存。

● 下一次的被除数 $D=D\backslash B$。

● 由于事先不知道循环次数，故采用 Do/Loop 循环。当被除数 D 为 0 时表示结束，不需要循环，否则继续循环，故用 Do Until D=0 作为循环条件（也可用 Do While D<>0）。

● 考虑到被除数要发生变化，将最初的被除数 D 保存在临时变量 $Temp$ 中。

（2）编程

```
REM 整数 D2B
Dim D&, B%, D2B$, Temp&
D = InputBox("请输入一个十进制整数")
Temp = D
B = 2
Do Until D = 0  '或 Do While D<>0
   R = D Mod B
   D2B = R & D2B
```

```
      D = D \ B
Loop
Print "十进制数" & Temp & "转换成" & B & "进制数为:" & D2B
```

（3）调试检查

任意输入一个十进制整数转换成二进制数，用 Windows 附件中的计算器检验结果。

（4）讨论

若将 M 进制整数转换为 N 进制整数，如何修改程序？（提示：先将 M 进制整数按权展开为十进制数，再将十进制数转换成 N 进制数。）

算法 2（余数倒置法）

（1）算法分析

算法分析 z 与算法 1 基本相同，不同之处如下。

● 设置一 z 个计数器 N，每次得到的余数与 N 关联。

● 如何将 z 第 1 次、第 2 次、第 3 次、第 4 次的余数 1、1、0、1 倒置成 1、0、1、1？设数值型变量 $D2B$（初值为 0），考虑到余数与 N 关联，有 $D2B=D2B+D*10^N$（N 的初值为 0），这样即可将余数倒置。

（2）编程

```
REM D2B（D to B）
Dim D&, B%, D2B&, Temp&, N%
D = InputBox("请输入一个十进制整数")
Temp = D
B = 2
Do Until D = 0   '或 Do While D<>0
  R = D Mod B
  D2B = D2B + R * 10 ^ N
  D = D \ B
  N = N + 1
Loop
Print "十进制数" & Temp & "转换成" & B & "进制数为:" & D2B
```

【例 3-56】将 M 进制纯小数转换为 N 进制纯小数。

解：十进制纯小数 D 转换为二进制纯小数 B 的手工方法是乘 2 取整。例如，$(0.6875)_{10}=(\quad ? \quad)_2$，采用乘 2 取整法手工转换的步骤如下。

	取整（I）
0.6875（被乘数 D）	
× 2（乘数 B）	
1.3750	1
0.3750（被乘数 D）	
× 2（乘数 B）	
0.7500	0
0.7500（被乘数 D）	
× 2（乘数 B）	
1.5000	1
0.5000（被乘数 D）	
× 2（乘数 B）	
1.0000	1
0.0000（被乘数 D）	结束

第 1 次取整的结果是小数的最高位，第 4 次取整的结果是小数的最低位，故结果为 $(0.6875)_{10}=(0.1011)_2$。

（1）算法分析

● 由于被乘数 D 是纯小数，所以定义为双精度。

● 取整为 $I=\text{Int}(D*B)$，所以定义为整型。

● 将取整 I 连接到字符串变量 $D2B$ 的右边，$D2B$ 赋初值字符串"0"。

● 下一次的被乘数 $D=D*B-I$

● 由于事先不知道循环次数，故采用 Do/Loop 循环。又因被乘数 D 为 0 时表示做完，不需要循环，否则继续循环，故用 Do Until D=0 作为循环条件（也可用 Do While D<>0）。

● 考虑到被乘数 D 要发生变化，将最初的被乘数 D 保存在双精度临时变量 $Temp$ 中。

（2）编程

```
Rem 纯小数 D2B
Dim D#, B%, D2B$, Temp#, I%
D2B = "0."
D = InputBox("请输入一个十进制纯小数")
Temp = D
B = 2
Do Until D = 0   '或 Do While D<>0
  I = Int(D * B)
  D2B = D2B & I
  D = D * B - I
Loop
Print "十进制数纯小数" & Temp & "转换成" & B & "进制数为:" & D2B
```

（3）调试检查

由于 Windows 的附件——"计算器"不支持小数点数制转换，可用简单纯小数验证转换是否正确。

（4）讨论

若要求保留小数点后 10 位，如何修改程序？（提示：设计一个计数器 N，当计数器为 10 时跳出循环，输出结果）

【例 3-57】求自然数对。

自然数对是指两个自然数的和与差都是平方数。例如，8 和 17 的和 8+17=25 与其差 $17-8=9$ 都是平方数，则称 8 和 17 是自然数对（8，17）。假定（A，B）与（B，A）是同一个自然数对，求所有小于或等于 100（即 $A<=100$，$B<=100$，$A<>B$，A 和 B 均不为 0）的自然数对的数目。

解：本题采用 2 种算法求解。

算法 1 整数判断法

（1）算法分析

● 设自然数为 A、B，A 的初值为 2（考虑到 $A<>B$，A 和 B 均不为 0），终值为 100；B 的初值为 1，终值为 $A-1$。这样 B 的值就会小于 A，可避免对同一个自然数对重复计数。

若 A+B 之和是平方数，因而 $\text{Sqr}(A+B)$ 为整数，$\text{Int}(\text{Sqr}(A+B))$ 也是整数，二者相等，有 $\text{Int}(\text{Sqr}(A+B))=\text{Sqr}(A+B)$ 或 $\text{Int}(\text{Sqr}(A+B))*\text{Int}(\text{Sqr}(A+B))=A+B$。同理，若 $A-B$ 之差是平方数，因而 $\text{Sqr}(A-B)$ 为整数，$\text{Int}(\text{Sqr}(A-B))$ 也是整数，有 $\text{Int}(\text{Sqr}(A-B))=\text{Sqr}(A-B)$ 或 $\text{Int}(\text{Sqr}(A-B))*\text{Int}(\text{Sqr}(A-B))=A-B$。

显然，同时满足以上条件的就是自然数对。

● 用 *Count* 作为计数器。

● 每行按分区格式显示 3 个自然数对。

（2）编程

```
Dim A%, B%, Count%
For A = 2 To 100
  For B = 1 To A - 1
    If Int(Sqr(A + B)) = Sqr(A + B) And _       ' 空格加下画线为续行符
      Int(Sqr(A - B)) = Sqr(A - B) Then
        Count = Count + 1
        Print A, B,
        If Count Mod 3 = 0 Then Print
    End If
  Next B
Next A
Print: Print
Print "Count=" & Count
```

算法 2 直译法

直接按 "8 和 17 的和 8+17=25 与其差 17−8=9 都是平方数" 来理解，这里的平方数，应该分别是两个不同的数 *I*、*J*。

（1）算法分析

● 设自然数为 *A*、*B*，*A* 的初值为 2（考虑到 *A*<>*B*，*A* 和 *B* 均不为 0），终值为 100；*B* 的初值为 *1*，终值为 *A*−1。这样 *B* 的值就会小于 *A*，可避免对同一个自然数对重复计数。

● 设 *A* + *B* 之和是自然数 *I* 的平方，即 $A + B = I \char`^ 2$，则 *I* 的初值为 1，终值为 14（因 *A*+*B*<200，15^2=225）；设 *A*−*B* 是另一个自然数 *J* 的平方，即 $A - B = J \char`^ 2$，则 *J* 的初值为 1，终值为 9（因 *A*−*B*<100，10^2=100）。显然，同时满足 $A + B = I \char`^ 2$、$A - B = J \char`^ 2$ 这两个条件的即为自然数对。

（2）编程

```
Dim A%, B%, I%, J%, Count%
For A = 2 To 100
  For B = 1 To A - 1
    For I = 1 To 14
      For J = 1 To 9
        If A + B = I ^ 2 And A - B = J ^ 2 Then
          Count = Count + 1
          Print A, B,
          If Count Mod 3 = 0 Then Print
        End If
      Next J
    Next I
  Next B
Next A
Print: Print
Print "Count=" & Count
```

（3）两种算法的比较

将算法 1 与算法 2 比较，算法 1 采用了二重循环，算法 2 采用了四重循环。前者的复杂度较低，耗时较少；后者的复杂度较高，耗时较多。

【例 3-58】求弦数。

若某正整数的平方等于某两个正整数平方之和，则这个正整数称为弦数。例如，由于 $3^2 + 4^2 = 5^2$，所以 5 为弦数，求[100，200]中弦数的数目。

解：本题采用两种算法。

算法 1 整数判断法

（1）算法分析

● 设勾数、股数、弦数分别为 A、B、C。

● 弦数 C 的初值为 100，终值为 200，步长为 1。

● 勾数 A 的初值为 1（正整数），终值为 $C-1$（A 不可能 $\geq C$），步长为 1。

● 因 $A^2 + B^2 = C^2$，故 $B = \mathrm{Sqr}(C^2 - A^2)$。由于涉及开平方根，$B$ 的值可能有小数，应定义其为单精度或双精度。

● 当弦数 C、勾数 A 为正整数时，股数 B 也必为正整数，故 B 应满足 $B = \mathrm{Int}(B)$（或者 $B = \mathrm{Fix}(B)$）的条件。

● 另外，因一个弦数有多种组合，如 $3^2 + 4^2 = 5^2$、$4^2 + 3^2 = 5^2$，为防止重复计数，当求出一个弦数 C 后应跳出循环，求下一个不同的弦数。因跳出内循环只有一层，故用 Exit For 即可。

● 用 $Count$ 作为计数器。

● 每行按分区格式显示 4 个弦数。

（2）编程

```
Dim A%, B#, C%, Count%
For C = 100 To 200
  For A = 1 To C - 1
    B = Sqr(C ^ 2 - A ^ 2)
    If B = Int(B) Then
      Print C,
      Count = Count + 1
      If Count Mod 4 = 0 Then Print
      Exit For
    End If
  Next
Next
Print
Print "Count="; Count
```

运行结果如图 3-47 所示。

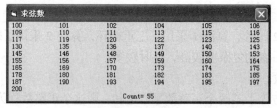

图 3-47　求弦数

（3）调试检查

若将变量 B 的类型改为整型，结果如何？

算法 2　强制结束循环法

算法分析

● 设勾数、股数、弦数分别为 A、B、C。

● 弦数 C 的初值为 100，终值为 200，步长为 1。

● 勾数 A 的初值为 1（正整数），终值为 $C-1$（A 不可能 $\geq C$），步长为 1。

● 股数 B 的初值为 1（正整数），终值为 $C-1$（B 不可能 $\geq C$），步长为 1。

● 将 $C^2 = A^2 + B^2$ 作为判断弦数的条件。

● 因一个弦数有多种组合，如 $3^2 + 4^2 = 5^2$、$4^2 + 3^2 = 5^2$，为防止重复计数，当求出一个弦数 C 后应跳出二重循环，求下一个不同的弦数 C；如何强制跳出内、中循环而返回外循环求下一个弦数 C？方法很简单，只需使内循环变量 B 的值、中循环 A 的值大于其终值即可（这是一个技巧）。

● 用 $Count$ 作为计数器。

● 每行按分区格式显示 4 个弦数。

```
Dim A%, B%, C%, Count%
For C = 100 To 200
  For A = 1 To C - 1
    For B = 1 To C - 1
      If A ^ 2 + B ^ 2 = C ^ 2 Then
        Print C,
        Count = Count + 1
        If Count Mod 4 = 0 Then Print
        A = C           ' 强制结束内循环
        B = C           ' 强制结束中循环
      End If
    Next
  Next
Next
Print
Print "Count=" & Count
```

【例 3-59】求半超级素数。所谓半超级素数，就是一个 3 位的素数，去掉最低位还是素数。例如，317 是素数，去掉 7 后，31 还是素数，故 317 是半超级素数。

基本思路：用外循环将 3 位数穷举列出，判断每一个 3 位数是否为素数。若为素数，则将此 3 位数的最低位（即个位）去掉，再判断这个二位数是否为素数，若为素数，则 3 位数为素数。

（1）算法分析

● 用外循环将 3 位数穷举，考虑到 100～999 的偶数不是素数，只对奇数进行判断可加快判断速度。设循环变量为 X，初值为 101，终值为 999，步长为 2。

● 判断 X 是否为素数。

● 若 X 是素数，则把每一个素数 X 的低位去掉后赋给变量 $Y=X\backslash10$。

● 判断 Y 是否为素数。

● 若 Y 是素数，X 就是半超级素数。

● 采用标志判断法判断素数。

算法描述如图 3-48 所示，两个圆虚线框中的功能相同，都为判断素数。

（2）编程

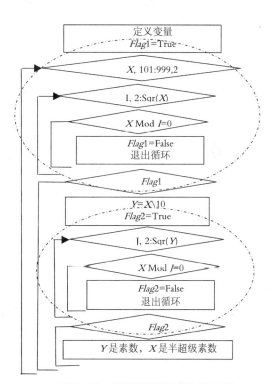

图 3-48　判断半超级素数的 PLD 图

```
Dim X, Y, I, J As Integer
Dim flag1, flag2 As Boolean
For X = 101 To 999 Step 2
  flag1 = True
  For I = 2 To Sqr(X)
    If X Mod I = 0 Then
      flag1 = False
      Exit For
    End If
  Next
  If flag1 Then
    Y = X \ 10
    flag2 = True
    For J = 2 To Sqr(Y)
      If Y Mod J = 0 Then
        flag2 = False
        Exit For
      End If
    Next
    If flag2 Then
      Print X, Y
    End If
  End If
Next
```

（3）讨论

● 若要求超级素数（超级素数是一个 3 位的素数，去掉个位是素数，去掉十位还是素数），如何修改程序？

● 程序中有两处功能相同的程序段，程序显得比较冗长。可将具有判断素数功能的程序编写成单独的子程序，通过调用判断素数子程序，使程序精炼。

【例 3-60】案件侦破。

公安局拘留了与某一案件有关的嫌疑人 A、B、C、D、E、F，对这 6 个人已掌握了如下线索。

（1）A、B 两人中至少一人参与作案。

（2）A、D 两人不可能是同案犯。

（3）A、E、F 3 人中至少有两人参与作案。

（4）B、C 两人或同时参与或同与本案无关。

（5）C、D 中仅有一个是罪犯。

（6）如果 D 没有作案，则 E 也不可能作案。

问：6 个人中哪些人参与了作案？

解：用"1"表示作案，用"0"表示没有参与作案。

（1）算法分析

● 用六重循环穷举 A、B、C、D、E、F 一切可能的情况。

● 将线索作为条件进行筛选，由于 6 个线索同时成立，需要用 And 连接。

对（1）线索有：A+B>=1。

对（2）线索有：A+D<>2。

对（3）线索有：A+E+F>=2。

对（4）线索有：B+C=2 OR B+C=0。

对（5）线索有：C+D=1。

对（6）线索有：D=0 and E=0。

（2）编程

```
Dim A%, B%, C%, D%, E%, F%
For A = 0 To 1
  For B = 0 To 1
    For C = 0 To 1
      For D = 0 To 1
        For E = 0 To 1
          For F = 0 To 1
            If (A + B >= 1) And (A + D <> 2) And (A + E + F >= 2) _
              And (B + C = 2 Or B + C = 0) And (C + D = 1) _
              And (D = 0 And E = 0) Then
                Print A, B, C, D, E, F
            End If
          Next F
        Next E
      Next D
    Next C
  Next B
Next A
```

练习题

一、选择题

1. 在窗体上画 1 个命令按钮，并编写如下事件过程。

```
Private Sub Command1_Click()
  For i = 5 To 1 Step -0.8
    Print Int(i);
  Next i
```

```
End Sub
```
运行程序，单击命令按钮，窗体上显示（　　　）。

    A. 5　4　3　2　1　1　　　　　　　　　B. 5　4　3　2　1

    C. 4　3　2　1　1　　　　　　　　　　D. 4　4　3　2　1　1

2. 假定有以下循环结构。

```
Do Until 条件表达式
    循环体
Loop
```

则以下描述正确的是（　　　）。

    A. 如果"条件表达式"的值是 0，则一次循环体也不执行

    B. 如果"条件表达式"的值不为 0，则至少执行一次循环体

    C. 不论"条件表达式"的值是否为"真"，至少要执行一次循环体

    D. 如果"条件表达式"的值恒为 0，则无限次执行循环体

3. 在窗体上画一个名称为 Command1 的命令按钮，然后编写如下事件过程。

```
Private Sub Command1_Click()
c=1234
c1=Trim(Str(c))
For i=1 To 4
Print _____
Next
End Sub
```

程序运行后，单击命令按钮，要求在窗体上显示如下内容。

1

12

123

1234

则横线处应填入的内容为（　　　）。

    A. Right(c1,i)　　　　B. Left(c1,i)　　　　C. Mid(c1,i,1)　　　　D. Mid(c1,i,i)

4. 执行下列程序段后，x 的值为（　　　）。

```
Dim x As Integer, i As Integer
x=0
For i= 20 To 1 Step-2
   x=x+i\5
Next i
```

    A. 16　　　　　　　　B. 17　　　　　　　　C. 18　　　　　　　　D. 19

5. 以下程序段

```
x=1
y=4
Do Until y＞4
   x=x*y
   Y=y+1
Loop
Print x
```

的输出结果是（　　　）。

    A. 1　　　　　　　B. 4　　　　　　　C. 8　　　　　　　D. 20

6. 下面程序计算并输出的是（　　　）。

```
a=10
s=0
Do
  s=s+a*a*a
  a=a-1
Loop Until a<=0
Print s
```

    A. $1^3+2^3+3^3+\cdots+10^3$的值   B. $10!+\cdots+3!+2!+1!$的值

    C. $(1+2+3+\cdots+10)^3$的值   D. 10 个 10^3的和

7. 阅读以下程序。

```
a=0
For j=1 To 15
  a=a+j Mod 3
Next j
Print a
```

程序运行后，在窗体中的输出结果是（　　　）。

    A. 105　　　　　　B. 1　　　　　　C. 120　　　　　　D. 15

二、填空题

1. 下列程序的输出结果为_____。

```
Dim a As Integer, s As Integer
n=9
Do
s=s+n
n=n-2
Loop While n>0
Print s
```

2. 运行以下程序段。

```
For I=1 to 3
  For J=5 to 1 Step -1
    Print I*J
  Next
Next
```

则语句 Print I*j 的执行次数是_____。

3. 运行以下程序段，输出结果为_____。

```
for  = 1 to 3
  for j= 1 to 5
    if  i*j >6 then
      exit for
    end if
  next
next
```

```
print i, j
```

4. 在窗体上画一个名称为 Command1 的命令按钮，然后编写下列事件过程。

```
Private Sub Command1_Click( )
c="ABCD"
For n=1 To 4
  Print_____
Next
End Sub
```

程序运行后，单击命令按钮，要求在窗体上显示下列内容。

D

CD

BCD

ABCD

则横线处应填入的内容为_____。

三、编程题

1. 用 for…next、do…loop 语句编程求 $S=18!+19!+20!$（提示：参考【例 3-34】）。

2. 用 for…next 、do…loop 语句编程求 $P=15!+17!+19!$ （提示：参考【例 3-34】）。

3. 用 for…next 、do…loop 语句编程求 $r=5!+8!+11!+14!+17!$（提示：参考【例 3-34】）。

4. 有一个 4 位数，它的前 2 位与后 2 位数之和的平方等于该 4 位数，如 $2025=(20+25)^2$，请用两种算法求该 4 位数。

5. 有一个分数序列：

$$\frac{2}{1}, \frac{3}{2}, \frac{5}{3}, \frac{8}{5}, \frac{13}{8}, \frac{21}{13}, \cdots$$

求出这个数列的前 20 项之和（按四舍五入的方式精确到小数点后第 2 位）。

6. 求数学式 $1-1/2+1/3-1/4+1/5-1/6+\cdots+1/99-1/100$ 的值（按四舍五入方式精确到小数点后 4 位）。

7. 已知 $S=1+1/(1+2)+1/(1+2+3)+\cdots+1/(1+2+3+\cdots+N)$ ，当 N 的值为 50 时，求 S 的值。要求：按四舍五入的方式精确到小数点后 4 位。

8. 所谓回文数，是从左至右或从右至左读起来都是一样的数，如 121 是一个回文数。编写程序，计算从 1981 年开始到 3000 年为止，共有多少个年号是回文数年号。

9. 求[1, 999]能被 3 整除，且至少有一位数字是 5 的所有正整数的个数。

10. 已知 Fibonacci 数列：1，1，2，3，5，8，…，它可由下面的公式表述。

F(1)=1 $n=1$

F(2)=1 $n=2$

F(n)=F($n-1$)+F($n-2$) $n>2$

试求 F(45)值（建议采用两种算法：不使用数组和使用数组求解）。

11. 设 $S=1+1/2+1/3+\cdots1/n$，n 为正整数，求使 S 不超过 10（$S\leq 10$）的最大的 n。

12. $\pi/2=1+1/3+1/3*2/5+1/3*2/5*3/7+1/3*2/5*3/7*4/9+\cdots$求 π（π 为圆周率)的最近值。当最后一项的值小于 0.0005 时停止计算。

13. 有一个台阶，如果每次走 2 阶，最后剩一阶；如果每次走 3 阶，最后剩 2 阶；如果每次走 4 阶，最后剩 3 阶；如果每次走 5 阶，最后剩 4 阶；如果每次走 6 阶，最后剩 5 阶；如果每次走 7 阶，刚好走完，求满足上述条件的最小台阶数是多少。

14. 梅森尼数是指能使 $2^n - 1$ 为素数的数 n，求[2，21]范围内有多少个梅森尼数（提示：参考【例 3-59】编程）。

15. 若两素数之差为 2，则称这两个素数为双胞胎数，求[2,100]中有多少对双胞胎数（提示：参考【例 3-59】编程）。

16. 若两个连续自然数的乘积减 1 后是素数，则称这两个连续自然数为友数对，该素数称为友素数。例如，由于 8*9-1=71，因此 8 与 9 是友数对，71 是友素数。求[100，200]中友数对的数目(提示：参考【例 3-59】编程)。

17. 求 [10，1000]中的所有完数之和。各真因子之和（不包括自身）等于其本身的正整数称为完数。例如，6=1+2+3，6 是完数。

18. 有以下趣味算术题。

$$
\begin{array}{r}
ABCD \\
+ \quad DAC \\
\hline
CDCA
\end{array}
$$

求 A、B、C、D 分别为多少？(提示：注意 A、B、C、D 的取值范围及所处的权重位。)

19. 不定方程式求解。求不定方程 $3X-7Y=1$，在 $|X| \leqslant 100$，$|Y| \leqslant 50$ 内整数解的组数，以及 $|X|+|Y|$ 的最大值。

20. 编写程序，求共有几组 i、j、k 符合算式 $ijk+kji=1333$，其中 i、j、k 是 0~9 中的一位整数。

21. 求 5 位数各位数字的平方和为 100 的最大 5 位数。

22. 若 (x,y,z) 满足方程：$x^2+y^2+z^2=55^2$（要求 $x>y>z$），则 (x, y, z) 称为方程的一个解。试求方程的所有整数解中，$|x|+|y|+|z|$ 的最大值。

PART 4

第4章
常用控件

【学习内容】

本章学习复选框、单选按钮、列表框、给合框、图片框、图像框、滚动条、计时器、框架等常用控件的基本属性、常用方法与事件。

4.1 选择控件

4.1.1 复选框（CheckBox）、选项按钮（OptionButton）

复选框也称为检查框，默认的名称为 CheckX。单击复选框后，出现☑图形表示选中，再次单击则取消选中，清除复选框中的"√"。可同时选中多个复选框；选项按钮也称为单选按钮，默认的名称为 OptionX，用于从一组互斥的选项中选取其一，●表示被选中，○表示未选中，选择其中一个后，该组中的其他项将自动变成未选择状态。在一组单选按钮中一次只能选择其中一个。

复选框和单选按钮的常用属性如下。

（1）Value：控件值属性。返回或改变复选框和单选按钮的选取状态。对于单选按钮，取值为 True 或 False，True 表示选中、False 表示未选中。复选框有 3 种取值，分别是：0 为默认值，表示未选中；1 为选中；2 为呈灰色，表示禁止，暂时不可用。

注意：复选框是否可用的属性为 Enabled，其 Value 值为 2 时，并不代表该复选框真正不可用。一般情况下，复选框的 Value 值为 2 时，应设置 Enabled 属性为 False。

（2）Alignment：标题的对齐方式。默认为 0，控件居左，标题居右。若设为 1，则标题居左，控件居右。

（3）Style: 设定复选框和单选按钮的显示方式。默认为 0，表示标准方式；为 1，则为图形方式，此时控件外观类似于命令按钮，但作用不同。该属性为只读属性。

复选框和单选按钮都可以接收 Click 事件，但通常不对它进行处理，以免引起副作用。

4.1.2 列表框（ListBox）

列表框默认的名称为 ListX。用户可以通过单击从列出的若干项目中任意选择某一项或多项。如果放入的项较多，超过了列表框设计时可显示的项目数，则系统会自动在列表框边上加一个垂直滚动条。列表框的高度不应少于 3 行。

列表框的常用属性如下。

（1）Text：控件值属性，该属性的值为最后一次选中的表项的文本，在属性窗口中不能设置 Text 属性，但是 Text 并不是只读属性。

（2）ListCount：记录列表框中数据项的数目，该属性只能在程序中引用。

（3）ListIndex：指被选中的项目在列表框中的位置顺序，第一项的值为 0，第二项为 1，以此类推。值域为[0，listcount−1]。若未选中任何项目，则 ListIndex=−1。该属性不能在设计时设置，只有程序运行时才起作用。

（4）List：列出表项的内容。它是保存了列表框所有表项值的数组，可以通过下标（从 0 开始，止于 ListCount−1）访问。可以通过属性窗口利用 List 属性添加项目，按 Ctrl+Enter 组合键可添加下一个项目。在程序代码中访问该属性的格式如下。

列表框名.List（下标）

下标的取值范围为 0，1，2，…，listcount−1。

注意：表示列表框当前项的两个方法效果相同，即 List1.Text=List1.List(List1.ListIndex)。

（5）Selected：是一个数组，格式为：列表框.Selected(索引值)，索引值是数组下标，取值范围为 0~ListCount−1 的整数。值为 True，表示已选中，为 False，则表示未选中。该属性也只能在程序中引用。例如，List1.Selected(1)=True，表示 List1 的第 2 项被选中。可以选择或取消指定的表项，格式为：列表框名.Selected(索引值)=True | False。

（6）Columns：设定列表框的列数。默认值为 0，表示呈单列显示列表项。取值为 1 时，列表框呈多行多列显示，大于 1 且小于列表框的项目数时，列表框呈单行多列显示。

（7）Sorted：表项是否按字母、数字升序排列。取值为 True 时，各列表项按字母、数字升序排列。否则，按录入顺序排列。

（8）MultiSelect：一次可以选择的表项数。为 0−None 时，每次只能选择一项。为 1−Simple 时，同时选择多项。为 2−Extended 时，按 Ctrl 键+单击，选择不连续的表项，按 Shift 键+单击，选择连续的表项。如果选择了多项，ListIndex 和 Text 只对应最后一次的选择值。

（9）SelCount：列表框所选择的项目数。

（10）Style：确定控件外观。0 表示标准形式。1 表示复选框形式。

列表框支持的常用方法如下。

（1）AddItem：在列表框中插入一行文本，格式为：

列表框.AddItem 项目字符串[,索引值]

如果省略索引值，则追加到列表框尾部。索引值表示插入的位置，取值范围为 0~ListCount−1。

（2）RemoveItem：删除列表框中指定的项目。格式为：

列表框.RemoveItem 索引值

索引值的取值范围为 0~ListCount−1。

（3）Clear：清除列表框的全部内容。格式为：

列表框.Clear

列表框可以响应的事件有单击（Click）和双击（DblClick）事件等，但很少使用。

【例 4−1】 如图 4−1 所示，画两个列表框，在窗体的 Load 事件中把表项内容追加到 list1 中。程序运行后，双击列表框 list1，将当前项移动到 list2 中，双击列表框 list2，将当前项移动到 list1 中。

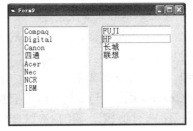

图 4-1　列表框表项的添加与删除

程序代码如下。

```
Private Sub Form_Load()
 List1.FontSize = 14
 List2.FontSize = 14
 List1.AddItem "IBM"
 List1.AddItem "Compaq"
 List1.AddItem "HP"
 List1.AddItem "FUJI"
 List1.AddItem "Digital"
 List1.AddItem "长城"
 List1.AddItem "联想"
 List1.AddItem "Canon"
 List1.AddItem "四通"
 List1.AddItem "Acer"
 List1.AddItem "Nec"
 List1.AddItem "NCR"
End Sub
Private Sub List1_DblClick()
 List2.AddItem List1.Text
 List1.RemoveItem List1.ListIndex
End Sub
Private Sub List2_DblClick()
 List1.AddItem List2.Text
 List2.RemoveItem List2.ListIndex
End Sub
```

4.1.3　组合框（ComboBox）

组合框的默认名称为 ComboX。它组合了文本框和列表框的功能。它可以像列表框一样，让用户通过鼠标选择所需要的项目；也可以像文本框一样，用输入的方式选择项目。

1．组合框的常用属性

组合框与列表框具有很多相同的属性，下面介绍组合框的特别属性。

（1）Style：决定组合框的类型。

Style=0，默认值，为下拉式组合框，可输入文本，下拉展开列表框。支持 DropDown 和

Change 事件。无 DblClick 事件。

　　Style=1，为简单组合框，由可输入的编辑区和非下拉列表框组成。不支持 DropDown 事件，但识别 DblClick 事件。

　　Style=2，为下拉式列表框，程序运行时不允许输入。支持 DropDown 事件。不能识别 DblClick、Change 事件。与下拉式组合框的区别在于它不能在文本框中输入内容。

（2）Text：控件值属性，用户选择表项的文本或直接输入编辑区的文本。

2. 组合框支持的方法

　　组合框支持的方法有：AddItem、Clear、RemoveItem，用法与列表框相同。

3. 组合框事件

　　Style 不同，支持的事件也不相同。单击组合框的下拉按钮，触发 DropDown 事件。组合框所响应的事件依赖于其 Style 属性，Style 为 0 和 2 的组合框可响应单击（Click）事件；Style 为 1 的组合框可响应双击（DblClick）事件。

【例 4-2】从组合框中选择计算机配置，在"立即"窗口中显示出来。

解：参照图 4-2（a）画出控件。根据表 4-1 设置各控件的属性。程序结果如图 4-2（b）所示。

（a）组合框设计界面

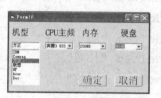
（b）组合框操作界面

图 4-2

表 4-1　控件属性

对象	属性	设置值
label1	caption	机型
Label2	caption	CPU 主频
Label3	caption	内存
Label4	caption	硬盘
Combo1	style	1
Combo2	style	2
Combo3	style	2
Combo4	style	0
Command1	caption	确定
Command12	caption	取消

程序代码如下。

```
Private Sub Command1_Click()
    Debug.Print "所选择的配置为："
    Debug.Print "机型："; Combo1
    Debug.Print "CPU："; Combo2
    Debug.Print "内存："; Combo3
    Debug.Print "硬盘："; Combo4
```

```
End Sub
Private Sub Command2_Click()
End
End Sub
Private Sub Form_Load()
    Combo1.AddItem "IBM"
    Combo1.AddItem "Compaq"
    Combo1.AddItem "方正"
    Combo1.AddItem "联想"
    Combo1.AddItem "HP"
    Combo1.AddItem "Acer"
    Combo1.AddItem "Dec"
    Combo2.AddItem "奔腾3 900"
    Combo2.AddItem "奔腾3 933"
    Combo2.AddItem "奔腾4 1.0G"
    Combo2.AddItem "奔腾4 1.2G"
    Combo2.AddItem "奔腾4 1.5G"
    Combo2.AddItem "奔腾4 1.7G"
    Combo2.AddItem "奔腾4 2.0G"
    Combo3.AddItem "64MB"
    Combo3.AddItem "128MB"
    Combo3.AddItem "256MB"
    Combo4.AddItem "10GB"
    Combo4.AddItem "20GB"
    Combo4.AddItem "32GB"
    Combo4.AddItem "40GB"
    Combo4.AddItem "60GB"
End Sub
```

4.2 图形控件

4.2.1 图片框（PictureBox）和图像框（Image）

VB 6.0 支持 .bmp、.ico、.wmf、.emf、.jpg、.gif 等格式的图形文件。图片框和图像框可以用于显示图片。图片框还可作为其他控件的容器或显示 Print 方法输出的文本。

图片框和图像框的默认名称分别为 PictureX、ImageX。图片框比图像框更灵活，且适用于动态环境，而图像框适用于静态环境，即不需要修改的位图、图标、Windows 元文件等。两者的主要区别是：图片框是容器控件，可以作为父控件，而图像框不能作为父控件。图片框可以通过 Print 方法接收文本，并可接收由像素组成的图形，而图像框无 Print 方法，也不能用绘图方法在图像框中绘制图形。图像框比图片框占用的内存小，显示速度快。在满足需要时优先考虑图像框。

图片框、图像框的常用属性如下。

（1）CurrentX、CurrentY：返回或设置窗体、图片框或打印机的下一次输出位置的横纵坐标。这两个属性只能在代码窗口中设置（运行时有效）。格式如下。

[对象名.]CurrentX[=x]

[对象名.]CurrentY[=y]

其中"对象名"可以是窗体、图片框或打印机。

Cls 使 CurrentX=0, CurrentY=0。

（2）Picture：控件值属性。该属性用于装入图片框的图形，图形文件可以在设计阶段通过设置 Picture 属性装入，也可以在运行期间通过 LoadPicture 函数装入。

在运行期间装入图形文件的格式如下。

[对象.]Picture=LoadPicture("文件名")

其中，文件名前可包括盘符和路径。例如，将图片"d:\image\spring.bmp"显示到图片框 Picture1 的语句如下。

Picture1.Picture = LoadPicture("d:\image\spring.bmp")

删除图片框中图形的代码为：[对象.]Picture=LoadPicture("") 或 LoadPicture() 或 LoadPicture。

例如，下面的语句将清空图片框 Picture1 中的图片。

Picture1.Picture = LoadPicture()

（3）Stretch：用于设置是否改变图像的大小，以与图像框的大小相适应。为 True 时，自动调整图像的大小，以与图像框大小相适应；为 False 时，自动调整图像框的大小，以与图像大小相适应。图片框无 Stretch 属性。

（4）AutoSize：用于确定图片框是否自动改变大小，以显示其全部内容，默认值为 False，此时保持控件大小不变，超出控件区域的内容被裁剪掉；值为 True 时，自动改变控件大小，以显示图片全部内容（注意：不改变图形大小）。

【例 4-3】画 3 个图片框，编程实现图片框 Picture1 和 Picture2 图像的对换。Picture3 在对换中起临时保存图片的作用，运行完毕时清空。

图 4-3　两个图片框对换图片

解：根据图 4-3 画 3 个图片框控件。程序代码如下。

```
Private Sub Form_click()
'交换位图
 Picture3.Picture = Picture1.Picture
 Picture1.Picture = Picture2.Picture
```

```
Picture2.Picture = Picture3.Picture
'把第三个图片框设置为空
Picture3.Picture = LoadPicture()
End Sub

Private Sub Form_Load()
'装入位图
Picture1.Picture = LoadPicture("3dlrsign.wmf")
Picture2.Picture = LoadPicture("money.wmf")
End Sub
```

说明："3dlrsign.wmf"和"money.wmf"这两个文件一般安装在"C:\Program Files\Microsoft Visual Studio\Common\Graphics\Metafile\Business"文件夹中。

4.2.2　形状（Shape）控件和直线（Line）

形状（Shape）控件和直线 Line 将在第 10 章图形操作中介绍。

4.3　其他控件

4.3.1　滚动条（ScrollBar）

滚动条用来附在窗口上帮助观察数据或用来确定位置，也可用来作为数据输入。滚动条分为水平滚动条和垂直滚动条两种，它们的默认名称分别为 HscrollX 和 VscrollX。两者除方向不同外，结构和操作均相同。在滚动条两端各有一个滚动箭头，在滚动箭头之间有一个滚动框。

滚动条的常用属性如下。

（1）Min 和 Max：用来设置滚动条的最小值（Min）和最大值（Max），取值范围为−32768~32767。Min 为滚动框位于最左（上）端时，Value 属性的取值。Max 为滚动框位于最右（下）端时，Value 属性的取值。设置 Min 和 Max 后，滚动条被分为 Max−Min+1 个间隔。滚动条的坐标系（刻度值 Min 到 Max 的直线）与滚动条的实际长度无关。

（2）Value 属性：用来表示滚动条的当前位置值，改变 Value 值可以移动滚动框的位置。取值范围为[Min,Max]。

（3）SmallChange 属性：单击滚动条两端的箭头时，Value 属性增加或减小的增量值。

（4）LargeChange 属性：每单击一次滚动框前面或后面的部位时，Value 属性增加或减小的增量值。

滚动条事件如下。

（1）Change 事件：当改变滚动框的位置（即改变 Value 值）后自动触发该事件。当单击滚动条两端箭头、拖动滚动框、单击滚动框前面或后面的部位时可能会产生 Change 事件。但是拖动滚动框不一定触发 Change 事件，原因是拖动滚动框回到出发的位置，即 Value 值不变，这时不会触发 Change 事件。

（2）Scroll 事件：在滚动条内拖动滚动框时会触发 Scroll 事件，它用于跟踪滚动条中的动态变化。

【例 4−4】建立一个应用程序，在窗体上添加一个图片框 Picture1 和一个垂直滚动条 VSroll1，通过属性窗口向 Picture1 中添加图片，如图 4-4 所示。在"设置属性"按钮中修改垂直滚动条的属性（Min=100，Max=2400，LargeChange=200，SmallChange=20），然后通过移动滚动条上的滚动块来放大或缩小 Picture1 的高度，程序运行界面如图 4-5 所示。

图 4-4　添加图片　　　　　　　　　　图 4-5　运行界面

程序代码如下。

```
Private Sub Form_load()                    '设置垂直滚动条的属性
    Me.VScroll1.Min = 200
    VScroll1.Max = 4500
    VScroll1.SmallChange = 20
    VScroll1.LargeChange = 200
End Sub
Private Sub VScroll1_Change()      '当滚动框位置发生变化时，改变图片框的高度
    Picture1.Height = VScroll1.Value
End Sub
```

为了动态跟踪拖动滚动框时滚动框位置的变化情况，可以添加以下事件过程。

```
Private Sub VScroll1_Scroll()    '当拖动滚动框时改变图片框的高度
    Picture1.Height = VScroll1.Value
End Sub
```

4.3.2　计时器（Timer）

计时器是按一定时间间隔自动触发事件的控件。程序运行后，计时器自动隐藏，运行中的窗体内看不见计时器，因此，计时器在窗体可随意放置，并且没有 Width 和 Height 属性。

计时器默认的名称为 TimerX。

计时器的属性如下。

（1）Enabled：是否可用，默认为 True。

（2）Interval：计时器事件 Timer 之间的时间间隔，以 ms 为单位，1s=1000ms，取值范围为 0~65535。

控件 Timer1 的 Timer 事件自动触发必须具备两个条件：Timer1.Enabled=True 和 Timer1.InterVal>0。

通过命令按钮的单击事件实现计时器 Timer1 反复启停的语句如下。

Timer1.Enabled=Not Timer1.Enabled。

计时器没有方法，只有 Timer 事件，计时器开始工作后，到达指定的 Interval 时间时，系统自动触发一个 Timer 事件。

【例 4-5】用随机函数编写考勤程序，要求班级号为 13~16，学号为 01~30，每隔 0.1s 生成一个新的班级和学号。设计一个命令按钮为考勤的启停开关。窗体的标题改为"模拟考勤"，保存窗体为 lx2-10.frm，如图 4-6 所示。

图 4-6　模拟考勤程序运动界面

按表 4-2 设置各对象的属性。

表 4-2　属性列表

对象	属性	设置值
Form1	Name	Frm1
Form1	Caption	模拟考勤
Label1	Caption	班级
Label2	Caption	学号
Text1	text	清空
Text2	text	清空
Command1	Caption	启停
Timer1	Enabled	Flase
Timer1	Interval	100

程序代码如下。

```
Private Sub Command1_Click()
    Timer1.Enabled = Not Timer1.Enabled
End Sub
Private Sub Timer1_Timer()
    Text1.Text = Int(Rnd * 4) + 13
    Text2.Text = Int(Rnd * 30) + 1
End Sub
```

4.3.3　框架（Frame）

框架默认的名称为 FrameX。框架是一个容器控件，用于将屏幕上的对象分组。例如，将单选按钮分组，每一个分组中都可以选中一个单选按钮。这种能够在其上放置其他控件对象的对象称为容器。窗体和图片框也是容器，容器内的所有控件成为一个组合，随容器一起移动、显示、消失和屏蔽。

只有把框架的 Enabled 属性设置为 Tue，才能保证框架内的对象是活动的。

把控件放到框架中必须先画框架，然后在框架内画出需要成为一组的控件，以保证框架内的子控件随框架一起移动。把框架外的控件拖动到框架内，不能成为框架的子控件，但可以通过剪贴板（按 Ctrl+X、Ctrl+V 组合键）把框架外的控件移动到框架内，成为框架的子控件。

在同一个窗体中建立几组相互独立的单选按钮，必须通过框架为单选按钮分组。否则只能选中一个，而不是每组都可以选中一个。

框架的常用属性为 Enabled 和 Caption 属性。Enabled 属性设置框架中的对象是否可用，默认值为 True，表示框架内的控件是可以操作的。Caption 属性设置框架的标题，位于框架的左上角，用于注明框架的用途。

在大多数情况下，使用框架控件对控件进行分组，没有必要考虑它的方法和事件。

框架的使用步骤如下。

（1）绘制框架控件，设计其 Caption 属性。

（2）在框架中绘制其他控件，如单选钮、复选框等，注意不能用双击的方式向框架中添加控件，必须单击工具箱上的控件，在框架中以拖拽的方式添加控件，框架内的控件不能被拖出框架外，也不能先画出控件再移动到框架。如果要用框架将窗体上现有的控件分组，则可先选定控件，将它们剪切后再粘贴到框架中。

【例 4-6】建立界面如图 4-7 和图 4-8 所示的应用程序。文本框用于显示演示文字，"字体名称"框架用于形成设置文字字体的选项按钮组合，"字体大小"框架用于形成设置字号的单选按钮组合。再画 3 个复选框。

图 4-7　添加控件　　　　　　　　图 4-8　运行效果

按表 4-3 设置各对象的属性。

表 4-3　对象属性设置

对象	属性	设置值
text1	text	全国计算机等级考试 NCRE
Frame1	Caption	字体名称
Frame2	Caption	字体大小
Option1	Caption	黑体
Option2	Caption	宋体
Option3	Caption	楷体
Option4	Caption	9
Option5	Caption	28
Option6	Caption	40
Check1	Caption	加粗
Check2	Caption	倾斜
Check3	Caption	下画线

程序代码如下。

```
Private Sub Check1_Click()
    If Check1.Value = 1 Then
        Text1.FontBold = True
    Else
        Text1.FontBold = False
    End If
End Sub
Private Sub Check2_Click()
    If Check2.Value = 1 Then
        Text1.FontItalic = True
    Else
        Text1.FontItalic = False
    End If
End Sub
Private Sub Check3_Click()
    If Check3.Value = 1 Then
        Text1.FontUnderline = True
    Else
        Text1.FontUnderline = False
    End If
End Sub
Private Sub Option1_Click()
    Text1.FontName = Option1.Caption
End Sub
Private Sub Option2_Click()
    Text1.FontName = Option2.Caption
End Sub
Private Sub Option3_Click()    '楷体的字体名称为"楷体_GB2312"
    Text1.FontName = Option3.Caption & "_GB2312"
End Sub
Private Sub Option4_Click()
    Text1.FontSize = Option4.Caption
End Sub
Private Sub Option5_Click()
    Text1.FontSize = Option5.Caption
End Sub
Private Sub Option6_Click()
    Text1.FontSize = Option6.Caption
End Sub
```

以上是 VB 中常用控件的主要属性、方法和事件，其他一些控件在本书的后续章节中逐步介绍。

练习题

一. 选择题

1. 在程序中可以通过复选框和单选按钮的（　　）属性值来判断它们的当前状态。

    A. Caption   B. Value   C. Checked   D. Selected

2. 设窗体上有一个图片框 Picture1，要在程序运行期间装入当前文件夹下的图形文件 File1.jpg，能实现此功能的语句是（　　）。

    A. Picture1.Picture="File1.jpg"

    B. Picture1.Picture=LoadPicture("File1.jpg")

    C. LoadPicture("File1.jpg")

    D. Call LoadPicture("File1.jpg")

3. 在图片框 Picture1 中装入了一个图形，为了清除该图形（不删除图片框），应采用的正确方法是（　　）

    A. 选择图片框，然后按 Delete 键

    B. 执行语句 Picture1.Picture=LoadPicture("")

    C. 执行语句 Picture1.Picture=""

    D. 选择图片框，在属性窗口中选择 Picture 属性条，然后按回车键

4. 设窗体上有名称为 Option1 的单选按钮，且程序中有如下语句。

If Option1.Value=True Then

下面语句中与该语句不等价的是（　　）。

    A. IF OPTION1.VALUE THEN   B. IF OPTION1=TRUE THEN

    C. IF VALUE=TRUE THEN   D. IF OPTION1 THEN

5. 在窗体上画两个单选按钮（名称分别为 Option1、Option2，标题分别为"宋体"和"黑体"）、1 个复选框（名称为 Check1，标题为"粗体"）和 1 个文本框（名称为 Textl，Text 属性为"改变文字字体"），窗体外观如图 4-9 所示。程序运行后，要求"宋体"单选按钮和"粗体"复选框被选中。以下能够实现上述操作的语句序列是（　　）。

    A. Option1.Value = False

        Check1.Value = True

    B. Option1.Value = True

        Checkl.Value = 0

    C. Option2.Value = False

        Checkl.Value = 2

    D. Optionl.Value = True

        Checkl.Value = 1

图 4-9　设计界面

6. 下面控件中，没有 Caption 属性的是（　　）。

    A. 复选框   B. 单选按钮   C. 组合框   D. 框架

二、填空题

1. 在运行时把 d:\pic 文件夹下的图形文件 a.jpg 装入图片框 Picture1，所使用的语句为 _____。

2. 为了能自动放大或缩小图像框中的图形，以与图像框的大小相适应，必须把该图像框的 Stretch 属性设置为_____。

3. 为了使复选框禁用（即呈现灰色），应把它的 value 属性设置为 _____。

4. 在窗体上画一个列表框，然后编写如下两个事件过程。

```
Private  Sub  Form_Click()
    List1.RemoveItem 2
    List1.RemoveItem 0
End  Sub


Private  Sub  Form_Load()
    List1.AddItem "A"
    List1.AddItem "B"
    List1.AddItem "C"
End  Sub
```

运行上面的程序，然后单击窗体，列表框中显示的项目为_____。

5. 在窗体上画一个文本框和一个图片框，然后编写如下两个事件过程。

```
Private  Sub  Form_Click()
    Text1.text="ABC "
End Sub
Private  Sub  Text1_Change()
    Picture1.Print "DEF"
End Sub
```

程序运行后，单击窗体，在文本框中显示的内容是_____，在图片框中显示的内容是_____。

PART 5

第 5 章
数 组

【学习内容】

VB 以基本数据类型为基础构造而成的构造数据类型主要包括数组、枚举型、记录类型等，本章主要介绍数组的定义和应用。

数组是有序的数据集合。数组中的元素通过下标来引用，具有成批操作的特点。在程序设计过程中，当解决问题的规模较小时，往往用简单变量来存储与处理。例如，存储 3 个字母 R、T、D 在字符串中出现的次数，用 *a*、*b*、*c* 3 个简单变量即可。但若是为存储 26 个字母出现的次数而创建 26 个不同的变量，显然是不合适的。此时就需要采用数组来实现存储和操作。

5.1 数组的概念

把一组具有同一名称、不同下标的下标变量称为数组。在其他高级语言中，同一数组的数组元素一般为同一类型，而在 VB 中，数组中的元素可以是不同的类型，当然也可以是相同类型。其一般格式为 A(n)，A 为数组名，n 是下标。每一个元素通过唯一的下标来标识自己。具有一个下标的数组称为一维数组，具有两个下标的数组称为二维数组，以此类推。

$$A (\ n \ )$$

数组名 ←———┘   └———→ 下标

例如，可以定义数组 n(26) 来存储字符串的字母 A～Z 的个数，其中 n(1) 代表 A 的个数，n(2) 代表 B 的个数，以此类推，n(26) 代表 Z 的个数。

一般而言，数组是指所有数组元素具有相同数据类型的数组，该类型称为数组的"基类型"。根据数组基类型的不同，数组可以分为：

数组 ┤ 变量数组 ┤ 静态数组（定长数组）
                └ 动态数组（不定长数组）
     └ 对象数组 ——— 控件数组

对于变量数组，根据它们在定义时是否确定了元素的个数可以分为静态数组和动态数组两种。

5.2 静态数组

5.2.1 静态数组的定义

数组必须先定义后使用，与要求变量声明 Option Explicit 设置无关。也就是说，即使没有执行 Option Explicit，数组也必须先定义，然后才能使用。定义数组是为了让计算机为其分配存储空间。而在定义时就能够确定其大小的数组称为静态数组，它的定义语句格式有两种：

格式 1：Dim | Static | Private| Public　数组名(下标上界[, 下标上界] ……)　[As 类型名称]

Dim 用于窗体模块、标准模块和过程中；Static 用于过程；Public 用于在标准模块定义全局数组。参数"下标上界"的个数，决定了数组的维数，参数之间用逗号隔开。只有一个下标时，称为一维数组。如果有两个下标，则表示是一个二维数组，以此类推。

下标下界默认为 0。通过 Option Base n 可以把下标的下界设为 1。n 只能是 0 或 1。Option Base n 只能出现在窗体层或模块层，不能出现在过程中，并且必须放在数组定义之前。

例如，Dim　A(10)　As　long 默认有 a(0),a(1)……a(10)共 11 个元素。如果先执行 option base 1

则数组没有 a(0)，只有 a(1),a(2)……，a(10)共 10 个元素。

格式 2：Dim | Static | Private| Public 数组名([下界 To] 上界[, [下界 To] 上界]…) [As 类型名称]

当下界为 0 或 1 时，可以省略"下界 To"。

例如：

Dim a(6 to 9) As Integer

Dim S(3，4) As Integer

第一条语句定义了一个一维整型数组 A，拥有 a(6),a(7),a(8),a(9)共 4 个数组元素，每个数组元素都均为整型；第二条语句定义了 4 行 5 列的二维数组（没有设置 option base 语句或设置了 option base 0），其逻辑结构如表 5-1 所示。

表 5-1　二维数组元素表

	第1列	第2列	第3列	第4列	第5列
第1行	S(0,0)	S(0,1)	S(0,2)	S(0,3)	S(0,4)
第2行	S(1,0)	S(1,1)	S(1,2)	S(1,3)	S(1,4)
第3行	S(2,0)	S(2,1)	S(2,2)	S(2,3)	S(2,4)
第4行	S(3,0)	S(3,1)	S(3,2)	S(3,3)	S(3,4)

当用 Dim 定义数组时，数值数组全部元素初始化为 0，而把字符串数组的全部元素初始化为空字符串。

数组某维的上界和下界分别是该维下标的最大和最小值。在定义静态数组时，维的上、下界必须是常数或常数表达式，不可以是变量，对于小数，VB 自动四舍五入。另外，上界和下界的取值必须满足上界≥下界。

数组各维的上、下界取值确定后，数组的大小也就确定了。数组的大小即该数组中包含元素的个数，也称为数组的长度。具体的计算方法为：

数组的大小=第一维大小×第二维大小×……×第 N 维大小

维的大小=维上界 − 维下界+1

上例中数组 S 的大小=（3-0+1）×[（4-0+1）]=4×5=20

所谓默认数组，就是数据类型为 Variant（默认）的数组。一般情况下，定义数组应指明其类型。例如：

Dim a(1 to 10) as string

定义了具有 10 个元素、类型为字符串的数组 a。如果改成：

Dima(1 to 10)

则 a 被定义为默认数组。它等价于：

Dima(1 to 10)　　As Variant。

默认数组的元素可以是不同的数据类型。

5.2.2　静态数组的操作

1．数组元素的引用

凡是简单变量出现的地方都可以用数组元素来代替。在引用数组时，只能对数组的每个元素个体进行操作。数组元素的引用形式如下。

数组名（下标表达式）

它的使用方法与简单变量大体一致，能进行所属类型允许的各种运算。

例如：

Option Base 1

Dim score(10)　　　　　　　　　　　'定义数组 score，有 10 个元素

score(10)=score(9)+score(8)　　　　'将数组中第 9 与第 8 个元素之和赋给第 10 个元素

数组元素在引用时，下标必须受建立数组时指定范围的限定，否则将出现"下标越界"的错误。如上例中不允许出现 score(0)，也不允许出现 score(11)。

2．数组的输入输出操作

（1）数组的初始化

数组的初始化，就是给数组的各元素赋初值。一般用 FOR 循环语句来实现数组的初始化。例如：

```
Dim A(20) As Integer        '该语句执行完毕，数组 A 的所有元素的值默认为 0
Dim i%
For i=0 To 20
Print A(i)                  '输出 21 个 0
Next i
For i=0 To 20
A(i)=i                      '将所有数组元素重新赋值
Next i
```

数组的每个元素都可以看作是一个普通的变量，如果定义了变量，系统会为它们赋予初值，数值型变量的初值为 0。因此，上例中在给数组 A 重新初始化之前，数组的每个元素值均为 0。

在用 For 循环语句逐个访问数组成员时，应注意 For 循环的循环变量值千万不能超出数组定义时的上下界范围，否则将产生越界错误。例如，在上述程序段运行时访问 A（21），就会出错，因为在 $k>20$ 时，不存在 A（k）这样的数组成员。为了防止出现这样的错误，可以用

For Each …Next 循环。

For Each …Next 循环类似于 For …Next 循环，但它只对一个数组或集合中的每个元素，重复执行一组语句。For Each/Next 语句的格式如下。

For Each 成员 In 数组

　　循环体

　　[Exit For]

Next [成员]

"成员"是一个变体变量，代表数组中的每个元素。"数组"是一个数组名，没有括号和上下界。重复的次数由数组中元素的个数确定。For Each 语句是循环入口，首次运行时，将变量指针指向数组中第一个元素。Next [成员]的两个作用为：将变量赋值为数组下一个元素的值；返回到 For Each。For Each 语句也是循环出口，当变量指针指向数组中的最后一个元素后，结束循环。不能在 For Each/Next 语句中使用用户自定义类型数据。

【例 5-1】在窗体上有一个命令按钮，然后编写下列事件过程。

```
option base 1
Private Sub Command1_Click( )
    Dim a(5) As String        '将数组a的a(1),a(2),……,a(5)共5个元素初始化为
空字符串
    For i=1 To 5
        a(i)=Chr(Asc("A")+(i-1))    'a(1)="A",a(2)="B",……,a(5)="E"
    Next i
    For Each b In a           'b为默认声明的变体变量，依次代表数组a的每一个元素
        Print b;
    Next
End Sub
```

程序运行后，单击命令按钮，输出结果是" ABCDE "。

（2）数组的输入

给数组元素赋值有以下多种方法。

① 如果只对少数元素赋值，则可直接用赋值语句赋值。例如：

```
Dim A(5)
A(0)=1
A(1)=7
A(3)=10
```

② 如果给大量连续的数组元素赋值，则一般通过 For 循环语句与赋值语句或 InputBox 函数配合使用来实现。例如：

```
Dim A(1 To 10) as Integer,B(1 To 10) As Integer
Dim i As Integer
For i=1 To 10
    A(i)=i*2-1
    B(i)=Inputbox("输入 B(" & I & ")的值")
NEXT i
```

③ 对于较大的数组，一般不用 InputBox 函数逐个输入数据，因为效率太低，而使用 Visual Basic 提供的 Array 函数一次性输入。用 Array 函数把一个数据集读入某个数组的格式如下。

数组变量名=Array(数组元素值列表)。

其中，"数组变量名"是变体变量名，无括号。数组下界受 Option Basen 语句指定下界的限制。下界默认为 0 或 1。"数组元素值列表"是用逗号隔开的赋给数组各元素的值。该函数创建的数组的长度与"数据列表"中数据的个数相同，若省略"数据列表"，则创建一个长度为 0 的数组。

定义变体变量 A 的 3 个方法为：Dim A as Variant；Dim A；不定义而直接使用（无 Option Explicit，否则必须先定义才能使用）。

注意：Array 函数只适用于一维数组。

例如：Dim A as variant

A=Array(1,2,3,4,5,6)

则 A(0)～A(5)的值分别为 1、2、3、4、5、6，无 A(6)。

如果设置了 Option base 1，则 a(0)不存在。A(1)～A(6)的值分别为 1、2、3、4、5、6。

（3）数组的输出

数组元素的输出与普通变量相似，可以使用 Print 语句将结果输出到窗体、图片框或"立即"窗口上，也可以输出到文本框或列表框等控件中。

【例 5－2】生成一个如下所示的矩阵，并按照矩阵元素的排列次序输出到图片框和文本框中。矩阵一般用二维数组表示，二维数组的输入和输出都要使用 For 循环来实现，一般外面的循环控制行的变化，内部的循环控制列的变化。程序运行界面如图 5-1 所示。

$$\begin{bmatrix} 21 & 22 & 23 & 24 \\ 25 & 26 & 27 & 28 \\ 29 & 30 & 31 & 32 \end{bmatrix}$$

程序代码如下。

```
Option Base 1
Dim a(3, 4) As Integer
Dim i As Integer, j As Integer
Private Sub Cmd1_Click()  '生成数组
    Dim k As Integer
    k = 20
    For i = 1 To 3
        For j = 1 To 4
            k=k+1
            a(i, j) = k
        Next j
    Next i
End Sub
Private Sub Cmd2_Click()  '输出到多行文本框
    For i = 1 To 3
```

图 5-1　例 5-2 程序运行界面

```
        For j = 1 To 4
            Text1.Text = Text1.Text & Str(a(i, j))
        Next
        Text1.Text = Text1.Text & Chr(13) & Chr(10) '控制换行
    Next
End Sub
Private Sub Cmd3_Click()'输出到图片框
    For i = 1 To 3
        For j = 1 To 4
            Picture1.Print a(i, j);
        Next j
        Picture1.Print  '控制换行
    Next i
End Sub
```

注意：上例中的 3 个命令按钮事件访问了同一个数组，因此，数组定义语句必须放到代码的通用声明处。文本框的 Multiline 属性必须设为 True，语句中的 Chr(13)和 Chr(10)分别代表回车符和换行符，也可以使用 vbCrLf 代替，程序中控制文本框换行的语句也可以使用以下语句。

Text1.Text = Text1.Text & vbCrLf

5.2.3　数组的常用函数及语句

同一个过程中的数组不能与变量同名。每一维的元素个数必须是常数。

1. LBound 函数

利用 LBound 函数可以返回数组指定维的下界值，其语法格式如下。

LBound（数组名[,维编号]）

例如，执行下面的程序段。

```
Private Sub Command1_Click()
    Dim a(10) As Integer, b(-1 To 2, 2 To 3) As Integer
    Print LBound(a); LBound(a, 1); LBound(b); LBound(b, 2)
End Sub
```

程序的运行结果如下。

0　0 -1　2

其中，LBound(a)和 LBound(a, 1)都是返回数组 a 的第一维下界，值为 0；LBound(b)返回数组 b 的第一维下界，值为 -1；LBound(b, 2)返回数组 b 的第二维下界，值为 2。

2. UBound 函数

利用 UBound 函数可以返回数组指定维的上界值，其语法格式如下。

UBound（数组名[,维编号]）

例如，执行下面的程序段。

```
Private Sub Command1_Click()
    Dim a(10) As Integer, b(-1 To 2, 2 To 3) As Integer
    Print UBound(a); UBound(a, 1); UBound(b); UBound(b, 2)
```

```
End Sub
```
程序的运行结果如下。
```
10  10  2  3
```
其中，UBound(a)和 UBound(a, 1)都是返回数组 a 的第一维上界，值为 10；UBound(b)返回数组 b 的第一维上界，值为 2；UBound(b, 2)返回数组 b 的第二维上界，值为 3。

3. Erase 语句

利用 Erase 语句可以重新初始化静态数组的元素，将数组的元素值恢复为默认值。其语法格式如下。

　　　　　Erase 数组名 1[,数组名 2,...]

【例 5-3】用以下程序验证 Erase 语句的功能。

```
Private Sub Form_Click()
    FontSize = 15
    Dim test(1 To 20) As Integer
    For i = 1 To 20
     test(i) = i
     Print test(i);
    Next i
    Erase test
    Print
    Print "Erase Test()"
    Print "Now the Array is filled with zeros..."
    For i = 1 To 20
     Print test(i);
    Next i
End Sub
```

程序运行结果如图 5-2 所示。

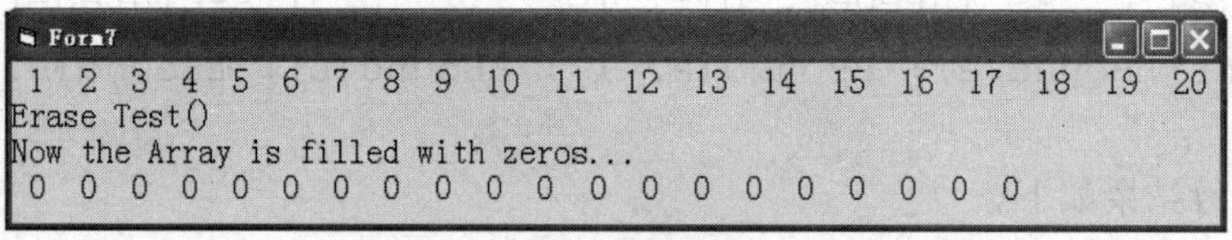

```
1 2 3 4 5 6 7 8 9 10 11 12 13 14 15 16 17 18 19 20
Erase Test()
Now the Array is filled with zeros...
0 0 0 0 0 0 0 0 0 0 0 0 0 0 0 0 0 0 0 0
```

图 5-2　例 5-3 程序运行结果

从程序运行结果中可以看出，在使用 Erase 语句后，整型数组 a 的所有元素的值都变成了默认值 0。另外，需要注意的是，当 Erase 语句作用于动态数组时，变成了释放动态数组的存储空间，因此，数组中元素的个数相应地变为 0。

5.3　动态数组

数组分为静态数组和动态数组。把需要在编译时开辟内存的数组叫作静态数组。把在使用过程中根据需要动态开辟内存的数组叫作动态数组。用数值常数或符号常量作为下标定维的数组是静态数组，用变量作为下标定维的数组是动态数组。

5.3.1 动态数组的定义

动态数组的定义分为以下两步。

（1）用静态数组的定义方法 Dim 或 Public 声明一个没有下标的数组（括号不能省略），其语法格式如下。

Dim | Static | Private| Public　数组名（）As　数据类型

例如：Dim TestVar()　As Integer　　　　　　'在窗体层或标准模块中声明

（2）在过程中用 ReDim 语句设置动态数组的维数和下标范围，其语法格式如下。

ReDim [Preserve] 数组名（index1 [,index2,index3,…]) [As　数据类型]

例如：ReDim TestVar(Size)　　　　　　　'在过程中定义，Size 为变量

说明：

（1）ReDim 语句与 Dim、Static、Private、Public 语句不同，它是一条可执行语句，只能出现在过程中。

（2）使用 ReDim 重新定义动态数组时，不能改变数组的数据类型，除非是 Variant 变量所包含的数组。

（3）ReDim 语句在程序中可以多次使用，变量可以出现在维界表达式中，数组的维数只能由第一个 ReDim 语句确定，以后的 ReDim 语句只能改变每维的大小（每个下标的范围）。

（4）使用 ReDim 语句时，数组中原有元素的值全部被置为默认值，为了保留数组中原有元素的值，可以在 ReDim 后加上 Preserve 参数，功能是不清除数组原内容。但是加上该参数后，就只能改变最后一维的大小。

【例5-4】用以下程序验证 Redim 语句的功能。

```
Option Base 1
Dim a() As Integer
Private Sub Command1_Click()
    Dim k As Integer, v
    For k = 1 To 4
        ReDim a(k)
        a(k) = k
    Next k
    For Each v In a
        Print v;
    Next v
End Sub
```

运行该程序，在窗体上打印的结果如图5-3所示。

图5-3　例5-4程序运行结果

将程序中的"ReDim a(k)"语句改成"ReDim Preserve a(k)"语句，运行结果如图5-4所示。

图 5-4 修改语句后的运行结果

两次运行结果表明，Preserve 参数起到保留数组中原有元素内容的作用。

5.3.2　动态数组的删除

前面讲到，数组清除和重定义的格式为使用"Erase 数组名[,数组名]"。对于静态数组来说，该格式用来重新初始化静态数组的元素。而对于动态数组而言，则是释放动态数组的存储空间（即删除动态数组）。格式中只给出数组名，不带括号和下标。

【例 5-5】用以下程序验证 Erase 语句删除动态数组的功能。

```
Option Base 1
Dim test() As Integer
Private Sub Form_Click()
    FontSize = 15
    ReDim test(1 To 20)
    For i = 1 To 20
     test(i) = i
     Print test(i);
    Next i
    Erase test
    Print
    Print "Erase Test()"
    Print "数组 test 已删除，下面的程序段将出现下标越界的错误"
    For i = 1 To 20
     Print test(i);
    Next i
End Sub
```

程序运行结果如图 5-5 所示。

图 5-5　例 5-5 程序运行结果

5.4 控件数组

控件数组是一组具有相同名称和相同类型的控件。控件数组的每个元素都有共同的 Name 属性值和一个唯一的索引号，即下标，用 Index 属性表示，取值从 0 开始，为只读属性，只可以在属性窗口中更改。控件数组的优点是它的每个控件共享相同的事件过程，而不必为每个控件编写类似的过程。控件数组中的各个元素具有相同的名称、类型和事件过程，但每个元素的属性值可单独设置。例如：

Sub Comtest_Click(Index As Integer) 'Comtest 为控件数组名，Index 参数对应数组下标

……

End Sub

1. 创建控件数组的步骤

建立控件数组的步骤如下。

（1）在窗体上画出控件数组的各个元素。

（2）将每个元素的 Name 属性依次改为相同的值。下标 Index 按更名顺序自动设置为 0、1、2……

2. 删除控件数组的元素

改变该元素的 Name 值，并把 Index 置空。

可以在程序代码中用 Load 语句添加控件数组的元素，用 Unload 删除数组中的某个控件。其操作方法请参阅相关资料。

3. 引用控件元素

引用控件数组元素的方法与普通数组元素的方法一样，均采用如下格式。

控件数组名（下标）

【例 5-6】控件数组的建立。

建立控件数组只要将窗体中同种类型控件的 Name 属性设置为相同即可。控件数组的下标通过对象的 Index 属性来体现。下面创建一个具有 3 个命令按钮的控件数组，如图 5-6 所示。创建方法如下。

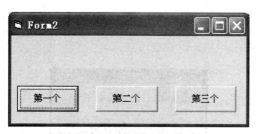

图 5-6 例 5-6 界面

（1）在窗体上创建一个命令按钮，设置 Name 属性为 Cmdarray，复制该按钮，在窗体中的适当位置粘贴 2 次。在第一次粘贴过程中，系统会弹出如图 5-7 所示的对话框，单击"是"按钮，建立一个控件数组的元素。从属性窗口中可以看出 3 个按钮的 Name 属性相同，都为 Cmdarray，只是 Index 值在第一个控件的基础上依次顺序加 1。当然也可以先画出 3 个命令按钮，再将它们的 Name 依次改为 Cmdarray，当改到第二个按钮时，同样会弹出该对话框。而 3 个命令按钮的 Index 属性值会依次自动变为 0、1、2。

图 5-7　创建控件数组对话框

（2）根据需要可修改各个控件的属性，如标题等，相关属性设置如表 5-2 所示。

表 5-2　控件属性设置

对象	属性项	属性值
CommandButton	Name Caption Index	Cmdarray 第一个 0
CommandButton	Name Caption Index	Cmdarray 第二个 1
CommandButton	Name Caption Index	Cmdarray 第三个 2

（3）根据需要对控件数组建立通用的事件过程。代码如下。

```
Private Sub Cmdarray_Click(Index As Integer)
    Select Case Index
     Case 0
      Print "单击了第一个按钮"
     Case 1
      Print "单击了第二个按钮"
     Case 2
      Print "单击了第三个按钮"
    End Select
End Sub
```

运行结果如图 5-8 所示。

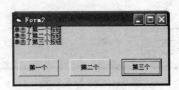

图 5-8　例 5-6 运行效果

5.5　数组的应用

5.5.1　应用数组排序

所谓排序，是指将一个无序序列整理成按值非递减（增）顺序排列的有序序列。排序的对象一般认为是顺序存储的线性表，在程序设计语言中用一维数组表示。冒泡排序法是一种基本的交换类排序法。它的基本过程如下。

　　首先，从表头开始往后扫描线性表，在扫描过程中逐次比较相邻两个元素的大小。如果是逆序，则交换。不断地将相邻两元素中较大的元素往右移动，最后最大的元素就"冒"到表的最右边，这就是最大值应有的位置。对剩余的 $N-1$ 个元素重复上述算法，直到找到第二小的元素为止。找到第二小的元素，当然最小的元素也就找到了。

　　【例 5-7】用冒泡排序法对数组 a(1 to 10) 的元素进行升序排列。

　　算法说明：相邻的元素进行比较，如果前面的元素比后面的元素大，则将它们进行交换。

　　具体思路：设在数组 a 中存放 n 个元素，第一轮，将 a(1) 和 a(2) 进行比较，若 a(1)>a(2)，则交换这两个元素的值，然后继续用 a(2) 和 a(3) 比较，若 a(2)>a(3)，则交换这两个元素的值，以此类推，直到 a(n-1) 和 a(n) 进行比较处理后，a(n) 中就存放了 n 个数中的最大数；第二轮，用 a(1) 与 a(2)，a(2) 与 a(3)，……，a(n-2) 与 a(n-1) 进行比较，处理方法相同，这一轮下来，a(n-1) 中存放 n 个数中第二大的数；……；第 $n-1$ 轮，a(1) 与 a(2) 进行比较处理，确保最小值在 a(1) 中。经过 $n-1$ 轮比较处理，n 个数已经按从小到大的顺序排列好。

　　程序代码如下。

```
Option Base 1
Private Sub Form_click()
   Dim a As Variant
   a = Array(45, 32, 100, 87, 95, 67, 88, 97, 55, 68)
   For i = 10 To 2 Step -1
    For j = 1 To i - 1
     If a(j) > a(j + 1) Then
      t = a(j): a(j) = a(j + 1): a(j + 1) = t
     End If
    Next j
   Next i
   For i = 1 To 10
     Print a(i)
   Next i
End Sub
```

5.5.2　应用数组解数列问题

　　运用数组元素可以方便地解数列问题。下面举例说明。

　　【例 5-8】程序改错题：已知一个数列的前 3 项为 0、0、1，以后每项为前 3 项的和，求此数列的第 36 项。

　　代码如下。

```
Option Base 1
Private Sub Command1_Click()
    Dim a(36) As Long
    Dim i As Integer
    a(1) = 0
```

```
    a(2) = 0
    a(3) = 1
    '下一行程序有错
    For i = 1 To 36         '改为 For i = 4 To 36
        a(i) = a(i - 1) + a(i - 2) + a(i - 3)
    Next i
    '下一行程序有错
    Print a(i)              '改为 Print  a(36) 或者 Print  a(i-1)
End Sub
```

程序运行结果为 334745777

【例 5 - 9】已知 Fibonacci 数列：1,1,2,3,5,8,…可由下面公式表示。

a(1)=1   if n=1
a(2)=1   if n=2
a(n)=a(n-1)+a(n-2)   if n>2

编程求 a(50)。

```
Private Sub form_Click()
  Dim a(1 To 50)
  a(1) = 1: a(2) = 1
  For i = 3 To 50
   a(i) = a(i - 1) + a(i - 2)
  Next i
  Print a(50)
End Sub
```

程序运行结果为 12586269025。

【例 5 - 10】将矩阵进行转置，如下所示。

$$\begin{bmatrix} 11 & 12 & 13 & 14 \\ 21 & 22 & 23 & 24 \\ 31 & 32 & 33 & 34 \end{bmatrix} \longrightarrow \begin{bmatrix} 11 & 21 & 31 \\ 12 & 22 & 32 \\ 13 & 23 & 33 \\ 14 & 24 & 34 \end{bmatrix}$$

算法说明：矩阵一般使用二维数组进行存储，而二维数组的输入和输出一般采用两重循环来控制数组的下标。分别用两个数组 A 和 B 存放转置前后的矩阵，从矩阵图中可以看出两个数组的规律，即 A(i,j)=B(j,i)。

程序代码如下。

```
Private Sub Command1_Click()
    Dim A(1 To 3, 1 To 4) As Integer
    Dim B(1 To 4, 1 To 3) As Integer
    Dim i As Integer, j As Integer
    Print " 初始数组 A: "
    For i = 1 To 3
```

```
            For j = 1 To 4
                A(i, j) = i * 10 + j
                Print A(i, j);
            Next j
            Print
        Next i
        Print "转置后数组B："
        For i = 1 To 4
            For j = 1 To 3
                B(i, j) = A(j, i) '转置就是将二维数组的行与列进行交换
                Print B(i, j);
            Next j
            Print
        Next i
    End Sub
```

练习题

一、选择题

1. 用下面语句定义的数组元素的个数是（　　　）。

Dim　A(−1 To 1, 1 To 2) As Integer

　　A. 6　　　　　　B. 7　　　　　　C. 8　　　　　　D. 9

2. 在窗体上画一个命令按钮（其名称为 Command1），然后编写如下代码。

```
    Private Sub Command1_Click()
        Dim a
        a=Array(1,2,3,4)
        i=3: j=1
        Do While i >=0
            s=s+a(i)*j
            i=i-1
            j=j*10。
        Loop
        Print s
    End Sub
```

　　运行上面的程序，单击命令按钮，输出结果是（　　　）。

　　A. 4321　　　　　　　　B. 123　　　　　　　　C. 234　　　　　　　　D. 1234

3. 下面正确使用动态数组的是（　　　）。

　　A. Dim arr() As Integer　　　　　　　　B. Dim arr() As Integer

　　……　　　　　　　　　　　　　　　　　……

　　ReDim arr(3,5)　　　　　　　　　　　ReDim arr(50)As String

C.　Dim arr()
　　……
　　ReDim arr()

D.　Dim arr(50) As Integer
　　……
　　ReDim arr(50) As Integer

4. 命令按钮 Command1 的单击事件过程代码如下。

```
Private Sub Command1_Click()
    Dim a(30) As Integer
    For i=1 To 30
        a(i)=Int(Rnd*100)
    Next
    For Each arrItem In a
        If arrItem Mod 7=0 Then Print arrItem;
        If arrItem>90 Then Exit For
    Next
End Sub
```

对于该事件过程，下列叙述中错误的是（　　）。

A.　a 数组中的数据是 30 个 100 以内的整数

B.　语句 For Each arrItem In a 有语法错误

C.　If arrItem Mod 7=0……语句的功能是输出数组中能被 7 整除的数

D.　If arrItem>90……语句的作用是当数组元素的值大于 90 时，退出 For 循环

5. 窗体上有一个名称为 Option1 的单选按钮数组，程序运行时，单击某个单选按钮，会调用下面的事件过程。

```
Private Sub Option1_Click(Index As Integer)
……
End Sub
```

下面关于此过程的 Index 参数的叙述中，正确的是（　　　　）。

A.　Index 为 1，表示单选按钮被选中，为 0，表示未选中

B.　Index 的值可正可负

C.　Index 的值用来区分哪个单选按钮被选中

D.　Index 表示数组中单选按钮的数量

6. 下面程序执行时，在窗体上显示（　　）。

```
Private Sub Command1_Click()
  Dim a(10)
  For k = 1 To 10
    a(k) = 11 - k
  Next k
  Print a(a(3) \ a(7) Mod a(5))
End Sub
```

A.　3　　　　　　　　B.　5　　　　　　　　C.　7　　　　　　　　D.　9

7. 在窗体上建立一个命令按钮 Command1，然后编写如下事件过程，运行程序，单击命令按钮，其输出结果是（　　　）。

```
Option Base 1
Private Sub Command1_Click()
    Dim A(10), P(3) As Integer
    Dim k, i As Integer
    k = 5
    For i = 1 To 10
       A(i) = i
    Next i
    For i = 1 To 3
        P(i) = A(i * i)
    Next i
    For i = 1 To 3
        k = k + P(i) * 2
    Next i
    Print k
End Sub
```

  A. 33   B. 28   C. 35   D. 37

8. 在窗体上画一个名为 Command1 的命令按钮，然后编写如下代码。

```
Option Base 1
Private Sub Command1_Click( )
    Dim a
    a = Array(1, 2, 3, 4)
    j=1
    For i=4 To 1 Step -1
        s=s+a(i)*j
        j=j*10
    Next i
    Print s
End Sub
```

运行上面的程序，其输出结果是（   ）。

  A. 1234   B. 12   C. 34   D. 4321

9. 在窗体上画 4 个文本框，如图 5-9 所示，用这 4 个文本框建立一个控件数组，名称为 Text1（下标从 0 开始，从左至右顺序增大），然后编写如下事件过程。

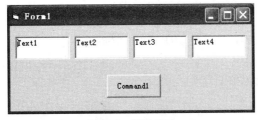

图 5-9 设计界面

```
Private Sub Command1_Click()
    For Each TextBox In Text1
        Text1(i) = Text1(i).Index
        i = i + 1
    Next
End Sub
```

程序运行后，单击命令按钮，4 个文本框中显示的内容分别为（   ）

A. 0　1　2　3

B. 1　2　3　4

C. 0　1　3　2

D. 出错信息

二、填空题

1. 在窗体上画一个命令按钮，其名称为 Command1，然后编写如下代码。

```
Option Base 1
Private Sub Command1_Click( )
    Dim Arr
    Arr=Array(43, 68, -25, 65, -78, 12, -79, 43, -94, 72)
    pos=0
    neg=0
    For k=1 To 10
        If Arr(k)>0 Then
            _____
        Else
            _____
        End If
    Next k
    Print pos, neg
End Sub
```

以上程序的功能是，计算并输出数组 Arr 中 10 个数的正数之和 *pos* 与负数之和 *neg*，请填空。

2. 下列程序的功能是：将一维数组 A 中的 100 个元素分别赋给二维数组 B 的每个元素并打印出来，要求把 A(1)~A(10)依次赋给 B(1,1)~B(1,10)，把 A(11)~A(20)依次赋给 B(2,1)~B(2,10)……把 A(91)~A(100)依次赋给 B(10,1)~B(10,10)，请填空。

```
Option Base 1
Private Sub Form_Click( )
    Dim i As Integer, j As Integer
    Dim A(1 To 100) As Integer
    Dim B(1 To 10, 1 To 10) As Integer
    For i=1 To 100
        A(i)=Int(Rnd*100)
    Next i
    For i=1 To _____
        For j=1 To____
```

```
            B(i,j)=_____
            Print B(i,j);
        Next j
        Print
    Next i
End Sub
```

3. 有下列程序。

```
Option Base 1
Private Sub Command1_Click( )
    Dim arr1
    Dim Min As Integer , i As Integer
    arr1=Array(12,435,76,-24,78,54,866,43)
    Min=_____
For i=2 To 8
    If arr1(i)<Min Then_____
Next i
Print"最小值是:";Min
End Sub
```

以上程序的功能是：用 Array 函数建立一个含有 8 个元素的数组，然后查找并输出该数组中各元素的最小值，请填空。

三．编程题

1. 编程打印如图 5-10 所示的杨辉三角形。

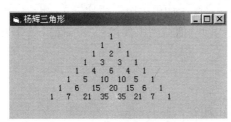

图 5-10　杨辉三角形

2. 输入一个字符串，统计其中 a～z 每个字符出现的次数（不区分大小写）。

3. 已知：$f(0)=f(1)=1, f(2)=0, f(n)=f(n-1)-2f(n-2)+f(n-3)$（$n>2$），编程求 $f(0) \sim f(50)$ 中 51 个值中的最大值。

4. 随机生成 20 个两位正整数组成一个数组，将其从大到小排序；现输入一个数，要求按排好序的规律将其插入数组中。

5. 斐波那契数列的前 2 项是 1、1，其后每一项都是前面两项之和，求 10 000 000 以内最大的斐波那契数。

第6章
过　程

【学习内容】

VB 的应用程序是由过程组成的。在第 1 章介绍的事件过程是由 VB 系统预先定义好的。有时候，多个不同的事件过程可能需要使用一段相同的代码，因此可以把这一段代码独立出来，作为一个过程。这样的过程叫作"通用过程"。在 VB 中，通用过程可以分为两种类型：子程序过程和函数过程。子程序过程和事件过程统称 Sub 过程。函数过程也叫 Function 过程。

6.1　Sub 过程

在 VB 中有两种 Sub 过程：事件过程和子程序过程。

6.1.1　事件过程

VB 具有事件驱动的编程机制。所谓事件，就是 VB 预先定义的能被对象（窗体和控件）识别的动作。事件可以由用户产生（如单击鼠标或按键），也可以由系统产生（如定时事件）。用户可以为一个事件编写代码，从而得到事件过程。事件过程分为窗体事件过程和控件事件过程两种。

1. 定义窗体事件过程

定义窗体事件过程的格式如下。

```
Private Sub Form_事件名[(参数列表)]
    语句

End Sub
```

说明：

（1）窗体事件过程名由 Form、下画线和事件名组成。尽管窗体有各自的名称，但在窗体事件过程名中不使用自己的名称，而是统一使用 Form。

（2） Private 表示该事件过程是私有的（局部的），不能在它自己的窗体模块之外被调用。它的使用范围是模块级的，在该窗体模块之外是不可见的。

（3）事件过程有无参数，由 VB 所提供的具体事件本身决定，用户不可以随意修改。

例如，在运行程序时，如果希望触发文本框的键盘事件 keypress，则对应的事件过程如下。

```
Private Sub Text1_KeyPress(KeyAscii As Integer)
    If KeyAscii = 13 Then    Print "OK"
End Sub
```

以上代码的含义是：在运行程序时如果按回车键，则输出"OK"。

2．定义控件事件过程

定义控件事件过程的格式如下。

```
Private Sub 控件名_事件名[(参数列表)]
    语句
End Sub
```

说明：

（1）过程名由控件名、下画线和事件名组成。组成控件事件过程名的控件名必须与窗体中的某个控件相匹配，否则 VB 认为它是一个通用过程。

（2）Private 表示该事件过程是私有的（局部的），属于包含它的窗体模块。

例如，在窗体中放置一个名为 Command1 的命令控件，它对应事件的过程如下。

```
Private Sub Command1_Click()
    Command1.Left = Command1.Left + 2000
End Sub
```

每单击一次 Command1，它就向右移动 2000Twip。

3．建立事件过程

建立事件过程的步骤如下。

（1）打开代码编辑器窗口。

（2）找到某一对象的相关事件，显示相应事件过程模板。

（3）在 Private Sub 与 End Sub 之间键入代码。

（4）保存窗体文件及工程文件。

6.1.2　子程序过程

在程序设计时，如果完成一定功能的程序段在程序中重复出现多次，这些重复的程序段语句代码相同，只是处理的数据不同，那么可以把程序段分离出来，设计成一个具有一定功能的独立程序段，即通用过程。通用过程分为子程序过程和 Function 过程。

通用过程分为公有（Public）过程和私有（Private）过程两种。公有过程可以被应用程序中的任意过程调用，而私有过程只能被同一模块中的过程调用。可以将通用过程放入窗体模块、标准模块或类模块中。

1．通用 Sub 过程的定义

通用 Sub 过程的定义格式如下。

```
[Static] [Private] [Public] Sub 过程名[(参数表列)]
    [局部变量和常数声明]
    语句块
    [Exit Sub]
    语句块
End Sub
```

说明：

（1）在省略前面可选项的情况下，通用 Sub 过程以 Sub 语句开头，结束于 End Sub 语句。二者之间的部分称为子程序体或过程体。

（2）Private：表示 Sub 过程是模块级的私有过程，只能被本模块中的其他过程访问，不能

被其他模块中的过程访问。Public：在标准模块定义的 Sub 过程为公有过程，可以在程序的任何地方调用它。若省略 Private|Public，则默认为 Public。

（3）Static：定义过程中的局部变量是 Static 型的，即每次调用过程时，局部变量的值保持不变。Static 表示过程内部定义的局部变量为"静态"变量，变量值在整个程序运行期间不变。

（4）过程的命名规则与变量命名规则相同，但应注意不要与同一模块中的变量同名。过程名不能被赋值。

（5）参数列表中的参数称为形式参数，简称形参，它可以是变量名或数组名。若有多个参数，则各参数之间用逗号分隔。VB 的过程可以没有参数，但一对圆括号不可以省略。不含参数的过程称为无参过程。形式参数的格式如下。

[ByVal][ByRef] 变量名[( )] [As 数据类型]

ByVal 表明其后的形参是按值传递参数，若用 ByRef 或省略，则表明参数是按地址传递的或称为引用。

变量名后无括号表示形参为变量，有括号表示形参为数组。

As 数据类型用来说明变量类型，若省略，则表示形参为变体型（Variant）。若形参的类型说明为 String，则只能是不定长的。在调用该过程时，对应的实在参数（简称实参）可以是定长的字符串型变量或字符串数组元素，若形参是数组则无限制。

（6）程序执行到 Exit Sub 语句时，退出过程。

（7）Sub 过程不能嵌套定义，即在 Sub 过程中不可以再定义 Sub 过程或 Function 过程，但可以嵌套调用。

2．通用 Sub 过程的建立

建立通用 Sub 过程的步骤如下。

（1）建立过程框架

方法 1：在"代码编辑器"窗口中的"对象"列表框中选择"通用"，在"代码编辑器"窗口的文本编辑区空白行处键入过程关键字和过程名；按回车键系统自动添加 End Sub。

方法 2：单击"工具"菜单的"添加过程"命令，打开"添加过程"对话框。在对话框中输入过程名称并设置"类型"为"子程序"，设置过程的应用范围，然后单击"确定"按钮，如图 6-1 所示。

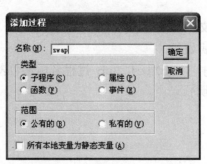

图 6-1 "添加过程"对话框

（2）在过程中编写该过程的程序代码，下面通过例子说明。

【例 6-1】编写任意两个整数对换的通用过程。

```
Private Sub swap(byval a as integer, byval b as integer)
    Dim t as integer
```

```
    t = a :a=b:b=t
End Sub
```

6.1.3　Sub 过程的调用

事件过程是通过事件驱动系统自动调用的，而通用的 Sub 过程必须通过调用语句实行调用。在调用程序中，程序执行到调用子程序的语句后，系统就会将控制转移到被调用的子过程。在被调用的子过程中，从第一条 Sub 语句开始，依次执行其中的所有语句，当执行到 End Sub 语句后，返回主调程序的断点，并从断点处继续程序的执行。调用子程序的执行流程图如图 6-2 所示。

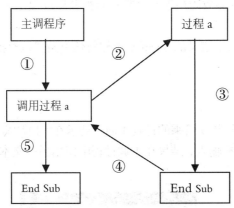

图 6-2　调用子程序的执行流程图

过程的调用可以嵌套，调用形式如图 6-3 所示。

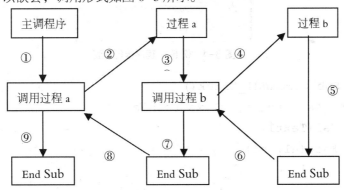

图 6-3　子程序嵌套调用流程图

调用 Sub 过程有以下两种方式。

（1）使用 Call 语句。

   Call　过程名[(实际参数表)]

（2）直接用过程名，相当于把过程作为一个语句使用（去掉关键字 Call 和实际参数的括号）。

过程名　[实参 1[,实参 2,...]]

例如：Call Tryout(a,b)

   等价于

   Tryout a,b

Sub 过程不能嵌套书写，即 Sub 过程内不能定义 Sub 过程或 Function 过程。不能用 Goto

语句进入或转出 Sub 过程，但 Sub 过程可以嵌套调用。

说明：

（1）形参对应的内存单元在过程未被调用时是不存在的。当主调过程中执行调用过程语句时，程序流程转向被调用过程的代码，此时系统临时给形参变量分配内存单元，同时使形参变量得到具体值。被调过程执行完后，形参变量的内存单元被释放，此时形参变量又不存在了。再次被调用时，系统重新分配新的临时存储单元；

（2）实参是传送给被调用的 Sub 过程的变量名、数组名、常量或表达式。在一般情况下，实参的个数、位置和类型应与被调用过程的形参相匹配；

（3）有多个参数时各参数间用逗号分隔；若被调用过程是一个无参过程，则过程名后面的内容可以省略。

例如，调用［例6-1］定义的 Swap 子过程将任意两整数对换，可以使用以下语句。

```
Call swap(2,3)
```
或
```
swap 2,3
```

【例6-2】设计一个求 n 阶乘的过程 Fact，要求在"计算"命令按钮的单击事件过程中调用该过程，n 值通过文本框输入，结果在主调过程中使用另一文本框输出。程序运行界面如图6-4所示。

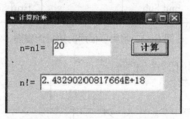

图6-4　例6-2程序运行界面

```
Private Sub Command1_Click()
    Dim n1 As Integer, s1 As Double
    n1 = Val(Text1)
    Call Fact(n1, s1)
    Text2 = s1
End Sub
Private Sub Fact(ByVal n As Integer, s As Double)
    Dim i As Integer
    s = 1
    For i = 1 To n
        s = s * i
    Next i
End Sub
```

Fact 是求正整数 n 阶乘的 Sub 过程，它有两个形式参数：一个是传值参数 n，另一个是传址参数 s。在事件过程 Command1_Click 中，将从文本框 Text1 输入的数据赋值给变量 $n1$，并以 n1 和 s1 作为实参调用 Fact 过程；因双精度型变量 $s1$ 与传址参数 s 结合，所以 s1 接收过程返回的计算结果，并将结果显示在文本框 Text2 中。

请读者思考：形参与实参名称可否相同？形参 n 可否改用传地址方式？

6.2　Function 过程

VB 的函数分为内部函数和自定义函数两种，内部函数是系统预先编制好的函数过程，用户可以直接调用，如 Sqr、Int 等，用户自定义函数通过 Function 过程实现。

6.2.1　Function 过程的定义

与 Sub 过程相同，Function 过程可以定义在窗体模块或标准模块中，其定义形式如下。

[Private | Public] [Static] Function　函数名([参数列表]) [As　数据类型]

　　　　[局部变量和常数声明]

　　　　　　[语句块]

　　　　[函数名=表达式]

　　　　[Exit Function]

　　　　[语句块]

　　　　[函数名=表达式]

End Function

说明：

（1）Function 和 End Function 之间的内容称为函数体；

（2）"As 数据类型"用于说明函数返回值的数据类型，如果省略，则返回变体类型的函数值；

（3）在函数体内，可以像使用简单变量一样使用函数名；

（4）函数的返回值通过函数名返回，方法是在函数体内使用"函数名=表达式"，省略给函数名赋值的语句，则返回对应类型的默认值；

（5）程序执行到 Exit Function 语句时，退出 Function 过程，返回调用点；

（6）在 Function 过程内部不得再定义 Sub 过程或 Funciton 过程。

Function 过程的建立方法与 Sub 过程的建立方法相似，可以在代码窗口中直接输入代码来建立 Function 过程，也可以选择"工具"菜单中的"添加过程"命令来建立 Function 过程（选择"函数"类型）。

【例 6-3】编写求两个正整数的最大公约数的函数过程。

代码如下：

```
Private Function Gcd(ByVal a As long, ByVal b As long) As Integer
    Do
        r = a Mod b
        a = b
        b = r
    Loop Until r = 0
    Gcd = a
End Function
```

6.2.2　Function 过程的调用

调用函数过程与调用 VB 内部函数的方法一样，即写出函数名称和相应的实在参数。

调用 Function 过程的形式如下。

函数过程名([实在参数表])

说明：

（1）与调用 Sub 过程不同，在调用 Function 过程时，即使调用无参函数，也必须给参数加上括号；

（2）如果不需要函数的返回值，则可以像调用 Sub 过程那样调用 Function 过程。

Call　函数过程名([实在参数表])

过程名　[实参 1 [，实参 2，…]]

【例 6-3】定义了求两个正整数的最大公约数的函数过程 Gcd，下面在 Form_Click 事件过程中调用 Gcd 函数过程。

```
Private Sub Form_Click()
    Dim m As long, n As long, g As Integer
    m= InputBox("输入 m")
    n= InputBox("输入 n")
    g = Gcd(m,n)
    Print m; "和"; n;  "的最大公约数是："; g
End Sub
```

由于在定义函数 Gcd 时，它的两个形参 a 和 b 被指定为"传值"参数，所以尽管 a、b 两个形参的值在函数 Gcd 中被改变，但返回主调程序时，它们对应的实参 m 和 n 仍保持原值不变。

6.2.3　调用其他模块中的过程

VB 的代码存储在模块中。模块有窗体模块、标准模块和类模块 3 种类型。

简单的应用程序可以只有一个窗体，应用程序的所有代码都驻留在窗体模块中。但是，应用程序庞大复杂时，就有多个窗体，即包括多个窗体模块。若多个窗体模块中有功能类似的代码段，则可将其组织在标准模块中。

过程名由用户指定，在同一标准模块或同一窗体模块中，不允许出现重复的过程名，但在不同的模块中可以重名。

1．窗体模块（.frm）

窗体模块是 VB 应用程序的基本组成部分，用于建立应用程序的用户界面。窗体模块可以包括事件过程、通用过程、变量说明等。写入窗体模块的代码是该窗体所属的具体应用程序专用的；若窗体中的对象含有二进制属性，则保存该窗体时，自动生成同名的二进制数据文件（.frx）。

窗体模块可调用在该应用程序内其他窗体模块中定义的公共过程，但在调用时必须加上这个窗体的窗体名，调用格式如下。

Call　窗体模块名(即窗体名).过程名(参数表)

2．标准模块（.bas）

标准模块相当于用户的程序库，用户可以将常用的函数和过程在模块文件中定义为公用代码，在窗体模块的事件代码中调用在标准模块中定义的公用代码。例如，可以把常用的重点算法（如冒泡排序、二分查找等）放在一个标准模块中，当以后的编程中涉及此类操作时，可把此模块添加到工程中，提高编程效率。

建立标准模块是通过在工程中添加模块，然后编写模块的相关代码实现的。在标准模块中定义的公共函数或过程可以在所有窗体中直接调用，无须加上模块名，但如果过程名不是唯一的，则在调用时必须加上模块名，调用形式如下。

标准模块中的公用过程

无同名过程时：

Call　过程名(参数表)

有同名过程时：

Call　标准模块名.过程名(参数表)

3．类模块（.cls）

类模块用来创建对象实例的模板，相当于用户的自定义对象库。

添加类模块的方法：工程中添加类模块。

6.3　参数传递

定义过程（Sub）或函数（Function）时，出现在形参表中的变量名、数组名称为形式参数。形参给出传递到过程（函数）中的值在过程（函数）中的表现形式。过程在被调用之前，并未为形参分配内存。形参可以是：

（1）除定长字符串变量之外的合法变量名；

（2）后面跟有左右圆括号的数组名。

实参是在调用 Sub 或 Function 过程时，传递给相应过程的变量名、数组名、常量或表达式。

过程调用实际上就是实参与形参相匹配的过程，称为参数传递。在过程调用传递参数时，形参表与实参表中的对应变量名，可以不必相同，因为"形实结合"是按对应"位置"结合，而不是按名称结合。

6.3.1　参数传递方式

在 VB 中参数值的传递方式有两种：按值传递（passed by value）和按地址传递（passed by reference）。

1．传值方式

（1）实参是变量

主调过程的实参占据一定的存储单元，定义被调过程时，形参前加 ByVal 说明是按值传递的。调用过程时，VB 给形参分配临时存储单元，并将实参值复制给形参。如果在被调过程中改变了形参的值，则不会影响实参的值。按值传递参数，传递的只是实参变量的副本，过程中改变形参值，只影响副本。例如：

```
Private Sub Command1_Click()
    Dim a%, b%
    a = 7: b = 11
    Print "调用过程前"; "a="; a, "b="; b
    Call swap(a, b)
```

```
    Print "调用过程后"; "a="; a, "b="; b
End Sub
Sub swap(ByVal x%, ByVal y%)
    t = x: x = y: y = t
    Print "形参的变化"; "x="; x, "y="; y
End Sub
```

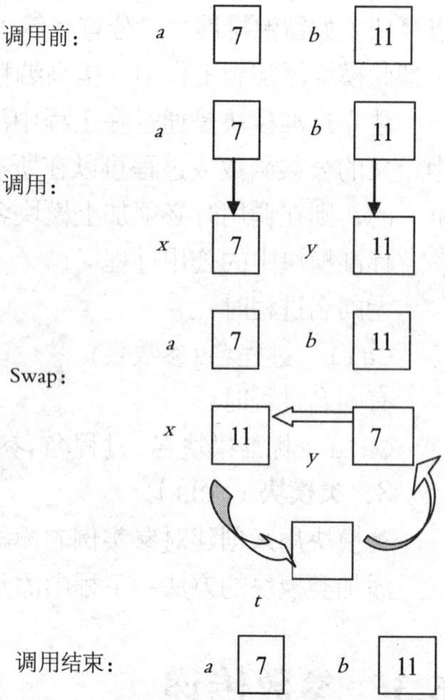

传值过程如图 6-5 所示。

（2）实参是常量或表达式

当实参是常量或表达式且为传地址方式时，VB 自动用"按值传递"的方式进行处理；按值传递时，如果数据类型不统一，则 VB 自动进行数据转换（向形参看齐）。

```
Private Sub Form_Click()
    Dim s As Single
    s = 125.5
    Call convert((s), "12" + ".5")
End Sub
Private Sub convert(inx As Integer, sing As Single)
    inx = inx * 2
    sing = sing + 23
    Print "inx="; inx, "sing="; sing
End Sub
```

图 6-5 参数传递-传值

运行上述程序，执行 Call convert((s), "12" + ".5")语句时，调用 convert 过程，VB 首先将单精度型实参变量 s 转换为表达式，再将单精度型表达式值强制转换成整型值，然后传递给整型形参 inx，因此 inx 的初值为 126。接着计算字符串表达式""12" + ".5""的值，得到字符串"12.5"，然后将其转换成单精度型的值 12.5，再传递给形参 sing。程序的输出结果如下。

    inx=252，sing=35.5

2．按地址传递方式

通过调用函数可以得到一个返回值，而利用地址传递参数的方式也可以通过过程调用来改变实参变量的值，尤其是当需要返回多个数据时，地址传递非常方便。在形参前加 ByRef 或传递方式表明是按地址传递的，形参与实参共享同一存储单元，过程中如果改变形参的值，则实参的值也发生变化。

注意：当实参是变量时，如果形参规定了类型，则实参类型必须与形参类型保持一致。

例如，把上述例题中 Swap 过程中的传值方式改为传地址方式。

```
Private Sub Command1_Click()
    Dim a%, b%
    a = 7: b = 11
    Print "调用过程前"; "a="; a, "b="; b
    Call swap(a, b)
```

```
        Print "调用过程后"; "a="; a, "b="; b
End Sub
Sub swap(x%, y%)
        t = x: x = y: y = t
        Print "形参的变化"; "x="; x, "y="; y
End Sub
```

调用前:　　　a 7　　b 11

调用:　　　a 7　b 11
　　　　　x 　 y

Swap:　　a 11 ← → 7 b
　　　　　x 　 y
　　　　　　　t

调用结束:　a 11　b 7

参数传递过程如图 6-6 所示。

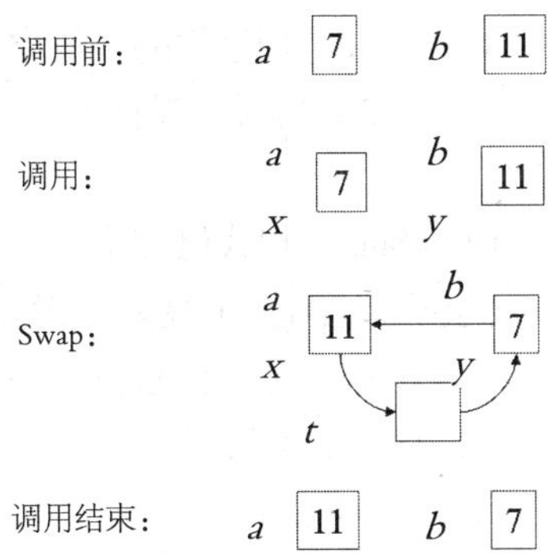

图6-6　参数传递－传地址

6.3.2 数组参数的传递

在一个过程中可以使用数组元素作为实参，也可以使用数组名作为实参，下面分别进行介绍。

1. 形参是普通变量，实参是数组元素

【例 6-4】编写判断某正整数是否为素数的函数过程。在调用过程中找出 20 以内的素数。

```
Function Prime(x As Integer) As Boolean
For i = 2 To Sqr(x)
        If x Mod i = 0 Then
        Exit Function          '若 x 为非素数，则退出函数过程，Prime 的值为 False
    End If
Next i
    Prime = True
End Function
Private Sub Command1_Click()
    Dim a(2 To 20) As Integer, count As Integer
    Print "20 以内的素数包括: "
    For i = 2 To 20
        a(i) = i
        If IsPrime(a(i)) Then
            Print a(i);
            count = count + 1
            If count Mod 5 = 0 Then Print
        End If
Next i
End Sub
```

2. 形参是数组名，实参也必须是数组名

声明数组参数的格式如下。

　　形参数组名() [As 数据类型]

（1）形参数组只能是按地址传递的，形参与实参的数据类型必须保持一致。

（2）形参是数组名，不指定数组的具体维数，但必须保留圆括号。

（3）实参是数组名，数组名后可带圆括号，通常省略圆括号。

（4）数组形参的下标和维数由数组实参决定，即形参数组在被调用前，下标上下界是不

确定的，在被调用过程的代码中可以用 Lbound 和 Ubound 函数求得。

【例 6-5】编写过程把一个数组中的 10 个整数（假设从 1~10）倒置存放，用数组作为参数。

通用 Sub 过程代码如下。

```
Sub Swap(A() As Integer)
  Dim i As Integer,t As Integer
  For i=1 To 5
   t=A(i)
   A(i)=A(11-i)              '将 A(1)与 A(10),A(2)与 A(9),…,A(5)与 A(6)互换
   A(11-i)=t
  Next i
End Sub
```

在窗体上创建一个命令按钮，然后编写如下事件过程。

```
Private Sub Command1_Click()
  Dim i As Integer
  Dim B(1 To 10) As Integer
  Print "初始状态："
  For i = 1 To 10
    B(i) = i
    Print B(i);
  Next i
  Print                         '换行
  Swap B( )
  Print "倒置后的状态："
  For i = 1 To 10
    Print B(i);
  Next i
End Sub
```

运行程序，单击命令按钮，运行结果如图 6-7 所示。

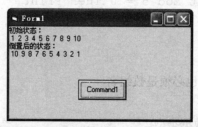

图 6-7　［例 6-5］数组参数程序运行结果

6.3.3　可选参数和可变参数

1．可选参数

在过程的形参定义前加上 Optional 关键字，则此过程的参数是可选的，表示在调用过程

时，可以提供实参，也可不提供实参，如果不提供实参，则使用默认值。若指定了可选参数，则参数列表中此参数后的其余参数均为可选的。

在过程体中通过 IsMissing 函数测试调用时是否传送了可选参数。可选参数必须放在参数表的最后，且为 Variant 型。如果没有向可选参数传送实参，则 IsMissing 函数的返回值为 True，否则返回 False。

【例 6-6】可选参数程序举例。

```
Sub multi(fir As Integer, sec As Integer, Optional third)
    n = fir * sec
    If Not IsMissing(third) Then
     n = n * third
    End If
    Print n
End Sub
Private Sub Form_click()
   FontSize = 25
   multi 10, 20          '将输出 200
   multi 10, 20, 30      '将输出 6000
End Sub
```

2．可变参数

在过程调用中，实参数一般应与形参数保持一致。但如果在形参定义中使用了关键字 ParamArray 数组名()。其中数组名后无上下界，且为 Variant 型，则该过程可接受任意数目的实参。此关键字指明的参数只可位于形参列表的末项，表明该参数是 一个 Variant 类型的可选数组，可对应任意数目的实参。ParamArray 关键字不可与 ByVal、ByRef、Optional 关键字一起使用。

【例 6-7】 编程求任意多个数的乘积。

代码如下。

```
Sub Multi(ParamArray Numbers())
   n=1
   For Each x in Numbers
     n=n*x
   Next x
   Print n
End Sub
Private Sub Form_Click()
  Multi 2,3,4,5,6
End Sub
```

运行结果为 720。

6.3.4 对象参数

在调用过程中， 可以把控件作为参数向过程传递。在形参表中，把形参变量的类型声明为 Control，就可以向过程传递控件。若把类型声明声明为 Form，则可向过程传递窗体。把对象作为形参只能是传地址，前面不能加 ByVal。格式与用一般类型参数的过程定义没有什么区别，但形参的类型为窗体（As Form）或控件（As Control）。在用控件作为参数时，必须考虑到作为实参的控件是否具有通用过程中所列控件的属性。

【例 6-8】窗体及控件对象作为参数的实例。

（1）在窗体上创建一个文本框和两个命令按钮，如图 6-8 所示。

图 6-8　控件参数程序界面

（2）设置各个控件的属性如表 6-1 所示。

表 6-1　属性设置

对象	名称（Name）	属性值
窗体 1	FrmFirst	对象参数的传递
文本框 1	Text1	为空
命令按钮 1	Cmd1	控件参数传递
命令按钮 2	Cmd2	窗体参数传递
窗体 2	FrmSecond	Frmsecond
命令按钮 3	Cmd3	返回

（3）编写窗体 1 的过程代码如下。

```
Private Sub objarg(t1 As Control)
    t1.ForeColor = vbRed
    t1.Font.Size = 20
    t1.FontItalic = True
    t1.Text = "对象参数的传递"
End Sub
Private Sub frmarg(f As Form)
    f.Left = (Screen.Width - f.Width) / 2
    f.Top = (Screen.Height - f.Height) / 2
    frmfirst.Hide
    f.Show
End Sub
```

（4）编写窗体 1 中的相关事件过程如下。

```
Private Sub Cmd1_Click()
    Call objarg(Text1)
```

```
End Sub
Private Sub Cmd2_Click()
    Call frmarg(FrmSecond)
End Sub
```
（5）编写窗体 2 中的相关事件过程如下。
```
Private Sub Cmd3_Click()
    Unload Me
    FrmFirst.Show
End Sub
```
运行程序，单击命令按钮，运行结果如图 6-9 所示。

图 6-9　控件参数程序运行结果

6.4　变量的作用域

变量是为了完成一个计算任务而设置的一些存储单元。Visual Basic 为每一个变量在内存中建立一个物理存储区，一旦某个变量完成其使命，系统就释放该变量所占用的物理存储区。作用域用来标明变量在程序中能有效发挥作用的范围。两种基本的作用域是局部的（私有的）和全局的（公有的）。根据定义变量的位置和使用变量定义的语句不同，变量可以分为过程级变量（局部变量）、模块级变量和全局变量。

6.4.1　局部变量

在过程中声明的变量是过程级变量，其作用范围仅限于该过程。过程级变量又称为局部变量，只有在定义它们的过程中才能访问或改变这些变量的值。例如，下面的过程中定义了两个局部变量 a 和 b。
```
Private Sub Command1_Click( )
    Dim a As Integer, b As Integer
    a = InputBox("请输入一个整数：")
    b = InputBox("请输入一个整数：")
    a = a + b
    b = a - b
    a = a - b
    Print a, b
End Sub
```
只有当运行程序触发命令按钮的单击事件，a 和 b 变量的名称和值才有意义。若在程序运行过程中单击窗体，则没有任何响应。

6.4.2　模块变量

若要使一个变量可作用于同一个模块内的多个过程，则应在程序的窗体模块或标准模块的通用声明段用 Private 或 Dim 语句进行说明，由此说明的变量即为模块级变量，其作用范围是定义它的模块，模块内的所有过程都可以引用它们，但其他模块不能访问这些变量。

1．窗体模块变量

【例 6-9】程序运行界面如图 6-10 所示，要求如下。

（1）单击"生成"按钮（Command1），用随机函数生成30个两位正整数，存放在5行6列的二维数组中，并以5行6列的形式显示在窗体上。

（2）单击"查找"按钮（Command2），找出上面30个随机数中的最大数，并给出这个最大数在数组中的行下标和列下标，如图6-10所示。

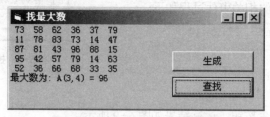

图6-10　[例6-9]程序运行界面

程序代码如下。

```
Dim A(5, 6) As Integer
Private Sub Command2_Click()
    Dim I As Integer, j As Integer, T
    Dim R As Integer, C As Integer, M As Integer
    M = A(1, 1)
    For I = 1 To 5
        For j = 1 To 6
            If A(I, j) > M Then
                M = A(I, j)
                R = i
                C = j
            End If
        Next j
    Next i
    Form1.Print"最大数为: A("; CStrI; ","; CStrI; ") ="; A(R, C)
End Sub
Private Sub Command1_Click()
    Dim I As Integer
    For I = 1 To 5
        For j = 1 To 6
            A(I, j) = Int(90 * Rnd + 10)
            Print A(I, j);
        Next j
        Print
    Next i
End Sub
```

在窗体的通用声明处定义数组 A，程序运行期间，窗体中的所有过程都可访问 A。

2．标准模块变量

先添加标准模块。在标准模块的通用声明段使用 Dim 语句或 Private 语句定义的变量，模块中的所有子过程或函数过程均可使用它们。

6.4.3 全局变量

全局变量的变量值和变量名在整个程序中都有意义。即在整个程序的所有过程中均可使用。只能在标准模块的通用声明处用 Public 或 Global 语句定义全局变量，可以在整个工程的所有模块中使用。注意，不能在过程或窗体模块中声明全局变量。

【例 6-10】全局变量的示例程序，它包括一个名为 Module1.bas 的标准模块。

代码如下：

```
Public gba As String
Public Sub main()
    gba = "gba 是在 Module1.bas 中定义的全局变量"
    Load Form1
    Load Form2
    Form1.Show
End Sub
```

本程序还包括两个窗体模块，一个名为 Form1.frm，其代码如下：

```
Public gbf As String
Private Sub Form_Load()
    bf = "gbf 是在窗体模块中定义的全局变量"
    Call main
End Sub
Private Sub Form_Click()
    Debug.Print "在 Form1 中打印:"
    Debug.Print "gba 的内容:"; gba
    Debug.Print "gbf 的内容:"; gbf
    Debug.Print
    Form2.Show
End Sub
```

另一个窗体模块名为 Form2.frm，代码如下：

```
Private Sub Form_Click()
    Debug.Print "在 Form2 中打印: "
    Debug.Print "gba 的内容: "; gba
    Debug.Print "gbf 的内容: "; Form1.gbf
End Sub
```

说明：

（1）在窗体中定义的全局变量，在其他模块中引用时需加变量所属的窗体名；

（2）在标准模块中定义的全局变量，引用时不需加模块名。

当局部变量与模块变量同名时，局部变量优先。当模块变量与全局变量同名时，模块变量优先。

6.4.4　静态变量

局部变量占用的内存空间在需要时分配，释放后可被其他过程的变量使用。为了保存变量的值，必须把变量声明为模块的或全局的。而静态（Static）变量表把变量定义为静态变量后，能与模块级变量一样，保留变量的值。不过 Static 变量只能出现在事件过程、子程序过程或 Function 过程中，只有局部的作用域。常用静态变量记录事件触发次数和开关切换。

【例 6-11】 设计一个验证密码的界面，允许用户输入 3 次密码，输入正确才能继续运行程序，3 次都错则自动退出。

程序代码如下：

```
Const PWD = "pass"        '预先设定密码
Private Sub Text1_KeyPress(KeyAscii As Integer)
Static times As Integer
If KeyAscii = vbKeyReturn Then
        If LCase(Text1) <> PWD Then
            times = times + 1
            MsgBox "输入密码错误!"
            Text1 = ""
            If times = 3 Then End
        Else
            MsgBox "欢迎使用本系统! "
        End If
End If
End Sub
```

6.5　程序示例：用 Function 过程解素数问题

把判断一个整数是否为素数的工作放在一个 Function 过程中解决，任何一个过程都可以像调用内部函数一样调用该 Function 过程，从而提高 Function 过程的通用性。大大提高了编程效率。

判断一个整数是否为素数的函数过程如下。

```
Function isprime(x&) As Boolean
  If x = 2 Then isprime = True
  For m = 2 To x - 1
      If x Mod m = 0 Then isprime = False: Exit For
      If m = x - 1 Then isprime = True
  Next m
End Function
```

【例 6-12】求[10, 8887]中素数的个数。

程序代码如下：

```
Private Sub Form_click()
    Dim i As Long, n%
```

```
    n = 0
    For i = 10 To 8887
        If isprime(i) = True Then n = n + 1
    Next i
    Print n
End Sub
```

【例 6-13】求[1000，20000]中最大的素数。

程序代码如下：

```
Private Sub Form_click()
    Dim i As Integer
    For i = 20000 To 1000 Step -1
        If isprime(i) = True Then Print i: Exit For
    Next i
End Sub
```

【例 6-14】求 $f(n)=n*n+n+41$ 的前 100 项素数的个数。

程序代码如下：

```
Private Sub Form_click()
    Dim f(1 To 100) As Long, n%, i%
    n = 0
    For i = 1 To 100
     f(i) = i * i + i + 41
     If isprime(f(i)) = True Then n = n + 1
    Next i
    Print n
End Sub
```

练习题

一、选择题

1. 以下叙述中错误的是（   ）。

   A. 标准模块文件的扩展名是.bas

   B. 标准模块文件是纯代码文件

   C. 在标准模块中声明的全局变量可以在整个工程中使用

   D. 在标准模块中不能定义过程

2. 变量的作用域从大到小依次为（   ）。

   A. 模块级变量、窗体级变量、局部变量　　　B. 全局变量、公有变量、私有变量

   C. 全局变量、静态变量、局部变量　　　　　D. 公有变量、模块级变量、局部变量

3. 图 6-11 所示的窗体上有两个水平滚动条 HV、HT，一个文本框 Text1 和一个标题为"计算"的命令按钮 Command1，并编写了以下程序。

图 6-11 程序运行界面

```
Private Sub Command1_Click()
    Call cale(HV.Value, HT.Value)
End Sub
Public Sub cale(x As Integer, y As Integer)
    Text1.Text = x * y
End Sub
```

运行程序，单击"计算"按钮，可根据速度与时间计算出距离，并显示计算结果。对以上程序，下列叙述中正确的是（　　　）。

  A. 过程调用语句不对，应为 cale(HV.HT)

  B. 过程定义语句的形式参数不对，应为 Sub cale(x As Control, y As Control)

  C. 计算结果在文本框中显示出来

  D. 程序不能正确运行

4. 已知有下列过程。

```
Private Sub proc1(a As Integer,b As String,Optional x As Boolean)
    ……
End Sub
```

正确调用此过程的语句是（　　　）。

  A. Call proc1(5)   B. Call proc1 5,"abc",False

  C. proc1(12,"abc",True)   D. proc1 5,"abc"

5. 在窗体上画两个标签和一个命令按钮，其名称分别为 Label1、Label2 和 Command1，然后编写如下程序。

```
Private Sub func(L As Label)
    L.Caption="1234"
End Sub
Private Sub Form_Load()
    Label1.Caption="ABCDE"
    Label2.Caption=10
End Sub
Private Sub Command1_Click()
    a=Val(Label2.Caption)
    Call func(Label1)
    Label2.Caption=a
End Sub
```

程序运行后，单击命令按钮，则在两个标签中显示的内容分别为（　　　）。

A. ABCD 和 10
B. 1234 和 100
C. ABCD 和 100
D. 1234 和 10

二、填空题

1. 窗体上有一个名称为 Text1 的文本框和一个名称为 Command1、标题为"计算"的命令按钮，如图 6-12 所示。函数 fun 及命令按钮的单击事件过程如下，请填空。

```
Private Sub Command1_Click()
    Dim x As Integer
    x=Val(InputBOX("输入数据"))
    Text1=Str(fun(x)+fun(x)+fun(x))
End Sub
Private Function fun(ByRef n As Integer)
    If n Mod 3=0 Then
         n=n+n
    Else
         n=n*n
    End If
_____=n
End Function
```

当单击命令按钮，在输入对话框中输入 2 时，文本框中显示_____

图 6-12　程序运行界面

2. 单击命令按钮时，下列程序的执行结果是_____。
```
Private Sub Command1_Click()
    Dim a As Integer, b As Integer, c As Integer
    a = 3
    b = 4
    c = 5
    Print SecProc(c, b, a)
End Sub
Function FirProc(x As Integer, y As Integer, z As Integer)
    FirProc = 2 * x + y + 3 * z
End Function
Function SecProc(x As Integer, y As Integer, z As Integer)
    SecProc = FirProc(z, x, y) + x
End Function
```

3. 窗体上有名称为 Command1 的命令按钮。事件过程及 2 个函数过程如下。
```
Private Sub Command1_Click()
    Dim x As Integer, y As Integer, z
    x = 3
    y = 5
    z = fy(y)
```

```
       Print fx(fx(x)), y
End Sub
Function fx(ByVal a As Integer)
    a = a + a
    fx = a
End Function
Function fy(ByRef a As Integer)
    a = a + a
    fy = a
End Function
```

运行程序，并单击命令按钮，则窗体上显示的 2 个值依次是_____和_____。

4. 有如图 6-13 所示的窗体。程序执行时，先在 Text1 文本框中输入编号，当焦点试图离开 Text1 时，程序检查编号的合法性，若编号合法，则焦点可以离开 Text1 文本框；否则，显示相应的错误信息，并自动选中错误的字符，且焦点不能离开 Text1 文本框，如图 6-13 所示。

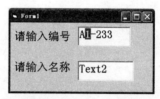

图 6-13　程序运行界面

合法编号的组成是：前 2 个字符是大写英文字母，第 3 个字符是 "_"，后面是数字字符（至少 1 个）。以下程序可实现此功能，请填空。

```
Private Sub Text1_LostFocus( )
    Dim k%,n%
    n=Len(_____)
    For k=1 To IIf(n>3,n,4)
        c=Mid(Text1.Text,k,1)
        Select Case k
            Case 1,2
                If c<"A" Or c>"Z" Then
                    MsgBox("第"& k &"个字符必须是大写字母！")
                    SetPosition k：Exit For
                End If
            Case 3
                If c<>"_"Then
                    MsgBox("第"& k &"个字符必须是字符" "_" " ")
                    SetPosition k：Exit For
                End If
            Case Else
                If c<"0" Or c>"9" Then
                    MsgBox("第"& k &"个字符必须是数字！")
                    SetPosition k：Exit For
```

```
                End If
        End Select
    Next k
End Sub
Private Sub SetPosition(pos As Integer)
    Text1.SelStart=Pos-1
    Text1.SelLength= _____
    Text1._____
 End Sub
```

三、编程题

1. 要求编写判断最大公约数的函数过程，调用该函数过程求两个数的最大公约数。（思考题：如果求多个数的最大公约数怎么做？）

2. 若两个素数之差为 2，则这两个素数就是一对双胞胎素数。例如，3 和 5、5 和 7、11 和 13 等都是双胞胎素数。编写程序找出 31～601 的双胞胎素数。要求判断素数的工作用 Function 过程完成。

3. 一个大于 2 的偶数能分解成两素数之和。编写程序求两数之和为 23 456 的第一个素数对组合（即其中一个素数最小）。

PART 7

第7章
文 件

文件是保存在外部存储设备上的相关数据的集合，通常存放在硬盘、光盘、磁带等外部介质上。计算机操作系统也是以文件作为单位来管理数据的，因此文件必须由文件名表示，这样当要访问这些存放在外部介质上的文件时，首先通过文件名找到所指定的文件，然后再从定位的文件中读写数据。

7.1 文件结构及其分类

7.1.1 文件的结构

为了有效地对数据进行存储和读取，文件中的数据必须以某种特定的格式存储，这种特定的格式就是文件的结构。

Visual Basic 的文件由记录组成，记录由字段组成，字段又由字符组成。

1. 字符（character）

字符是构成文件的最基本单位。字符可以是数字、字母、特殊符号或单一字节。这里所说的"字符"一般为西文字符，一个西文字符用一字节存放。如果为汉字字符，包括汉字和"全角"字符，则通常用 2 字节存放。也就是说，一个汉字字符占用的存储空间相当于两个西文字符。一般把用一字节存放的西文字符称为"半角"字符，而把汉字和用 2 字节存放的字符称为"全角"字符。注意，VisualBasic 6.0 支持双字节字符，当计算字符串长度时，一个西文字符和一个汉字都作为一个字符计算，但它们所占的内存空间不同。例如，字符串"VB程序设计语言"的长度为 8，所占的字节数为 14。

2. 字段（field）

字段也称为域。字段由若干字符组成，用来表示一项数据。例如，人员基本信息中的邮政编码、姓名、性别、文化程度等均是字段，不同字段的数据类型与大小均有所不同。

3. 记录（record）

记录由一组相关的字段组成。例如，在通讯录中，每个人的姓名、单位、地址、电话号码、邮政编码等构成一个记录。

4. 文件（file）

文件由记录构成，一个文件含有一个以上的记录。例如，在通讯录文件中有 1 000 个人的信息，每个人的信息是一个记录，1 000 个记录构成一个文件。

7.1.2　文件分类

根据不同的分类标准，文件可分为不同的类型。

（1）根据数据性质，文件可分为程序文件和数据文件。

① 程序文件（program file）：这种文件存放的是可以由计算机执行的程序，包括源文件和可执行文件。在 Visual Basic 中，扩展名为.exe、.frm、.vbp、.vbg、.bas、.cls 等的文件都是程序文件。

② 数据文件（data file）：数据文件用来存放普通的数据。例如，学生考试成绩、职工工资、商品库存等，这类数据必须通过程序来存取和管理。

（2）根据数据的存取方式和结构，文件可分为顺序文件和随机文件。

① 顺序文件（sequential file）：顺序文件的结构比较简单，文件中的记录一个接一个地存放。在这种文件中，只知道第一个记录的存放位置，其他记录的位置无从知道。当要查找某个数据时，只能从文件头开始，一个记录一个记录地顺序读取，直至找到要查找的记录为止。顺序文件的组织比较简单，只要把数据记录一个接一个地写到文件中即可。但维护困难，为了修改文件中的某个记录，必须把整个文件读入内存，修改完后再重新写入磁盘。顺序文件不能灵活地存取和增减数据，因而适用于有一定规律且不经常修改的数据。其主要优点是占空间少，使用容易。

② 随机存取文件（random access file）：

在随机文件中，每个记录的长度都是固定的，记录中每个字段的长度也是固定的。此外，随机文件的每个记录都有一个记录号。在写入数据时，只要指定记录号，就可以把数据直接存入指定位置。而在读取数据时，只要给出记录号，就能直接读取该记录。在随机文件中，可以同时进行读、写操作，因而能快速地查找和修改每个记录，不必为修改某个记录而对整个文件进行读、写操作。

随机文件的优点是数据的存取较为灵活、方便，速度较快，容易修改。主要缺点是占空间较大，数据组织较复杂。

（3）根据数据的编码方式，文件可以分为 ASCII 文件和二进制文件。

① ASCII 文件：又称文本文件，它以 ASCII 方式保存文件。这种文件可以用字处理软件建立和修改（必须保存为纯文本文件）。

② 二进制文件（binary file）：以二进制方式保存的文件。二进制文件不能用普通的字处理软件编辑，占空间较小。

7.2　与文件操作相关的语句和函数

VB 中提供一些可以直接对磁盘文件及目录进行操作的语句，下面介绍文件和目录操作相关的常用语句和函数。

7.2.1　常用文件操作语句

1. ChDrive 语句

ChDrive 语句用于改变当前的驱动器。其语法格式如下。

ChDrive drive

Drive 为必要的参数，是一个字符串表达式，它指定一个存在的驱动器。如果使用零长度的字符串（" "），则当前的驱动器将不会改变。如果 drive 参数中有多个字符，则 ChDrive 只会使用首字母。

例如，下面的代码用于将 D 盘设置为当前的驱动器。

ChDrive " D"

2. ChDir 语句

ChDir 语句用于改变当前的目录或文件夹。其语法格式如下。

ChDir path

Path 为必要的参数，是一个字符串表达式。它指明哪个目录或文件夹将成为新的默认目录或文件夹，path 可能会包含驱动器。如果没有指定驱动器，则 ChDir 在当前的驱动器中改变默认目录或文件夹。

说明：ChDir 语句改变默认目录位置，但不会改变默认驱动器位置。

例如，如果默认的驱动器是 C，则下面的语句将改变驱动器 D 上的默认目录，但是 C 仍然是默认的驱动器。

ChDir " D:\MyFolder"

3. Kill 语句

Kill 语句用于从磁盘中删除文件。其语法格式如下。

Kill pathname

Pathname 为必要的参数，用来指定一个文件名的字符串表达式。pathname 可以包含目录、文件夹以及驱动器。

说明：在 Windows 中，Kill 语句支持使用多字符（*）和单字符（?）的通配符来指定多重文件。

例如，利用下面的语句可以将驱动器 C 盘下的 MyFile.txt 文件（首先应确定 C 盘下有 MyFile.txt 文件）删除。

Kill " C:\MyFile.txt"

4. MkDir 语句

MkDir 语句用于创建一个新的目录或文件夹。其语法格式如下。

MkDir path

Path 为必要的参数，用来指定所要创建的目录或文件夹的字符串表达式。path 可以包含驱动器。如果没有指定驱动器，则 MkDir 语句会在当前驱动器上创建新的目录或文件夹。

例如，在驱动器 C 盘中创建 MyFolder 文件夹。创建该文件前，应先确定在该路径是否存在同名的文件夹，如果存在同名的文件夹，则产生一个错误，提示"文件/路径访问错误"信息。

MkDir " C:\MyFolder"

5. FileCopy 语句

FileCopy 语句用于复制一个文件。其语法格式如下。

FileCopy source, destination

source 为必要的参数，是一个字符串表达式，用来表示要被复制的文件的名称。source 可以包含目录、文件夹和驱动器。

destination：为必要的参数，是一个字符串表达式，用来指定要复制的目的文件的名称。destination 可以包含目录、文件夹和驱动器。

注意：如果对一个已打开的文件使用 FileCopy 语句，则会产生错误。

例如，将源文件夹下的 MyFile.txt 文件复制到目的文件夹下。代码如下：

```
Private Sub Command1_Click()
    Dim SourceFile, DestinationFile As String          '定义变量
    SourceFile = App.Path & " \源文件夹\MyFile.txt"       '指定源文件名
    DestinationFile = App.Path & " \目的文件夹\MyFile.txt"
    '指定目的文件名
    FileCopy SourceFile, DestinationFile          '将源文件复制到目的文件
    MsgBox "已经将源文件复制到目的路径! ", vbInformation, "文件复制测试
    "'提示信息
End Sub
```

6. Name 语句

Name 语句用于重命名文件、目录或文件夹。其语法格式如下。

Name oldpathname As newpathname

oldpathname：为必要的参数，是一个字符串表达式，指定已存在的文件名和位置，可以包含目录、文件夹和驱动器。

newpathname：为必要的参数，是一个字符串表达式，指定新的文件名和位置，可以包含目录、文件夹和驱动器。由 newpathname 指定的文件名必须存在。

说明：Name 语句重新命名文件并将其移动到一个不同的目录或文件夹中。如有必要，Name 可跨驱动器移动文件。但是，当 newpathname 和 oldpathname 都在相同的驱动器中时，只能重命名已经存在的目录或文件夹。Name 不能新建文件、目录或文件夹。

注意：在一个已打开的文件上使用 Name，将会产生错误。必须在改变名称之前，先关闭打开的文件。Name 语句不能包括多字符（*）和单字符（?）通配符。

例如，将 oldFolder 文件夹中的 oldFile.txt 文件移动到 NewFolder 文件夹下，并将文件重命名为 NewFile.txt。代码如下。

```
Private Sub Command1_Click()
    Dim oldName, NewName As String          '定义变量
    oldName = App.Path & "\oldFolder\oldFile.txt"       '给变量 OldName 赋值
    NewName = App.Path & "\NewFolder\NewFile.txt"       '给变量 NewName 赋值
    Name oldName As NewName          '文件重命名
End Sub
```

7. SetAttr 语句

SetAttr 语句用于设置文件属性。其语法格式如下。

SetAttr pathname, attributes，其中 attributes 参数设置如表 7-1 所示。

表 7-1 SetAttr 语句中 attributes 参数的值

常　　数	值	描　　述
vbNormal	0	常规（默认值）
vbReadOnly	1	只读

常　数	值	描　述
vbHidden	2	隐藏
vbSystem	4	系统文件
vbArchive	32	上次备份以后，文件已经改变

例如，将 MyFile.txt 文件设为只读的系统文件。

```
Private Sub Command1_Click()
    SetAttr App.Path & "\MyFile.txt", vbReadOnly + vbSystem   '设
    置该文件'为只读的系统文件
    MsgBox "已经重新设置 MyFile.txt 文件的属性！"                '提示信息
End Sub
```

7.2.2　文件操作函数

下面介绍常用的文件操作函数。

1. CurDir 函数

CurDir 函数用于返回一个 Variant（String）型的值，用来代表当前的路径。其语法格式如下。

CurDir [(drive)]

Drive 为可选的参数，是一个字符串表达式，它指定一个存在的驱动器。如果没有指定驱动器，或 drive 是零长度字符串（""），则 CurDir 会返回当前驱动器的路径。

例如，下面的代码利用 CurDir 函数返回当前的路径。

Dim MyPathMyPath = CurDir

2. GetAttr 函数

GetAttr 函数用于返回一个 Integer 类型的值，该值为一个文件、目录或文件夹的属性。其语法格式如下。

GetAttr(pathname)

Pathname 为必要的参数，是用来指定一个文件名的字符串表达式。pathname 可以包含目录、文件夹和驱动器。

GetAttr 函数的返回值如表 7-2 所示。

表 7-2　文件的属性值

常　数	值	描　述
vbNormal	0	常规
vbReadOnly	1	只读
vbHidden	2	隐藏
vbSystem	4	系统文件
vbDirectory	16	目录或文件夹
vbArchive	32	上次备份以后，文件已经改变
vbalias	64	指定的文件名是别名

要判断是否设置了某个属性，可以在 GetAttr 函数与想要得到的属性值之间使用 And 运算符逐位比较。如果所得的结果不为 0，则表示设置了这个属性值。例如，在下面的 And 表达式中，如果档案（Archive）属性没有设置，则返回值为 0。

Result = GetAttr(FName) And vbArchive

如果文件的档案属性已设置，则返回非零的数值。

3. FileDateTime 函数

FileDateTime 函数用于返回一个 Variant（Date）类型值，此值为一个文件被创建或最后修改的日期和时间。其语法格式如下。

FileDateTime(pathname)

Pathname 为必要的参数，是用来指定一个文件名的字符串表达式。pathname 可以包含目录、文件夹和驱动器。

例如，将 MyFile.txt 文件的最后修改时间显示在窗体上。代码如下。

```
Private Sub Command1_Click()
    Dim MyDate As String                    '定义变量
    MyDate = FileDateTime(App.Path & "\MyFile.txt")    '获取文件的最
后修改时间
        Print "该文件的最后修改时间为: "; MyDate       '输出最后修改时间
End Sub
```

4. FileLen 函数

FileLen 函数用于返回一个 Long 型值，代表一个文件的长度，单位是字节。其语法格式如下。

FileLen(pathname)

Pathname 为必要的参数，是用来指定一个文件名的字符串表达式。pathname 可以包含目录、文件夹和驱动器。

注意：当调用 FileLen 函数时，如果所指定的文件已经打开，则返回的值是这个文件在打开前的大小。若要取得一个打开文件的长度，则可使用 LOF 函数。

例如，使用 FileLen 函数返回 MyFile.txt 文件的字节长度。假设 MyFile 为含有数据的文件，并且存放在 C 盘根目录下。代码如下。

Dim MySizeMySize = FileLen("C:\MyFile.txt")   '返回文件的字节长度

5. EOF 函数

EOF 函数用来测试文件的结束状态。利用 EOF 函数可以避免在文件读入时出现"读入超出文件"的提示信息。其语法格式如下。

EOF(FileNumber)

FileNumber 为必要的参数，是一个 Integer 类型的值，包含任何有效的文件号。

可通过下面两种方式将文件 MyFile.txt 中的内容读取到文本框中。

（1）从文件中一行一行地读取信息

```
Private Sub Command1_Click()
    Dim InPutData                                   '定义变量
    Open App.Path & "\MyFile.txt" For Input As #1   '打开文件
    Do While Not EOF(1)
      Line Input #1, InPutData                       '读取一行数据
     Text1.Text = Text1.Text + InPutData + vbCrLf   '追加到文本框末尾
    Loop
    Close #1                                         '关闭文件
```

```
End Sub
```

（2） 从文件中一个字符一个字符地读取信息

```
Private Sub Command1_Click()
    Dim InPutData As String                         '定义变量
    Open App.Path & "\MyFile.txt" For Input As #1    '打开文件
    Do While Not EOF(1)
      Input #1, InPutData                           '读取一个字符
      Text1.Text = Text1.Text + InPutData            '追加到文本框的末尾
    Loop
    Close #1                                         '关闭文件
End Sub
```

6. LOF 函数

LOF 函数用于返回一个 Long 型值，表示用 Open 语句打开的文件的大小，以字节为单位。其语法格式如下。

```
LOF(FileNumber)
```

FileNumber 为必要的参数，是一个 Integer 类型的值，包含一个有效的文件号。

例如，使用 LOF 函数获得工程目录下的 MyFile.txt 文件的长度，并将其显示在窗体上。代码如下：

```
Private Sub Command1_Click()
  Dim MyLength  as Integer                          '定义变量
  Open App.Path & "\MyFile.txt" For Input As #1    '打开文件
   MyLength = LOF(1)                                '取得文件长度
   Print "已打开的文件长度为：" & MyLength & "字节！"  '提示信息
   Close #1                                          '关闭文件
End Sub
```

7.3 文件的基本操作

在对文件进行操作之前，必须先打开或建立文件。在打开的文件中，把内存中的数据传输到相关联的外部设备(如磁盘)并作为文件存放的操作叫作写操作，把数据文件中的数据传输到内存程序中的操作叫作读操作。一般来说，在主存与外设的数据传输中，从主存到外设叫作输出或写，由外设到主存叫作输入或读。

对各种不同类型的文件进行处理（即访问文件）的基本步骤如下。

（1）使用 Open 语句打开文件，并指定文件的文件号。

（2）从文件中读取数据到内存变量或向文件中写入数据。

（3）使用 Close 语句关闭文件。

7.3.1 文件的打开（建立）

在对文件进行操作之前，必须先打开或建立文件，在 Visual Basic 6.0 中，用 Open 语句打开或建立一个文件。

格式：

Open "文件名" [For 方式] [Access 存取类型][锁定]As[#]文件号[Len = 记录长度]

功能：为文件的输入、输出分配缓冲区，并确定缓冲区所使用的存取方式。

说明：

（1）格式中的 Open、For、Access、As 和 Len 为关键字；

（2）"文件名"是指要打开或建立的包含文件所在路径的文件名；

（3）方式：指定文件的输入/输出方式，有以下 5 种方式。

① Input（输入）：使用 Input 方式打开文件，可以从文件中顺序读出数据，即从外存输入内存。如果文件不存在，则产生出错信息。

② Output（输出）：使用 Output 方式打开文件，可以向文件顺序写入数据，即从内存输出到外存。如果文件不存在，则创建新文件；如果文件存在，则写入的数据覆盖原有的内容。

③ Append（追加）：使用 Append 方式打开文件，可以在文件末尾追加数据，并且不会覆盖原有内容。如果文件不存在，则创建新文件。

④ Binary（二进制）：指定以二进制方式打开文件。在这种方式下，可以用 Get 和 Put 语句对文件中任何字、字节位置的信息进行读写。在 Binary 方式中，如果没有 Access 子句，则打开文件类型与 Random 方式相同。"方式"是可选的，如果省略，则为随机存取方式，即 Random。

⑤ Random（随机）：指定以随机存取方式打开文件，为默认方式。在 Random 方式中，如果没有 Access 子句，则在执行 Open 语句时，有以下 3 种选择。

a. Shared（共享）：默认值，允许其他程序对该文件进行读写操作。

b. Lock Read（锁定读）：只读，禁止其他程序写此文件。

c. Lock Read Write（锁定读写）：禁止其他程序读写此文件。

（4）存取类型：放在关键字 Access 之后，用来指定访问文件的类型，有以下 3 种类型。

① Read（读）：打开只读文件。

② Write（写）：打开只写文件。

③ Read Write（读写）：打开读写文件。这种类型只对随机文件、二进制文件及用 Aappend 方式打开的文件有效。

（5）锁定：该子句只在多用户或多进程环境中使用，用来限制其他用户或其他进程对打开的文件进行读写操作。有以下 4 种锁定类型。

① Lock Shared（锁定共享）：任何机器上的任何进程都可以对该进程进行多次读写操作。

② Lock Read（锁定读）：不允许其他进程读该文件，只在没有其他 Read 存取类型的进程访问该文件时，才允许这种锁定。

③ Lock Write（锁定写）：不允许其他进程写这个文件，只在没有其他 Write 存取类型的进程访问该文件时，才允许使用这种锁定。

④ Lock Read Write（锁定读写）：默认类型，不允许其他进程读写这个文件。

（6）文件号：是一个整型的表达式，其值在 1～511 范围内。执行 Open 语句时，打开文件的文件号与一个具体的文件相关联，其他输入/输出语句或函数通过文件号与文件发生联系。

（7）记录长度：是一个整型表达式。当选择该参数时，为随机存取文件设置记录的长度。对于用随机访问方式打开的文件，该值是记录长度；对于顺序文件，该值是缓冲字符数。"记录长度"的值不能超过 32767 字节。对于二进制文件，将忽略 Len 子句。例如：

Open "score.dat" For Output As #1

表示建立并打开一个新的数据文件，使记录可以写到该文件中。

Open "score.dat" For Append As #1

表示打开已存在的数据文件，新写入的记录附加到文件的后面，原来的数据仍在文件中，如果给定的文件名不存在，则 Append 方式建立一个新的文件。

Open "score.dat" For Input As #1

表示打开已存在的数据文件，以便从文件中读出记录。

以上例子中打开的文件都是按顺序方式输入、输出。

Open "score.dat" For Random As #1

表示按随机方式打开或建立一个文件，然后读出或写入定长记录。

在程序中，获取文件名可通过"打开"或"另存为"对话框实现（有关对话框的操作可以参考后续章节）。

7.3.2 文件的关闭

文件的读写操作结束后，应将文件关闭，否则会造成数据的丢失。

格式：

Close [#][文件号列表]

功能：Close 语句用来结束文件的输入、输出操作。

说明：文件号列表，如#1、#2、#3。如果默认，则关闭 Open 语句打开的所有文件。

例如：

Close #1, #2   '关闭 1 号、2 号文件

Close   '关闭打开的所有文件

7.3.3 顺序文件的操作

顺序文件是普通的文本文件。读写文件和存取记录时，都必须按记录顺序逐个进行。一条记录为一行，记录长度不同，以"换行"字符为分隔符号。

1. 顺序文件的读操作

顺序文件的读数据操作由 Input 语句和 Line Input 语句实现。

（1）Input 语句

格式：

Input #文件号，变量名列表

功能：Input 语句从一个顺序文件中读出数据项，并把这些数据项赋予程序变量。

例如：

Input #1,A,B,C

从 1#文件中读出 3 个数据项，分别把它们赋予 *A*、*B*、*C* 3 个变量。

说明：

① "文件号"的含义同前。"变量名列表"由一个或多个变量组成，这些变量既可以是数值变量，也可以是字符串变量或数组元素，从数据文件中读出的数据赋予这些变量。文件中数据项的类型应与 Input 语句中变量的类型匹配。

② 在用 Input 语句把读出的数据项赋予数值变量时，将忽略前导空格、回车符和换行符，把遇到的第一个非空格、非回车符和非换行符作为数值的开始，如果遇到空格、回车符和换

行符，则认为数值结束。对于字符串数据，同样忽略开头的空格、回车符和换行符。如果需要把开头带有空格的字符串赋予变量，则必须把字符串放在双引号中。

③ Input 语句与 InputBox 函数类似，但 InputBox 函数要求从键盘上输入数据，而 Input 语句要求从文件中输入数据，而且执行 Input 语句时不显示对话框。

④ Input 语句也可以用于随机文件。

【例 7-1】编写程序，用写字板建立一个名为"order.txt"的数据文件，在其中输入数据，如图 7-1 所示。数据项之间用空格隔开，用选择法将数值数据按从小到大的顺序排序。

图 7-1　"order.txt"数据文件

文件中共有 9 个数值数据，全部数据排列在一行。

① 编写代码。

在代码窗口中输入如下代码：

```
Option Base 1
Private Sub Form_Click()
  Static x(9) As Integer        '定义静态数组
  Open App.Path & "\order.txt" For Input As #1
  FontSize = 12
  n = 9    '9个数据
  For i = 1 To 9
    Input #1, x(i)
  Next i
  For i = 1 To n - 1    '选择排序算法
    p = i
    For j = i + 1 To n
      If x(p) > x(j) Then p = j
    Next j
    t = x(i): x(i) = x(p): x(p) = t
  Next i
  Close #1
  For i = 1 To n
    Print x(i);
    If i Mod 5 = 0 Then Print
  Next i
End Sub
```

② 运行程序。

程序运行结果如图 7-2 所示。

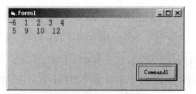

图 7-2　数据排序结果

（2）Line Input 语句

格式：

Line Input #文件号,字符串变量

功能：Line Input 语句从顺序文件中读取一个完整的行，并把它赋值给一个字符串变量。

说明：

① "文件号"的含义同前。

② "字符串变量"是一个字符串简单变量名，也可以是一个字符串数组元素名，用来接收从顺序文件中读出的字符行。

③ 在文件操作中，Line Input 语句与 Input 语句功能类似，只是 Input 语句读取的是文件的数据项，而 Line Input 语句读取的是文件中的一行。Line Input 语句也可以用于随机文件，该语句还常用来复制文件。

【例 7-2】用写字板建立文件"燕歌行.txt"，内容如图 7-3 所示。编写程序将其内容读到内存中并在列表框中显示出来。

① 设计界面。

在窗体上添加一个列表框 list1 和两个命令按钮，并设置 list1 的字体属性。

② 编写代码。

在代码窗口中输入如下代码：

```
Private Sub Command1_Click()
    Dim a As String
    Open App.Path & "\燕歌行.txt" For Input As #1
    While Not EOF(1)
      Line Input #1, a
      List1.AddItem a
    Wend
    Close #1
End Sub
```

图 7-3　写字板文件内容

③ 运行程序。

单击工具栏中的"启动"按钮▶运行程序，单击"读燕歌行"命令按钮，运行结果如图7-4所示。

图 7-4 例 7-2 运行结果

（3）Input$函数

格式：

`Input$(n,#文件号)`

功能：返回从打开的文件中读取的字符串，包括以 Input 或 Binary 方式打开的文件。

说明：

① *n* 是任意数值表达式，用于指定要读取的字符数。"文件号"是任意打开的有效文件号。

② 与 Input #语句不同，Input 函数返回读出的所有字符，包括逗号、回车符、空白列、换行符、引号和前导空格等。

③ 需要用程序从文件中读取单个字符，或者用程序读取一个二进制的或非 ASCII 码文件时，使用 Input$函数较合适。

例如：

`x$=Input$(100,#1)`   '从文件号为 1 的文件中读取 100 个字符，并把它赋予变量 x$

【例 7-3】编写程序，统计顺序文件中的所有字符数，包括逗号、回车符、空白列、换行符、引号和前导空格等。

① 编写代码。

在代码窗口中输入如下代码：

```
Private Sub Form_Click()
    Dim length As Integer
    Open App.Path & "\test.txt" For Input As #1
    str2$ = Input$(LOF(1), 1)
    Close #1
    length = Len(str2$)
    MsgBox str2$
    MsgBox "测试文件的字符个数是" & length & "个"
End Sub
```

文本文件如图 7-5 所示。

② 运行程序。

按 F5 键运行程序，运行结果如图 7-6 所示。

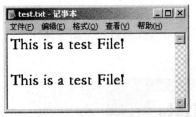

图 7-5 测试的文本文件　　　　图 7-6 例 7-3 的运行结果

2．顺序文件的写操作

（1）Print 语句

格式：

Print #文件号，[[Spc(n)|Tab(n)][表达式表][;|，]]

功能：把数据写入以文件号打开的文件中。

说明：

① Print 语句与 Print 方法的功能类似。Print 方法所"写"的对象是窗体、打印机或控件，而 Print 语句所"写"的对象是文件。

例如：

Print #1 X，Y，Z，

把变量 X、Y、Z 的值写到文件号为 1 的文件中。而

Print　X，Y，Z

则把变量 X、Y、Z 的值"写"到窗体上。

② 格式中的"表达式表"可以省略，在这种情况下将向文件写入一个空行，如 Print #1。

③ 和 Print 方法一样，Print 语句中各数据项之间可以用分号隔开，也可以用逗号隔开，分别对应紧凑格式和标准格式。数值数据由于前有符号位，后有空格，因此使用分号不会给以后读取文件造成麻烦。但是，对于字符串数据，特别是变长字符串数据，用分号分隔就有可能引起麻烦，因为输出的字符串之间没有空格。

④ 为了使输出的各字符串明显地分开，可以人为地插入逗号。例如：

X$="Taiyuan ": Y$ ="Beijing ": Z$ = "China"

Print #1,X$;Y$;Z$　　'写到磁盘上的信息为"TaiyuanBeijingChina"

可以改为

Print #1, X$; ","; Y$; ","; Z$　　'写文件中的信息为"Taiyuan, Beijing, China"

⑤ 如果字符串本身含有逗号、分号和有意义的前后空格及回车符或换行符，则须用双引号（ASCII 码值为 34）作为分隔符，把字符串放在双引号中写入磁盘。

例如：

S1$= "apple,grape"

S2$= "1234.56"

Print #1, Chr$ (34); S1$; Chr$ (34); Chr$ (34); S2$; Chr$ (34)

写入文件的数据为

"apple,grape""1234.56"

⑥ Print 语句的任务只是将数据送到缓冲区，数据由缓冲区写到磁盘文件的操作是由文件系统来完成的。执行 Print 语句后，并不是立即把缓冲区中的内容写入磁盘，只有在满足下列

条件之一时才写入磁盘。

- 关闭文件（Close）。
- 缓冲区已满。
- 缓冲区未满，但执行下一个 Print 语句。

【例 7-4】在 C 盘上创建数据文件"stuinfo.txt"，编写程序，用 Print 语句向文件中写入数据。

① 编写代码。

双击窗体，打开代码窗口，在代码窗口中输入如下代码：

```
Private Sub Form_Click()
    Open App.path & "\stuinfo.txt"For Output As #1
    sno$ = InputBox$("请输入学号: ", "数据输入")
    sname$ = InputBox$("请输入姓名: ", "数据输入")
    sex$ = InputBox$("请输入性别: ", "数据输入")
    Print #1, sno$, sname$, sex$
    Close #1
End Sub
```

② 运行程序。

单击工具栏中的"启动"按钮 ▶ 运行程序，依次出现提示输入学号、姓名、性别的"数据输入"提示框，如图 7-7 所示。分别在相应的文本框中输入学号"2012020101"、姓名"刘敏"和性别"男"。

输入的数据将写在文件"stuinfo.txt"中。用写字板打开此文件，可以看到写入的数据，如图 7-8 所示。

图 7-7 "数据输入"提示框

图 7-8 打开的"stuinfo.txt"文件

（2）Write 语句

格式：

Write #文件号，表达式列表

功能：和 Print 语句一样，用 Write 语句可以把数据写入顺序文件中。

例如：

Write #1,A,B,C　　'把变量 A、B、C 的值写入文件号为 1 的文件中。

说明：

① "文件号"和"表达式列表"的含义同前；

② 当使用 Write 语句时，文件必须以 Output 或 Append 方式打开；

③ "表达式列表"中的各项以逗号","或分号";"分开；

④ Write 语句与 Print 语句的功能基本相同，主要区别有以下两点。

- 用 Write 语句向文件写数据时，数据在磁盘上以紧凑格式存放，自动在数据项之间插入逗号分隔符，如果是字符串，则会给字符串加上双引号，一旦最后一项被写入，就另起一行。

● 用 Write 语句写入的正数前没有空格。

【例 7-5】用 Write # 建立和表 7-3 所示的社区居民登记表。

表 7-3　社区居民登记表

身份证号	姓名	性别	年龄	出生年月
101	小米	女	24	11/1/1980
102	张明哲	女	6	3/4/1998
……	……	……	……	……
999	张前	男	1	10/6/2003

代码如下:

```
Dim sfzh(3) As String, xm(3) As String, xb(3) As String, nl(3) As
Integer, csny(3) As Date
    sfzh(1) = "101": xm(1) = "小米":    xb(1) = "女": nl(1) = 24:
csny(1) = #11/1/1980#
    sfzh(2) = "102": xm(2) = "张明哲":   xb(2) = "女": nl(2) = 6:
csny(2) = #3/4/1998#
    sfzh(3) = "999": xm(3) = "张前":    xb(3) = "男": nl(3) = 1:
csny(3) = #10/6/2003#
    Open " d:\jmdjb.dat " For Output As #1        ' 在 D:\根目录建立文件
    Write #1, "身份证号", "姓名", "性别", "年龄", "出生年月"   ' 写入表头
    For i = 1 To 3                            ' 利用循环语句写入多条记录
    Write #1, sfzh(i), xm(i), xb(i), nl(i), csny(i)    ' 写入第 i 个记录
    Next
    Close #1
```

运行结果如图 7-9 所示。

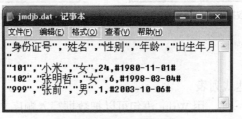

图 7-9　例 7-5 运行结果

说明:

① 把该程序建立的文件与［例 7-4］建立的文件"c:\stuinfo.txt"进行比较,可以看到文件中每一条记录的格式是不同的。

② 如果需要向文件中追加新的数据,必须把操作方式由 Output 改为 Append,即把语句改为: Open "d:\jmdjb.dat" For Append As #1。

③ 实际上,由于 Append 方式兼有建立文件的功能,因此最好在开始建立文件时就使用 Append 方式。

④ 由 Open 语句建立的顺序文件是 ASCII 码文件,可以用字处理程序来查看或修改。顺

序文件由记录组成，每个记录是一个单一的文本行，它以回车换行结束序列。每个记录又被分成若干个字段，这些字段是记录中按同一顺序反复出现的数据块。每个记录具有不同的长度，不同记录中的字段的长度也可以不一样。如果要使各记录的长度一样，可以将字段定义为记录型变量。

7.3.4 随机文件

随机文件以记录为单位，每个记录包含若干字段，记录和字段都有固定的长度。文件中的第一个记录或字节位于位置1，第二个记录或字节位于位置2，以此类推。如果省略记录号，则将上一个 Get 或 Put 语句之后的（或上一个 Seek 函数指出的）下一个记录或字节写入。

记录都有相同的结构和数据类型，在建立和使用随机文件前，必须先声明记录结构和处理数据所需的变量。声明记录结构和数据类型一般用自定义数据类型。例如，为了将表 7-3 中的社区居民登记数据建立为一个随机数据文件，可定义数据类型如下。

```
Public Type jmdjdata
    Sfzh as string *3
    xm As String * 6
    xb As String * 2
    nl As Integer
    csny As Date
End Type
```

这种数据类型是由用户根据记录数据类型自行定义的，定义 jmdjdata 数据类型后，就可以声明记录类型的变量。这里 jmdjdata 的使用方法与常用数据类型（如 integer、string 等）的使用方法一样。例如，Dim jmdj As jmdjdata。这样就可以用 *jmdj* 变量存储记录数据。

随机文件和顺序文件不同，它具有以下特点。

① 随机文件以记录为单位进行操作。

② 随机文件的记录是定长的，只有给出记录号 *n*，才能通过"（*n*-1）×记录长度"计算出该记录与文件首记录的相对地址。因此，在用 Open 语句打开文件时，必须指定记录的长度。

③ 每个记录划分为若干字段，每个字段的长度等于相应变量的长度。

④ 各个变量（数据项）要按一定的格式置入相应的字段。

1．随机文件的打开与关闭

（1）随机文件的打开

与顺序文件不同，打开一个随机文件后，既可以用于写操作，也可以用于读操作。可以用下列语句打开随机文件。

Open "文件名" For Random As #文件号 [Len=记录长度]

说明："记录长度"等于各字段长度之和，以字符（字节）为单位。如果省略"Len=记录长度"，则记录的默认长度为 128 字节。

（2）随机文件的关闭

随机文件的关闭与顺序文件的关闭一样，使用 Close 语句。

2．随机文件的写操作

随机文件与顺序文件的读写操作类似，但通常把需要读写的记录中的各字段放在一个记录类型中，并指定每个记录的长度。

随机文件的写操作按照以下步骤进行。

（1）定义数据类型。随机文件由固定长度的记录组成，各个记录含有若干字段。记录中的各个字段可以放在一个记录类型中，记录类型用Type…End Type语句定义。Type…End Type语句通常在标准模块中使用，如果放在窗体模块中，则应加上Private。

（2）打开随机文件。

（3）将内存中的数据写入磁盘。随机文件的写操作通过Put语句实现。其格式如下。

　　Put #文件号，[记录号]，变量

功能：Put语句把"变量"的内容写入由"文件号"指定的磁盘文件中。

说明：

● "变量"是除对象变量和数组变量外的任何变量。

● "记录号"是需要写入数据的记录编号，取值范围为1~2^32-1；即1-4294967295，如果省略"记录号"，则写到下一个记录的位置，即最近执行Get或Put语句后由最近的Seek语句所指定的位置。省略"记录号"后，逗号不能省略。例如：

　　Put #2，FB

（4）因为要存储写入的变量的类型信息，所以由Len子句指定的记录长度应大于或等于要写的数据的长度。如果写入的变量是一个变长字符串，则Len子句所指定的记录长度至少应比字符串的实际长度多两字节；如果为变体类型，则应多4字节。

3．随机文件的读操作

从随机文件中读取数据与写数据的操作步骤类似，只需要把第（3）步中的Put语句换成Get语句。Get语法的格式如下。

　　Get #文件号，[记录号]，变量

Get语句把由"文件号"指定的磁盘文件中的数据读到"变量"中。"记录号"的含义同前。

【例7-6】建立一个随机存取的学生成绩文件"score.dat"，然后读取文件中的记录。

学生成绩文件的数据表结构如表7-4所示。

表7-4　　学生成绩文件的数据表结构

字　　段	长　　度	类　　型
姓名（SName）	10	字符串
班级（Class）	15	字符串
课程（Course）	15	字符串
成绩（Grade）	4	单精度数

（1）编写代码。

在Visual Basic 6.0中，选择"工程"→"添加模块"命令，在标准模块中定义如下的记录类型。

```
Type  RecordType
    SName As String * 10
    Class As String * 15
    Course As String * 15
    Grade As Single
End Type
```

（2）在窗体层定义记录类型变量和其他变量。

```
Dim revar As RecordType
Dim n As Integer
Dim renum As Integer
```

（3）建立文件，并指定记录长度。

```
Open App.path & "score.dat" For Random As #1 Len = Len(revar)
```

记录的长度就是记录类型的长度，可以通过 Len 函数求出，即记录长度=Len（记录类型变量）。

（4）编写如下通用过程，执行输入数据及写盘操作。

```
Sub File_Write()
    Do
    revar.SName = InputBox$("学生姓名")
    revar.Class = InputBox$("所在班级")
    revar.Course = InputBox$("所修课程")
    revar.Grade = InputBox$("成绩")
    renum = renum + 1
    Put #1, renum, revar
    continue$ = InputBox$("More(Y/N)? ")
    Loop Until UCase$(continue$) = "N"
End Sub
```

（5）随机文件建立后，可以从文件中读取数据。从随机文件中读取数据有两种方法：顺序读取和通过记录号读取。由于顺序读取不能直接访问任意指定的记录，因此速度较慢。编写如下通用过程，执行顺序读文件操作。

```
Sub File_read1()
    Cls
    FontSize = 12
    For i = 1 To renum
      Get #1, i, revar
      Print revar.SName; revar.Class;
      Print revar.Course; revar.Grade; Loc(1)
    Next i
End Sub
```

该过程从建立的随机文件 score.dat 中顺序地读出全部记录，并在窗体上显示出来。

随机文件的主要优点之一，就是可以通过记录号直接访问文件中的任一条记录，从而可以大大提高存取速度。在用 Put 语句向文件写记录时，就把记录号赋予了该记录。在读取文件时，把记录号放在 Get 语句中，可以从随机文件取回一个记录。下面是通过记录号读取随机文件 score.dat 中任一记录的通用过程。

```
Sub File_read2()
    Getmorerecords = True
    Cls
```

```
      FontSize = 12
      Do
      n = InputBox("Enter record number of part you want to see(0 to end): ")
        If n > 0 And n <= renum Then
          Get #1, n, revar
          Print revar.SName; revar.Class;
          Print revar.Course; revar.Grade; Loc(1)
          MsgBox "单击'确定'按钮继续"
        ElseIf n = 0 Then
          Getmorerecords = False
        Else
          MsgBox "Input value out of range,reenter it"
        End If
      Loop While Getmorerecords
    End Sub
```

该过程在 Do…Loop 循环中要求输入要查找的记录号，如果输入的记录号在指定的范围内，则在窗体上输出相应记录的数据，当输入的记录号为 0 时，结束程序；如果输入的记录号不在指定的范围内，则显示相应的信息，并要求重新输入。

（6）在窗体中调用上述过程。

```
    Private Sub Form_Click()
      renum = LOF(1) / Len(revar)
      Newline = Chr$(13) + Chr$(10)
      msg$ = "1.建立文件"
      msg$ = msg$ + Newline + "2.顺序方式读记录"
      msg$ = msg$ + Newline + "3.通过记录号读文件"
      msg$ = msg$ + Newline + "4.删除记录"
      msg$ = msg$ + Newline + "0.退出程序"
      msg$ = msg$ + Newline + Newline + "    请输入数字选择:"
      Begin:
        resp = InputBox(msg$)
        Select Case resp
          Case 0
            Close #1
            End
          Case 1
            File_Write
          Case 2
            File_read1
          Case 3
            File_read2
```

```
        Case 4
            'Deleterec
    End Select
        GoTo Begin
```

End Sub

图 7-10　输入对话框

（7）运行程序。

程序运行后单击窗体，显示一个输入对话框，如图 7-10 所示。

该程序可以执行 4 种操作，即写文件、顺序读文件、通过记录号读文件和删除文件中指定的记录，删除记录的操作将在后面介绍。

在输入对话框中输入"1"，单击"确定"按钮，程序调用"File_Write"过程，执行写操作，按照如表 7-5 所示的依次输入数据。每输入完一条记录，都会出现 "More（Y/N）？"询问框，输入"Y"继续输入，直到输入完最后一条记录后，输入"N"并单击"确定"按钮，退出 File_Write 过程，返回到图 7-10 所示的对话框。

表 7-5　写入文件的数据表

SName	Class	Course	Grade
张勇	12 级临床 1 班	大学计算机基础	85
王海南	12 级护理 1 班	大学计算机基础	89
刘一軍	12 级口腔 1 班	大学计算机基础	86
朱文	12 级涉外护理 1 班	大学计算机基础	92

在输入对话框中输入"2"，单击"确定"按钮，调用 File_Read1 过程，顺序读取文件中的记录，并在窗体上显示出来，如图 7-11 所示，输出结果的最后一列是记录号。

图 7-11　顺序读记录

在输入对话框中输入"3"，单击"确定"按钮，调用 File_Read2 过程，通过记录号读取文件中的记录。输入记录号"3"后，在窗体上显示记录号为"3"的记录，如图 7-12 所示。

单击"确定"按钮后继续查找下一个记录。输入"0"结束，返回到输入对话框。在输入对话框中输入"0"，关闭文件退出程序。

图 7-12　显示记录号为 3 的记录

4．随机文件记录的追加与删除

（1）追加记录

在随机文件中追加记录，实际上是在文件的末尾增加记录。[例7-6]中的 File_Write 过程具有建立和追加记录两种功能，因为打开一个已经存在的文件时，写入的新记录将附加到该文件后面。运行[例7-6]的程序，在输入对话框中输入"1"，单击"确定"按钮，然后输入如表7-6所示的数据。

表7-6　追加记录输入的数据

SName	Class	Course	Grade
张平	12级护理1班	大学计算机基础	97
李小龙	13级临床1班	大学计算机基础	95

输入结束后，回到输入对话框，输入"2"，单击"确定"按钮，将显示文件中的所有记录，如图7-13所示，新增记录已附在原记录的后面。

图7-13　增加记录

（2）删除记录

在随机文件中删除一条记录，并不是真正地删除记录，而是把下一条记录重写到要删除记录的位置上，其后所有的记录依次前移。例如，前面建立的文件共有6条记录，假设要删除第5条记录，即"张平　12级护理1班　大学计算机基础　97"，方法是将第6条记录写到第5条记录上。

根据上面的分析，编写删除记录的通用过程如下。

```
Sub Deleterec(p As Integer)
   repeat:
      Get #1, p + 1, revar
      If Loc(1) > renum Then GoTo finish
         Put #1, p, revar
         p = p + 1
         GoTo repeat
   finish:
      renum = renum - 1
End Sub
```

上述过程用来删除文件中某条指定的记录，参数 p 是要删除记录的记录号。该过程是前面过程的一部分，可以在[例7-6]的事件过程中调用，把事件过程中"Case 4"后面的部分改为

p = InputBox("输入要删除的记录号")

DeleteRec (p)

程序运行后，在输入对话框中输入"4"，将显示一个对话框要求输入要删除的记录号的对话框，如图 7-14 所示。

输入"5"并单击"确定"按钮，第 5 条记录被删除，返回到输入对话框，此时输入"2"，单击"确定"按钮，即可看到第 5 条记录已被删除，如图 7-15 所示。

图 7-14 输入要删除的记录号

图 7-15 删除记录后

7.3.5 二进制文件

二进制文件保存的数据是无格式的字节序列，文件中没有记录或字段这样的结构。二进制访问能提供对文件的完全控制，因为文件中的字节可以代表任何东西。例如，通过创建长度可变的记录可节省磁盘空间。当要保持文件的大小尽量小时，应使用二进制型访问。因为读写操作需要知道当前文件指针的位置，所以在程序中应实时跟踪文件指针的位置。

需要注意的是，当把二进制数据写入文件中时，使用的变量是 Byte 数据类型的数组，而不是 String 变量。String 被认为包含的是字符，而二进制型数据可能无法正确地存在 String 变量中。

下面介绍有关二进制操作语句。

1. 打开二进制文件语句：Open 语句

语法格式为：Open <文件名> For Binary As #<文件号>

参数含义同顺序文件。对于二进制文件，打开方式为 Binary。

2. 文件的位置

每个打开的二进制文件都有自己的文件指针，文件指针是一个数值，指向下一次读写操作在文件中的位置。二进制文件中的每一个"位置"对应一数据字节，因此，有 n 字节的文件就有 $1 \sim n$ 的位置。

对二进制文件进行读写操作，会自动改变文件指针的位置。也可自由地改变文件指针或获得指针的值，此时用 Seek 语句或 Seek( )、Loc ( )函数。Seek 语句的语法格式和功能如表 7-7 所示。

表 7-7　Seek 语句的语法格式和功能

语 法 格 式	功 能 描 述
Seek #<文件号>, <新位置值>	将文件指针设置为设置值所指定的"新位置"
变量名=Seek(<文件号>)	返回当前的文件指针位置（要读写的下一字节）
变量名=Loc (<文件号>)	返回上一次读写的位置

说明：

一般地，Loc()的返回值总比 Seek()的返回值小 1，除非用 Seek 语句移动了指针。在随机文件中也可使用 Seek 语句或 Seek()、Loc()函数，但文件指针指向记录，而二进制文件中的文件指针指向字节。

3．二进制文件的读写操作

二进制文件的读写操作与随机文件的读写操作类似。从随机文件中读/写记录用 Get / Put 语句，同样从二进制文件中读/写数据用 Get/ Put 语句。Get 和 Put 语句的语法格式如下。

Get | Put #<文件号>,[读取位置 | 写入位置], <变量名>。

说明：

读取位置指定读取数据的起始位置，读出的数据存入变量名指定的变量中。

写入位置指定写入数据的起始位置，写入的数据即为变量名指定变量的值，它可以是字符型，也可以是数值型。

打开一个二进制文件时，文件指针指向 1，使用 Get 或 Put 操作语句将改变文件指针的位置。

4．关闭二进制文件语句：Close 语句

语法格式为：Close [#文件号]

参数含义同顺序文件。若省略"文件号"，则关闭所有已由应用程序打开的文件。

【例 7-7】利用 VB 对二进制文件的读写功能，读取编辑好的一个 Word 文档，并用十六进制形式显示到一个文本框（Text1）中，然后将文本框的十六进制数据通过"写入"返写到另外一个 Word 文档，如图 7-16 所示。

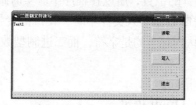

图 7-16　例 7-7 界面设计

代码如下。

（1）公共变量定义。

```
Dim bytes() As Byte                    '字节形式的文件数据数组
Dim Length As Long                     '数组长度
```

（2）打开文档（本处以 Word 文档为例）并以十六进制显示。

```
Private Sub ComOpen_Click()
    Open "c:\江雪.doc" For Binary As #1     '读取字节，C:\ 江雪.doc
    Length = LOF(1)                         '数组长度
    ReDim bytes(1 To Length) As Byte
    Get 1, bytes                            '读取
    Close #1
End Sub
```

（3）将文本框的数据以另一个文件保存。

```
Private Sub ComSaveAs_Click()
    Dim strTmp As String
    For i = 1 To Length
      strTmp = strTmp & " " & Hex(bytes(i))    '将 bytes 中的数据转换
为十六进制并累加
    Next
```

```
    Text1.Text = strTmp                            '显示到文本框中
    Open "c:\ 江雪 2.doc" For Binary As #1        '将字节另存
    Put 1, bytes
    Close #1
End Sub
```

（4）退出。

```
Private Sub ComExit_Click()
    End
End Sub
```

程序运行结果如图 7-17 所示。

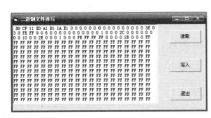

图 7-17　例 7-7 运行结果

7.4　文件系统控件

前面介绍了 Visual Basic 数据文件的概念和相应的存取操作。在编制通用的和与 Windows 系统界面一致的应用程序中，当打开一个文件将数据存入磁盘时，通常要指定驱动器名、目录名、文件名，组合成文件操作路径。为此，Visual Basic 提供了 3 个文件系统控件：驱动器列表框（DriveListbox）、目录列表框（DirListBox）和文件列表框（FileListBox）。本节将介绍这些控件的功能和用法，并介绍如何用它们开发应用程序。

驱动器列表框、目录列表框和文件列表框的图标如图 7-18 所示。先在工具箱中单击相应的图标，再在窗体上拖曳鼠标根据需要建立这 3 种文件控件。

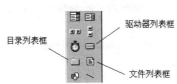

图 7-18　3 个文件系统控件图标

7.4.1　驱动器列表框控件

驱动器列表框（DriveListBox）是一个下拉式列表框，在文件管理中用来选择驱动器，图 7-19 是用 DriveListBox 控件创建的驱动器列表框。

1．常用属性

（1）Name 属性：通常采用"Drv"作为驱动器列表框控件名的前缀。省略时，Name 属性值为"Drive1"。

（2）Enabled、Visible 属性：这些属性的作用与前面介绍的标准控件的属性相同。

（3）Drive（驱动器）属性：用来设置或返回所选择的驱动器名。Drive 属性只能在程序代码中设置，不能通过属性窗口设置。其语法格式如下。

    <驱动器列表框名称> . Drive[= <驱动器名>]

图 7-19　驱动器列表框

<驱动器名>如果省略，则 Drive 属性是当前驱动器。如果选择的驱动器在当前系统中不存在，则产生错误。例如：

    Drive1.Drive = "E:"　　'控件 Drive1 设定为 E 盘

在程序执行期间，驱动器列表框可下拉显示出系统所拥有的所有驱动器。在一般情况下，显示当前的磁盘驱动器名称，如果单击列表框右端向下的箭头，则把计算机的所有驱动器名称全部下拉显示出来；如果选择下拉列表中的某一个驱动器名，则后续相关的驱动器修改为此驱动器。

从驱动器列表框中选择驱动器并不能自动变更当前工作驱动器，但可以将驱动器列表框的 Drive 属性作为 ChDrive 语句的操作数，将系统的当前工作驱动器改成 Drive 属性值指定的磁盘驱动器。

2．常用事件

当用户选择一个新驱动器或在程序中改变 Drive 的属性时，都将引发 Change 事件。例如，驱动器列表框的默认名称为 Drive1，其 Change 事件过程的首部为 Drive1_Change()。

7.4.2　目录列表框控件

目录列表框（DirListBox）用来显示当前驱动器上的目录结构，刚建立时显示当前驱动器的当前目录。图 7-20 是用 DirListBox 控件创建的目录列表框。

图 7-20　目录列表框

1．常用属性

（1）Name 属性：省略时，Name 属性值为"Dir1"。

（2）Enabled、Visible 属性：这些属性的作用同前。

（3）Path 属性（目录路径）：在目录列表框中只能显示当前驱动器上的目录。如果要显示其他驱动器上的目录，则必须改变路径，即重新设置目录列表框的 Path 属性。Path 属性适用于目录列表框，用来设置或返回当前驱动器的路径。其语法格式如下。

    目录列表框名.Path = [路径]

例如，假设 Dir1 是目录列表框的默认控件名。

```
Print Dir1.Path                              ' 在窗体上显示当前路径
Dir1.Path = "C:\Programfiles"         ' 重新设置路径为 C:\Programfiles
```

Path 属性只能在程序代码中设置，而不能在属性窗口中设置，用来改变目录路径。

目录列表框中只能显示当前驱动器上的目录。当改变驱动器列表框中的当前驱动器时，目录列表框中显示的目录内容也应当同步随之变化，即显示该驱动器上的目录内容。为此，需要使用如下语句。

目录列表框名.Path = 驱动器列表框名.Drive

2．常用事件

对于目录列表框来说，当 Path 属性值改变时，引发 Change 事件。驱动器列表框与目录列表框有着密切的关系。在一般情况下，改变驱动器列表框中的驱动器名后，目录列表框中的目录应当随之变为该驱动器上的目录，也就是驱动器列表框和目录列表框的"同步"。这可以通过一个简单的语句来实现。例如：

```
Private Sub Drive1_Cahnge()
    Dir1.Path = Drive1.Drive
End Sub
```

当改变驱动器列表框 Drive1 的 Drive 属性时，产生 Change 事件，Drive1_Change 事件过程把 Drivel.Drive 的属性值赋给目录列表框 Dirl 的 Path 属性，使目录列表框 Dirl 显示 Drive1.Drive 驱动器上的目录，两者同步。

7.4.3　文件列表框控件

文件列表框（FileListBox）显示当前目录下的文件。可以通过设置文件列表框中的相应属性值来选择显示的文件范围，从而提高搜索文件的效率，缩短搜索时间，如图 7-21 所示。

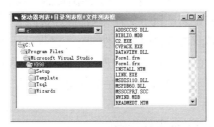

图 7-21　文件列表框

1．常用属性

（1）Name 属性：省略时，Name 属性值为"File1"。

（2）Enabled、Visible 属性：这些属性的作用同前。

（3）Pattern(模式) 属性：Pattern 属性用于设置程序运行时在文件列表框中限制显示的文件名。其属性值是被显示的文件名，文件名中可用通配符，从而可以显示一组或一类文件名。例如：

Pattern 属性设置为*.jpg ，则文件列表框中只显示扩展名为 jpg 的文件名。

Pattern 属性设置为*.jpg; *.bmp; *.pcx，则文件列表框中只显示扩展名为 jpg、bmp、pcx 的文件名。

（4）FileName（文件名）属性：FileName 属性用于确定在程序运行时，文件列表框中被选中的路径和文件名（即带路径的文件名）。当文件列表框是在程序运行中建立时，FileName 属性应设置成空串，表示当前没有文件被选中。读取此属性时，返回列表框中当前选定的文件名。

（5）Path（路径）属性：Path 属性用于确定或返回文件列表框的当前路径，包括驱动器名。如果要显示其他驱动器上的文件名，则必须改变路径，即重新设置文件列表框的 Path 属性。Path 属性适用于文件列表框，用来设置或返回当前驱动器的路径。其语法格式为：

文件列表框.Path = [路径]

文件列表框的 Path 属性的使用与目录列表框的 Path 属性类似。在实际应用中，驱动器列表框、目录列表框和文件列表框这 3 种列表框往往需要同步操作。驱动器列表框与目录列表框的同步操作，在前面已经举过例子。这里通过一个例子说明目录列表框与文件列表框是如何实现同步操作的。假定 File1 是文件列表框的默认控件名。

```
Private Sub Dir1_Change()
    Filel.Path = Dir1.Path
End Sub
```

该事件过程使窗体上的目录列表框 Dir1 和文件列表框 File1 同步。因为目录列表框的 Path 属性的改变将产生 Change 事件，所以在 Dirl_Change 事件过程中，把 Dirl.Path 赋给 Filel.Path，即可同步。

2．常用事件

（1）DblClick（双击）事件：双击文件列表框中文件名时触发此事件。

（2）PathChange（改变路径）事件：改变路径时发生此事件。

（3）PatternChange（改变模式）事件：改变 Pattern 属性时发生此事件。

（4）Click（单击）事件：单击文件列表框中的文件名时触发此事件。

【例 7-8】使用文件系统控件制作一个简易文件浏览器。双击文件列表框中的文件将调用相应的应用软件打开该文件，如果是执行文件，则直接运行。

（1）建立应用程序用户界面与设置对象属性。

选择"新建"工程，进入窗体设计器，增加一个驱动器列表框 Drive1、一个目录列表框 Dir1 和一个文件列表框 File1。运行效果如图 7-22 所示。

（2）编写代码

驱动器列表框 Drive1 的 Change 事件代码如下。

```
Private Sub Drivel_Change()
    Dir1.Path = Drive1.Drive
End Sub
```

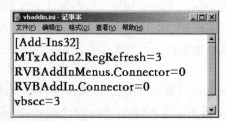

图 7-22　简易文件浏览器

目录列表框 Dir1 的 Change 事件代码如下。

```
Private Sub Dir1_Change()
    File1.Path = Dir1.Path
End Sub
```

文件列表框 File1 的 DblClick 事件代码如下。

```
Private Sub File1_DblClick()
    OpenFile Dir1.Path + "\" + File1.FileName   ' 调用 OpenFile 函数
End Sub
```

OpenFile 函数

```
Public Function OpenFile(ByVal OpenName As String, Optional ByVal
InitDir As String = vbNullString, Optional ByVal msgStyle As ShowStyle
= vbNormalFocus)
    ShellExecute 0&, vbNullString, OpenName, vbNullString, InitDir,
msgStyle
End Function
```

练习题

1. 关于顺序文件的描述，下面正确的是（　　）。

    A. 每条记录的长度必须相同

    B. 可通过编程方便地修改文件中的某条记录

    C. 因为数据只能以 ASCII 码形式存放在文件中，所以可通过文本编辑软件显示

    D. 文件的组织结构复杂

2. 以下能判断是否到达文件尾的函数是（　　）。

    A. BOF   B. LOC   C. LOF   D. EOF

3. 按文件的访问方式，文件分为（　　）。

    A. 顺序文件、随机文件   B. ASCII 码文件和二进制文件

    C. 程序文件、随机文件和数据文件   D. 磁盘文件和打印文件

4. 顺序文件是因为（　　）。

    A. 文件中的记录是按记录号从小到大排序好的

    B. 文件中的记录是按长度从小到大排序好的

    C. 文件中的记录是按某关键数据项从小到大排序好的

    D. 记录按进入的先后顺序存放，读出也是按原写入的先后顺序读出

5. 在窗体上有一个文本框，代码窗口中有如下代码，则下述有关该段程序代码所实现功能的说法正确的是（　　）。

```
Private Sub form_load()
    Open "C:\data.txt" For Output As #3
     Text1.Text = ""
 End Sub
 Private Sub text1_keypress(keyAscii As Integer)
    If keyAscii = 13 Then
```

```
        If UCase(Text1.Text) = "END" Then
            Close #3
            End
        Else
            Write #3, Text1.Text
            Text1.Text = ""
        End If
    End If
End Sub
```

    A. 在 C 盘当前目录下建立一个文件

    B. 打开文件并输入文件的记录

    C. 打开顺序文件并从文本框中读取文件的记录，若输入 End，则结束读操作

    D. 在文本框中输入的内容按回车键存入，然后文本框内容被清除

6. Print #1, STR$ 中的 Print 是（   ）。

    A. 文件的写语句   B. 在窗体上显示的方法

    C. 子程序名   D. 文件的读语句

7. 以下关于文件的叙述中，错误的是（   ）。

    A. 使用 Append 方式打开文件时，文件指针被定位于文件尾

    B. 当以输入方式(Input)打开文件时，如果文件不存在，则建立一个新文件

    C. 顺序文件各记录的长度可以不同

    D. 随机文件打开后，既可以进行读操作，也可以进行写操作

8. 要从磁盘上读入一个文件名为"c:\t1.txt"的顺序文件，下列（   ）是正确的语句。

    A. F = "c:\t1.txt"

       Open F For Input As #2

    B. F = "c:\t1.txt"

       Open "F" For Input As #2

    C. Open c:\t1.txt For Input As #2

    D. Open "c:\t1.txt" For Output As #2

9. 要从磁盘上新建一个文件名为"c:\t1.txt"的顺序文件，下列（   ）是正确的语句。

    A. F = "c:\t1.txt"

       Open F For Input As #2

    B. F = "c:\t1.txt"

       Open "F" For Output As #2

    C. Open c:\t1.txt For Output As #2

    D. Open "c:\t1.txt" For Output As #2

10. 如果在 C 盘当前文件夹下已存在名为 StuData.dat 的顺序文件，那么执行语句"Open"C：StuData. dat"For Append As #1"之后将（   ）。

    A. 删除文件中原有的内容

    B. 保留文件中原有的内容，可在文件尾添加新内容

    C. 保留文件中原有的内容，在文件头开始添加新内容

D. 以上均不对

11. 以下关于文件的叙述中，错误的是（　　）。

    A. 使用 Append 方式打开文件时，文件指针被定位于文件尾

    B. 当以输入方式(Input)打开文件时，如果文件不存在，则建立一个新文件

    C. 顺序文件各记录的长度可以不同

    D. 随机文件打开后，既可以进行读操作，也可以进行写操作

12. 以下程序段实现的功能是（　　）。

```
Option Explicit
Sub appeS_file1()
    Dim StringA As String, X As Single
    StringA="Appends a new number: "
    X=-85
    Open "d:\S_file1.dat" For Append As #1
    Print #1, StringA; X
    Close
End Sub
```

    A. 建立文件并输入字段　　　　　　　　B. 打开文件并输出数据

    C. 打开顺序文件并追加记录　　　　　　D. 打开随机文件并写入记录

13. 在窗体上画一个名称为 Command1 的命令按钮和一个名称为 Text1 的文本框,在文本框中输入字符串: Microsoft Visual Basic Programming。

然后编写如下事件过程。

```
Private Sub Command1_Click()
    Open "d:\temp\outf.txt" For Output As #1
    For i = 1 To Len(Text1.Text)
      c = Mid(Text1.Text, i, 1)
      If c >= "A" And c <= "Z" Then
          Print #1, LCase(C)
      End If
    Next i
    Close
End Sub
```

程序运行后,单击命令按钮，文件 outf.txt 中的内容是（　　）。

    A. MVBP　　　　　　　　　　　　　　B. mvbp

    C. M　　　　　　　　　　　　　　　　D. m

       V　　　　　　　　　　　　　　　　　v

       B　　　　　　　　　　　　　　　　　b

       P　　　　　　　　　　　　　　　　　p

第8章
对话框与菜单

随着 Windows 操作系统的出现，软件设计中的图形化用户界面成为了应用程序设计中的重要组成部分之一。程序通过用户界面与用户实现交互，并使用菜单将众多的程序功能集成在一个窗体界面中，提高了应用程序功能的条理性。Visual Basic 同样也提供了大量的用户界面设计工具和方法。

Visual Basic 的通用对话框 CommonDialog 控件提供了一组基于 Windows 的标准对话框界面，包括"打开"、"另存为"、"颜色"、"字体"、"打印"及"帮助"6 种对话框，使用它们可简化界面设计的工作。

8.1 通用对话框

在应用程序中，经常需要用到用于打开和保存文件、选择颜色和字体、打印等的对话框，它们都是 Windows 的通用对话框。对话框是用户与计算机进行信息交流的临时窗口，在 VB 中可以使用通用对话框控件来快速创建这些通用对话框。这些对话框包括"打开"、"保存"、"颜色"、"字体"、"打印"、"帮助"等。

注意： 通用对话框控件为 Visual Basic 和 Microsoft Windows 动态链接库 Commdlg.dll 例程之间提供了接口。为了使用控件创建对话框；要求 Commdlg.dll 必须存在于 Microsoft Windows\System 目录下。

在默认情况下，通用对话框控件并不显示在工具箱中，在使用它之前，用户需要将其添加到工具箱中，步骤如下。

（1）单击"工程"菜单中的"部件"命令，打开"部件"对话框，如图 8-1 所示。

（2）选择"控件"选项卡，在控件列表框中，选择"Microsoft Common Dialog Control 6.0"，如图 8-1 所示。

（3）单击"确定"按钮，通用对话框被添加到工具箱中。

下面介绍通用对话框控件的基本属性和方法。

图 8-1　添加通用对话框控件

8.1.1 CommonDialog 对象

在 Visual Basic 中，通用对话框由一个 CommonDialog 控件通过调用不同的方法来实现各种不同对话框的创建。这与其他一些可视化开发工具不同。设计时，通用对话框在窗体上显示成一个图标，其大小不能改变且在程序运行时不可见。控件加载后，用鼠标右键单击该控件，或者在控件属性窗口中单击"自定义"属性右边的省略号按钮，都可以打开"属性页"对话框。"属性页"对话框包括"打开/另存为"、"颜色"、"字体"、"打印"和"帮助"5 个选项卡。可以根据提示在"属性页"中直接进行属性设置，也可使用 Action 属性或 Show 方法，将通用对话框设置成不同的具体对话框。

Action 属性返回或设置被显示的对话框的类型，其语法格式如下。

`CommonDialogName.Action[=Value]`

其中 CommonDialogName 为通用对话框控件的名称，Value 值为 1~6 的整数，其含义如表 8-1 所示。

表 8-1　Action 属性和 ShowX 方法

Action 属性	ShowX 方法	说　　明
1	ShowOpen	显示"打开"对话框
2	ShowSave	显示"另存为"对话框
3	ShowColor	显示"颜色"对话框
4	ShowFont	显示"字体"对话框
5	ShowPrinter	显示"打印"对话框
6	ShowHelp	显示"帮助"对话框

ShowX 方法设置被显示的对话框的类型，其语法格式如下。

`CommonDialogName.ShowX`

其中 CommonDialogName 为通用对话框控件的名称。ShowX 方法有 6 种，其含义如表 8-1 所示。

8.1.2 文件对话框

文件对话框具有两种模式，即 Open 和 Save（Save As），其中 Open 模式可以使用户指定打开的文件，Save 模式可以使用户保存文件。Open 和 Save（Save As）对话框均可用来指定驱动器、目录、文件名和扩展名。

文件对话框具有以下常用属性。

Action 属性：返回或设置被显示的对话框分别为"打开文件"或"保存文件"对话框类型，取值为 1 或 2。

DefaultExt 属性：为该对话框返回或设置默认的文件扩展名。

DialogTitle 属性：返回或设置该对话框标题栏字符串。

Filter 属性：返回或设置在对话框的类型列表中所显示的过滤器。其语法格式如下。

`Object.Filter[=Description1|Filter|Description2|Filter2…]`

其中 Description 为描述文件类型的字符串表达式，Filter 为指定文件扩展名的字符串表达式，若含有多个扩展名，则扩展名之间以分号隔开。

例如，下列代码用于设置过滤器允许选择文本文件或含有位图和图标的图形文件。

`GetFile.Filter=Text(*.txt) | *.txt | Pictures(*.bmp; *.ico) | *.bmp; *.ico`

FilterIndex 属性：当使用 Filter 属性为"打开"或"另存为"对话框指定过滤器时，该属性返回或设置对话框中的一个默认过滤器。对于所定义的第一个过滤器，其 Index 是 1。对话框在默认状态下只能读取一个文件名，但可以通过设置 Flags 属性达到获取一组文件名的目的。

FileName 属性：设置或返回要打开或保存的文件的路径及文件名。

FileTitle 属性：指定"文件"对话框中所选择的文件名（不包括路径）。

Filter 属性：指定在对话框中显示的文件类型。

FilterIndex 属性：指定默认的过滤器，其值为一个整数。

MaxFileSize 属性：设定 FileName 属性的最大长度，以字节为单位。取值范围为 1～2048，默认值为 256。

CancelError 属性：被设置为 True 时，单击 Cancel（取消）按钮，关闭一个对话框时，显示出错信息。

InitDir 属性：该属性用于为"打开"或"另存为"对话框指定初始目录，默认值为当前目录。

Flags 属性：为"打开"和"另存为"对话框返回或设置有关对话框外观的选项。需要的值存储在 cdlOFN 开头的常量中，如表 8-2 所示。

表 8-2 文件对话框 Flags 属性值及其含义

常　　数	值	描　　　述
cdlOFNAllowMultiselect	&H200	指定文件名列表框允许多重选择。 运行时，通过按 Shift 键以及使用↑和↓ 键可选择多个文件。作完此操作后，FileName 属性返回一个包含全部所选文件名的字符串。字符串中各文件名用空格隔开
cdlOFNCreatePrompt	&H2000	当文件不存在时，对话框提示创建文件。该标志自动设置 cdlOFNPathMustExist 和 cdlOFNFileMustExist 标志
cdlOFNFileMustExist	&H1000	指定只能输入文本框中已经存在的文件名。如果该标志被设置，则当用户输入非法的文件名时，将显示警告信息。该标志自动设置 cdlOFNPathMustExist 标志
cdlOFNHelpButton	&H10	使对话框显示帮助按钮
cdlOFNHideReadOnly	&H4	隐藏只读复选框
cdlOFNLongNames	&H200000	使用长文件名
cdlOFNNoChangeDir	&H8	强制将对话框打开时的目录置成当前目录
CdlOFNNoDereferenceLinks	&H100000	不要间接引用外壳链接(也称作快捷方式)。省略时，选取外壳链接会引起它被外壳间接引用
CdlOFNNoReadOnlyReturn	&H8000	指定返回的文件不具有只读属性，也不能在写保护目录下
cdlOFNNoValidate	&H100	指定公共对话框允许返回的文件名中含有非法字符
cdlOFNOverwritePrompt	&H2	使"另存为"对话框当选择的文件已经存在时产生一个信息框，用户必须确认是否覆盖该文件
cdlOFNPathMustExist	&H800	指定只能输入有效路径。如果设置该标志，则输入非法路径时，显示警告信息
cdlOFNReadOnly	&H1	建立对话框时，只读复选框初始化为选定。该标志也指示对话框关闭时只读复选框的状态

【例 8-1】下面的程序用来显示"打开"对话框后，选择任意一个图片文件，并将其内容

显示在一个图片框上，然后通过"读取路径"按钮获取相关文件的路径属性。

```
Private Sub CmdOpen_Click()
   On Error Resume Next
   CdlTest.CancelError = True
   '属性 DialogTitle 是要弹出的对话框的标题
   CdlTest.DialogTitle = "打开文件"
   '默认的文件名为空
   CdlTest.FileName = ""
   '属性 Filter 是文件过滤器，返回或设置在对话框的类型列表框中所显示的过滤器
   CdlTest.Filter = "JPG 文件(*.JPG)|*.jpg|BMP 文件(*.BMP)|*.bmp|"
   'Flags 属性的用法依据不同的对话框而变，详情请参阅表 8-2
   CdlTest.Flags = cdlOFNCreatePrompt + cdlOFNHideReadOnly
   CdlTest.ShowOpen
   Image1.Picture = LoadPicture(Common1.FileName)
   If Err = cdlCancel Then Exit Sub
End Sub
Procedure Sub cmdReadPath_Click
   On Error Resume Next
   If cdltest.FileName <> vbNullString Then
      Label1.Caption = cdltest.FileName
      Label1.Refresh
   End If
End Sub
```

程序中，CmdOpen 为"打开文件"命令按钮，cmdReadPath 为"获取路径"命令按钮，CdlTest 为通用对话框的名称，image1 为文本框控件的名称。当单击"打开文件"按钮时，打开"打开文件"对话框，选择一个图像文件后，该文件的内容显示在 image1 图片框上。然后单击"获取路径"命令按钮，将文件路径显示在一个标签 Label1 上程序运行效果如图 8-2 所示。

图 8-2 例 8-1 运行效果

8.1.3 "颜色"对话框

"颜色"对话框主要用来选取颜色，当用户需要自定义颜色来设置对象的前景色或背景色，

或者自己创建颜色时，都需要使用"颜色"对话框。"颜色"对话框的一个重要属性是 Color，它用来返回选定的 RGB 颜色值。使用 CommonDialog 控件的 ShowColor 方法，可以显示"颜色"对话框。"颜色"对话框的主要属性是 Flags。属性值设置以 cdlCC 开头的 VB 系统常量，用来设置"颜色"对话框的参数。"颜色"对话框 Flags 属性值及其含义如表 8-3 所示。

表 8-3　"颜色"对话框 Flags 属性值及其含义

Flags 属性常数	值	描　述
cdlCCFullOpen	&H2	显示全部的对话框，包括自定义颜色部分
cdlCCShowHelpButton	&H8	使对话框显示帮助按钮
cdlCCPreventFullOpen	&H4	使自定义颜色命令按钮无效并防止自定义颜色
cdlCCRGBInit	&H1	为对话框设置初始颜色值

这些常数在对象浏览器的 Microsoft CommonDialog 控件（MSComDlg）对象库中列出。也可以定义所选择的标志。使用启动窗体声明部分的 Const 关键字定义想使用的标志。使用 Or 运算符可以为一个对话框设置多个标志。例如：

```
CommonDialog1.Flags = &H10& Or &H200&
```
将希望的常数值相加能产生同样的结果。下例与上例等效。

```
CommonDialog1.Flags = &H210&
```

【例 8-2】将窗口背景色设为自定义颜色。其中 CdlTest 为"颜色"对话框，Command1 为"字体颜色"命令按钮。Form1 为一个对象窗口，用"颜色"对话框改变 Form1 的背景颜色。代码如下。

```
Private Sub Command1_Click()
    Form1.Caption = "自定义颜色测试"
    On Error Resume Next
    CdlTest.CancelError = True
    CdlTest.Flags = cdlCCRGBInit    '为对话框设置初始颜色值
    CdlTest.ShowColor
    If Err = cdlCancel Then Exit Sub
    Form1.BackColor = CdlTest.Color
End Sub
```

单击"字体颜色"按钮后，打开"颜色"对话框，如图 8-3 所示，在其中选择颜色并单击"确定"按钮后，标签的字体颜色会相应地改变。

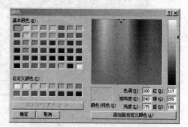

图 8-3　"颜色"对话框

8.1.4　"字体"对话框

"字体"对话框可以让用户选择字体，并设置相应的字体大小、颜色、样式等属性。使用通用对话框的 ShowFont 方法可显示"字体"对话框。使用"字体"对话框时，必须先设置对话框的 Flags 属性，然后才能使用 ShowFont 方法实际显示对话框。

其中，Flags 属性值及其含义如表 8-4 所示。

表 8-4　字体对话框 Flags 属性值及其含义

符 号 常 量	十 六 进 制	十 进 制	含 义
cdlCFApply	&H200&	512	允许 Apply 按钮
cdlCFANSIOnly	&H400&	1 024	不允许用 Windows 字符集的（无符号）字体
cdlCFBoth	&H3&	3	列出打印机和屏幕字体
cdlCFEffects	&H100&	256	允许中画线、下画线和颜色
cdlCFFixedPitchOnly	&H4000&	16 384	只显示固定字符间距的字体
cdlCFForceFontExist	&H10000&	65 536	试图选择不存在的字体或类型时报错
cdlCFLimitSize	&H2000&	8 192	只显示 Max 和 Min 属性指定范围内的字体
cdlCFNOSimulations	&H1000&	4 096	不允许图形设备接口字体仿真
cdlCFNOVectorFonts	&H800&	2 048	不允许使用矢量字体
cdlCFPrinterPonts	&H2&	2	只列出打印机字体
cdlCFScalableonly	&H20000&	131 072	只显示按比例缩放的字体
cdlCFScreenFonts	&H1&	1	只显示屏幕字体
cdlCFShowHelp	&H4&	4	显示一个 Help 按钮
cdlCFTTOnly	&H40000&	262 144	只显示 TrueType 字体
cdlCFWYSIWYG	&H8000&	327 68	只允许选择屏幕和打印机可用的字体

在"字体"对话框中做出选择后，以下有关"字体"对话框的相关属性与该选择有关。

● Color 属性：选择的字体颜色，当使用该属性时，必须先将 Flags 属性设置为 cdlCFEffects。

● FontBold 属性：选择的字体是否为粗体。

● FontItalic 属性：选择的字体是否为斜体。

● FontStrikethru 属性：是否选定删除线。要使用这个属性，就必须先将 Flags 属性设置为 cdlCFEffects。

● FontUnderline 属性：是否选定下画线。要使用这个属性，就必须先将 Flags 属性设置为 cdlCFEffects。

● FontName 属性：选定字体的名称。

● FontSize 属性：选定字体的大小。

【例 8-3】CdlTest 是一个"字体"对话框，TextBoxFont 是一个文本框，CmdFont 为"字体"命令按钮，单击"字体"按钮后，打开图 8-4 所示的"字体"对话框，在其中选择一种字体后，在文本框中设置相应的字体特性，代码如下。

```
Private Sub CmdFont_Click()
    On Error Resume Next
    '当用户单击"取消"按钮时，返回一个错误信息，这样可以对其进行控制
    CdlTest.CancelError = True
    CdlTest.Flags = cdlCFBoth + cdlCFEffects
    '显示"字体"对话框
    CdlTest.ShowFont
```

```
If Err = cdlCancel Then
  Exit Sub   '出现"取消"错误时，跳出
Else
'将 TextBox 的字体属性根据"字体"对话框的变做相应设置
'只有用户选择了字体时，才改变字体，以避免字体为空的错误
  If CdlTest.FontName <> "" Then
    TextBoxFont.FontName = CdlTest.FontName
  End If
  TextBoxFont.FontSize = CdlTest.FontSize
  TextBoxFont.FontBold = CdlTest.FontBold
  TextBoxFont.FontItalic = CdlTest.FontItalic
  TextBoxFont.FontStrikethru = CdlTest.FontStrikethru
  TextBoxFont.FontUnderline = CdlTest.FontUnderline
End If
End Sub
```

 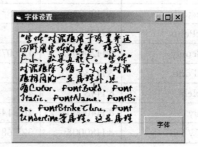

图 8-4　"字体"对话框

8.1.5　"打印"对话框

"打印"对话框是一个标准打印对话框。利用"打印"对话框，可以选择要使用的打印机，并可为打印处理指定相应的选项。但"打印"对话框并不能处理打印工作，具体打印操作还应通过编程进行处理。

"打印"对话框的属性有如下几种。

（1）Copies 属性：指定要打印文档的拷贝数。若 Flags 为 262144，则 Copies 总为 1。

（2）FromPage 和 ToPage 属性：指定要打印文档的页范围。使用时，Flags 属性必须为 2。

（3）hDC 属性：分配给打印机的句柄，用来识别对象的设备环境，用于 API 调用。

（4）Max 和 Min 属性：限制 FromPage 和 ToPage 的范围。

（5）PrinterDefault 属性：该属性为布尔值，默认为 True。为 True 时，如果选择了不同的打印设置，则 Visual Basic 对 Win.ini 文件做相应的修改。

（6）Flags 属性如表 8-5 所示。

表 8-5　"打印"对话框的 Flags 属性取值

符 号 常 量	十 六 进 制	十 进 制	含　　义
vbPDAllPages	&H0	0	返回或设置"所有页"选项按钮状态
vbPDCollate	&H10	16	返回或设置校验（Collate）复选框状态
vbPDDisablePrintToFile	&H80000	524288	禁止"打印到文件"复选框

符 号 常 量	十 六 进 制	十 进 制	含 义
vbPDHidePrintToFile	&H100000	1048576	隐藏"打印到文件"复选框
vbPDNoPageNums	&H8	8	禁止"页"选项按钮
vbPDNoSelectiOn	&H4	4	禁止"选定范围"选项按钮
VbPDNoWarnin	&H80	128	当没有默认打印机时，显示警告信息
vbPDPageNums	&H2	2	返回或设置"页"（Pages）选项按钮的状态
vbPDPrintSetup	&H40	64	显示"打印设置"（PrintSetup）对话框
vbPDPrintToFile	&H20	32	返回或设置"打印到文件"复选框的状态
vbPDRetumDC	&H100	256	在对话框的 hDC 属性中返回"设备环境"，hDC 指向用户所选择的打印机
vbPDRetumlC	&H200	512	在对话框的 hDC 属性中返回"信息上下文"（Information Context），hDC 指向用户所选择的打印机
vbPDSelection	&H1	1	返回或设置"选定范围"（Selection）选项按钮状态
vbPDShowHelv	&H800	2048	显示一个 Help 按钮
vbPDUseDevModeCopies	&H40000	262144	如果打印机驱动程序不支持多份复制，则设置这个值将禁止复制编辑控制（即不能改变复制份数），只能打印 1 份

【例 8-4】在【例 8-3】中增加一个"打印"命令按钮。

程序运行时，单击"打印"按钮，显示"打印"对话框（见图 8-5），将文本框中的内容打印出来。下面的过程中涉及系统对象 Printer，它代表打印机。有关 Printer 的用法可参阅 Visual Basic 帮助系统。

图 8-5　"打印"对话框应用示例

```
Private Sub CmdPrint_Click()
    CommonDialog1.ShowPrinter
    For i = 1 To CommonDialog1.Copies
```

```
        Printer.Print Textopen.Text
        Printer.Print Textsave.Text
    Next
    Printer.EndDoc
End Sub
```

8.1.6 "帮助"对话框

程序运行时,设置通用对话框的 Action 属性为 6 或使用通用对话框控件的 ShowHelp 方法可以运行 Windows 的帮助引擎 (WINHELP.EXE)。调用"帮助"对话框需要设置以下两个属性。

(1) HelpFile 属性:确定 Microsoft Windows Help 文件的路径和文件名,应用程序使用这个文件显示 Help 或联机文档。如果为应用程序创建了一个 Windows Help 文件,并设置了应用程序 HelpFile 属性,则当按 F1 键时,Visual Basic 会自动调用 Help。

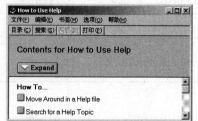

图 8-6 "帮助"对话框应用

(2) HelpCommand 属性:用于返回或设置需要的联机帮助的类型。通过设置 HelpCommand 属性,可以告诉该帮助引擎想要哪种类型的联机帮助,如上下文相关、特定关键字的帮助等。具体属性值参见 Visual Basic 帮助系统。

【例 8-5】在【例 8-4】中增加一个"帮助"命令按钮。

程序运行时,单击"帮助"按钮,自动显示与 c:\winnt\system32\winhelp.hlp 文件相对应的"帮助"窗口,如图 8-6 所示。

```
Private Sub Cmdhelp_Click()
    CommonDialog1.HelpCommand= cdlHelpForceFile
    CommonDialog1.HelpFile= "c:\windows\system32\winhelp.hlp"
    CommonDialog1.ShowHelp
End Sub
```

8.2 菜单操作

8.2.1 菜单概述

菜单在 Windows 应用程序中有广泛的应用,是应用程序图形化界面中一个必不可少的组成元素,通过菜单对各种命令按功能进行分组,能使用户更加方便、直观地访问这些命令。

1. 菜单的主要功能

- 菜单的主要功能如下。
- 将应用程序的所有功能分类显示于菜单的选项中,以便用户选择。
- 管理应用系统,控制各种功能模块的运行。

2. 菜单的常用术语

- 菜单条:菜单条出现在窗体标题的下面,包含每个菜单的标题。
  菜单:菜单包含命令列表或子菜单名。
- 菜单项:菜单中列出的每一项。

● 子菜单：从某个菜单项分支出来的另外一个菜单。具有子菜单的菜单项右边带有一个三角符号标志。

● 分隔条：分隔条是在菜单项之间的一条水平直线，用于修饰菜单。

● 弹出式菜单：弹出式菜单是另一种形式的菜单，在单击鼠标右键时出现，它是一个上下文相关的菜单。

图 8-7 就是一个典型的 Windows 系统菜单。

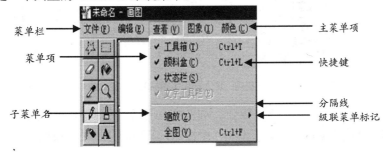

图 8-7　Windows 常见的菜单

3. 菜单的类型

菜单有两种基本类型：下拉式菜单和弹出式菜单，如图 8-8 所示。

（1）弹出式菜单

弹出菜单是独立于菜单栏的浮动菜单，其在窗体上的显示位置由单击鼠标时指针的位置决定。

（2）下拉式菜单

菜单栏（主菜单）—主菜单项

　　　　　子菜单——菜单项

　　　　　　　有效和无效的菜单项和子菜单项

　　　　　　　□带复选框的菜单项和子菜单项

　　　　　　▶ 级联菜单（最多可达 6 层）

　　　　　　… —— 启动对话框

　　　　　　-------分隔线

图 8-8　Windows 下拉菜单与弹出式菜单

VB 作为一种编程效率高的 Windows 应用程序开发工具，能够帮助开发人员在很短的时间内定制开发出各式各样的菜单。

8.2.2　下拉式菜单设计

VB 提供了一个菜单编辑器，专门用来制作各式各样的菜单，在 VB 集成开发环境中，可能通过 4 种途径获得菜单编辑器的界面。图 8-9 所示，从左至右依次是：双击标准工具栏上的圖图标；在窗体上单击鼠标右键；单击工具菜单；按 Ctrl+E 快捷键。通过这些操作，都会得到如图 8-10 所示的菜单编辑器界面。

图 8-9　进入菜单编辑器的几种途径

菜单编辑器分为上、中、下 3 部分，如图 8-10 所示。上面的部分是菜单控件的属性设置区；中间部分是菜单编辑区，它上面有 7 个按钮；下面部分是菜单项显示区。

图 8-10　VB 菜单编辑器

1．属性含义

VB 把菜单项作为一个控件处理，菜单具有外观和行为属性，所以也需要定义其属性。但菜单不是在"属性"窗格中设置属性值，而是用菜单编辑器设置属性。每个菜单项都有标题、名称、索引、快捷键、复选、有效和可见属性，其含义如下。

● "标题"文本框：用于设置菜单项的标题文字，相当于设置菜单项的 Caption 属性。如果要在两个菜单项之间加一条分隔线，可在"标题"文本框中输入一个连字符（–）。此外，如果在标题文字的某个字母前加上"&"，则显示菜单时在该字母下会加上一条下画线，用户可以通过按 Alt 键+带下画线的字母键打开菜单或执行相应的菜单命令。

● "名称"文本框：用于设置菜单项的名称，相当于设置菜单项的 Name 属性。在程序代码中使用该名称访问该菜单项。

● "索引"文本框：相当于菜单项对象的 Index 属性。与一般控件类似，可将若干菜单项对象定义成一个控件数组。Index 属性用于确定相应菜单项对象在数组中的位置。

● "快捷键"组合框：为菜单项选择一个快捷键。程序运行时，按下快捷键便可执行对应的菜单命令。

● "帮助上下文 ID"文本框：用于指定一个唯一的数值作为帮助文本的标识符。在"HelpFile"（帮助文件）属性指定的帮助文件中可用该数值查找适当的帮助主题。

● "协调位置"组合框：这是一个与 OLE 功能有关的属性。一般取 0 值即可。

● "复选"复选框：选中此选项，在初次打开菜单时，该菜单项的左边将显示"√"。通常用它来指出可切换的命令选项的开关状态。

- "有效"复选框：选中此选项，本菜单项在菜单打开时，将以清晰的文字形式出现，即可以立即使用（单击，命令即可执行）；如不选，则此菜单项出现时呈灰色，不会不响应鼠标事件。
- "可见"复选框：只有选中此选项，菜单项在菜单中才是可见的。
- "显示窗口列表"复选框：当菜单要包括一个所有打开的 MDI（多文档界面）子窗口的列表时，应当选中此选项。

2．编辑按钮

- ←与→按钮：用于改变菜单命令的级别，以创建子菜单。每单击一次"→"按钮，都把选定的菜单项向右移一个等级；单击"←"按钮，则把选定的菜单项向左移一个等级。
- ↑与↓按钮：用于移动菜单项在菜单中的位置。每单击一次"↑"按钮，都把选定的菜单项在同级菜单内向上移动一个位置；单击"↓"按钮，则把选定的菜单项在同级菜单内向下移动一个位置。
- "下一个"按钮：向后选定一个菜单控件，到最后一个菜单项后单击该按钮，将增加一个空白菜单项。
- "插入"按钮：在当前菜单项位置的上方增加一个菜单项。
- "删除"按钮：删除当前位置的菜单项。

3．菜单项显示区

菜单项显示区主要用于显示各菜单项的标题、每个菜单项的级别，以及菜单项的隶属关系。利用菜单项显示区还可以选择要编辑的菜单项。选择的菜单项反向显示，是当前可以编辑修改的菜单项。

4．设置访问键

访问键是指菜单项中加了下画线的字母键。执行程序时按住 Alt 键和加了下画线的字母键，就可以选择相应的菜单项。访问键实际中多用于顶层菜单项，用于弹出下拉式菜单。

访问键的建立：在设计菜单时，只要在菜单项的标题中加入一个由"&"引导的字母即可。例如，菜单项标题是"文件（&F）"，运行程序显示的是"文件（F）"，按 Alt+F 组合键等效于用鼠标单击该菜单项，如果希望菜单项的某一字母成为访问键，则在该字母前加"&"符号。

5．快捷键

快捷键是在设置菜单属性时，在"快捷键"下拉列表框中选择的。在运行程序时，按快捷键可以立即执行菜单命令。快捷键常用于菜单命令，使用它不需要菜单便可执行菜单命令。

6．分隔线

在子菜单中，为了将功能相近的菜单项放在一起，可在功能不同的菜单项之间用一条水平线分隔开。操作方法是：在菜单中插入一个菜单项，将该菜单控件的标题设置为一个减号"–"，尽管分隔线菜单不需要编程，但也需要为其命名。

当然，程序光有菜单还不行，它只是为用户提供了便捷的操作接口，程序功能的最终运行，还必须通过给这些菜单输入复杂的程序才能得以实现。下面，以 Windows 自带的记事本为蓝本，介绍如何用 VB 制作迷你型记事本。

【例 8-6】迷你型记事本主菜单设计。

（1）添加 RichText 控件。

首先在窗体内添加一个 RichText 控件，结果如图 8-11 所示。使用 RichText 而不用 TextBox 控件，主要是因为 RichText 是一种富文本对象编辑框，RichTextBox 控件除了具有 TextBox 控件的所有功能外，还可以显示字体、颜色和链接，从文件加载文本和加载嵌入的图像，以及查找指定的字符。作为文本编辑软件，RichText 控件是必需的。

在默认的工具箱面板中，RichText 控件没有列出来，用鼠标右键单击击工具箱面板，在弹出的快捷菜单中选择"部件"，然后在弹出的"部件"对话框中选中"Microsoft Rich Textbox Control 6.0"复选框，单击"确定"按钮即可，如图 8-12 所示。

（2）制作"文件"下拉菜单。

① 双击菜单编辑器图标，弹出如图 8-13 所示的菜单编辑窗口。

② 在"标题"文本框中输入"文件(&F)"。(&F)是为了方便用户使用键盘操作菜单，当程序运行时，(&) 字样不会出现，而是在字母 F 下加上一条横线，这表示，只要用户在按住 Alt 键的同时再按下 F 键，就相当于用鼠标单击"文件"菜单。也就是说，"文件"菜单的快捷键是 Alt+F。

③ 本菜单在程序中的名称，主要用于调用程序，最好使用英文名，另外，为了增强程序的可读性，名称应有一定含义，这里，将"文件"菜单命名为 File，如图 8-13 所示。

图 8-11　RichText 的文字及图片功能　　　图 8-12　引入 RichText 控件　　　图 8-13　菜单编辑器窗口

④ 单击菜单编辑器中的"下一个"按钮，制作下一个菜单，这时，可以看到，编辑区域自动提到了下一行。

⑤ 单击向右按钮 ➡ ，本行前面出现 4 个小点，表示本菜单降了一级，是二级菜单（以此类推，如果要制作三级菜单，只需要再次单击向右按钮进行降级即可）。然后用步骤②的方法，制作"新建"（NewFile）、"打开"（OpenFile）、"保存"（SaveFile）和"另存为"（SaveAsFile）菜单，结果如图 8-14 所示。

上面讲到了用 & 符号制作快捷键的方法，这里再使用 VB 菜单编辑器中的"快捷键"定制方法制作快捷键。

找到"新建"菜单，在"新建（&N）"字样后面添加 6 个空格，以便后面显示的快捷键与菜单名之间有一些空隙，在"快捷键"下拉列表中选择 Ctrl+N，表示在按住 Ctrl 键的同时，按 N 键就能使用"新建"命令了，如图 8-15 所示。

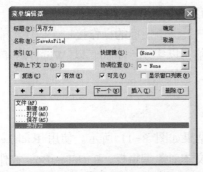

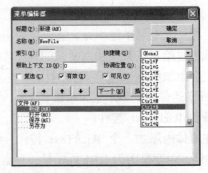

图 8-14　制作"文件"菜单　　　　　图 8-15　为菜单指定快捷键

⑥ 制作菜单分隔线。"另存为"菜单下面是条分隔线，那么分隔线如何表示呢？很简单，只需在"标题"文本框中输入"-"即可，为命名为 MenuSperate1，然后单击"下一个"按钮制作下面的菜单，如图 8-16 所示。

图 8-16　制作菜单分割线

⑦ 同理可创建"页面设置"（PageSetup）、"打印"（Print）、"退出"（Quit）菜单，创建好后的程序运行界面如图 8-17 所示。

图 8-17　菜单运行界面

（3）制作"编辑"菜单

由于"编辑"菜单是一级菜单，所以在完成"退出"菜单，并单击"下一个"按钮后，别忘了单击向左按钮，将当前菜单进行升级，这时可以看到，本行前面的 4 个小点消失了，根据前面学到的知识，制作"编辑"（Edit）、"撤销"（Undo）、"分隔条三"（MenuSeprate3）、"剪切"（Cut）、"复制"（Copy）、"粘贴"（Paste）、"分隔条四"（MenuSeprate4）、"全选"（SelectAll）、"自动换行"（AutoWrap）菜单，如图 8-18 所示。

图 8-18　制作"编辑"菜单

8.2.3　菜单属性设置

设置菜单的属性，可以在设计模式下进行，也可以在菜单设计完毕后用代码进行设置。

1．有效性设置

菜单的有效性：只有当菜单处于"有效"状态时才能被使用。

还是继续以【例 8-6】讲述，对于一个新的空白文件来说，"编辑"菜单下的"撤销"、"剪切"、"复制"、"粘贴"命令缺少操作对象，所以在初始状态下，它们应该是"无效"的。

设计模式：打开菜单编辑器，找到"撤销"菜单，取消选中"有效"复选框，使"撤销"菜单无效。同理，将"剪切"、"复制"、"粘贴" 3 个菜单变为"无效"。

运行效果如图 8-19 所示。

代码设置：利用代码设置更加方便控制，前面章节我们已经学习过，控制某个菜单项是否可用是控制该控件的 Enabled 属性。下列代码可以使上述"编辑"菜单项不可用。

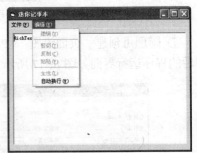

```
Undo.Enabled = False
Cut.Enabled = False
Copy.Enabled = False
Paste.Enabled = False
SelectAll.Enabled = False
```

2．复选菜单

在记事本中，"自动换行"可以对文本的显示进行换行控制，默认状态为"非自动换行"模式，单击一次相应菜单则启动"自动换行"模式，再单击一次就取消"自动换行"，这种菜单称为"复选菜单"。

图 8-19　实现"编辑"菜单项不可用

设计模式：复选菜单的制作在设计模式下非常简单，只需找到要作为复选菜单的菜单，然后选中"复选"复选框即可，如图 8-20 所示。

代码设置：用菜单对象的 Checked 属性设置复选菜单，代码很简单。

AutoWrap.Checked = True　'复选状态 : AutoWrap.Checked = False　' 非复选状态

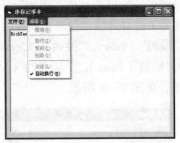

图 8-20　"自动换行"菜单项的复选功能

3．使菜单控件不可见

在菜单编辑器中，选中 Visible 复选框，可以设置菜单控件的 Visible 属性的初值。在运行时，要使一个菜单控件可见或不可见，可以从代码中设置其 Visible 属性。例如：

Copy.Visible = True　　　'复制菜单可见

Copy.Visible = False　　　'复制菜单不可见

当一个菜单控件不可见时，菜单中的其余控件会上移以填补空出的空间。如果控件位于菜单栏上，则菜单栏上其余的控件会左移以填补该空间。图 8-21 是隐藏了"复制"菜单后的运行效果。

图 8-21 隐藏了"复制"菜单后的"编辑"菜单

使菜单控件不可见也产生使之无效的作用，因为该控件通过菜单、访问键或者快捷键都再无法访问。如果菜单标题不可见，则该菜单上的所有控件均无效。

8.2.4 菜单事件响应

菜单项作为一个控件，不仅需要定义属性，还需要编写事件过程。在应用中，菜单项只能接受 Click 事件。方法是：在窗体设计模式下，单击某一菜单项，由窗体窗口转向代码窗口，就像是双击一个命令按钮一样，打开如图 8-22 的代码窗口。闪烁的光标提醒设计人员此处便是书写 VB 代码的地方。

图 8-22 菜单事件响应代码

8.2.5 创建子菜单

上述示例只介绍了创建一级菜单的方法，实际上，VB 可以创建包含最多五级子菜单。子菜单会分支出另一个菜单，以显示它自己的菜单项。使用子菜单的场合有：菜单栏已满、某一特定菜单控件很少被用到和要突出某一菜单控件与另一个的关系。然而，如果菜单栏中还有空间，最好再创建一个菜单标题而不是子菜单。这样，当菜单弹出时所有控件都可见。限制使用子菜单也是一种好的编程策略，它可以免去查找应用程序菜单界面的负担（大多数应用程序都只使用一级子菜单）。图 8-23 是 Word 插入自动图文集的三级菜单。

图 8-23 多级下拉菜单

在菜单编辑器中，不是菜单标题的菜单控件之下缩进的任何菜单，都是子菜单控件。一般来说，子菜单控件可以包括子菜单项、分隔符和子菜单标题。

创建子菜单的步骤如下。

（1）创建想作为子菜单标题的菜单项。

（2）创建将出现在新子菜单中的各个项目，然后单击右箭头按钮将它们缩进。

在菜单编辑器中每一缩进级前都加了 4 个点 (....)。要删除一缩进级，单击左箭头按钮。注意，如果想用多于一级的子菜单，可以考虑使用对话框来替代。对话框允许在一个地方指定多个选择，从而省去多级菜单的操作。图 8-24 是在迷你记事本的基础上增加了一个一级菜单"插入"，同时在"插入"菜单下设计了三级子菜单。运行效果如图 8-25 所示。

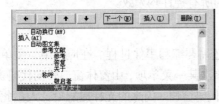
图 8-24　制作"插入"多级下拉菜单

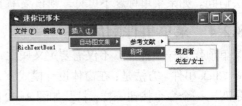
图 8-25　"插入"多级下拉菜单效果

8.2.6　弹出式菜单设计

在窗口程序运行过程中，弹出式菜单也是应用比较广泛的菜单，基本上在任何一个 Windows 对象上单击鼠标右键，都会打开一个特定的菜单，这个菜单就是弹出式菜单。弹出式菜单是独立于菜单栏而显示在窗体上的浮动菜单。例如，在 Windows 桌面单击鼠标右键，会弹出如图 8-26 所示的菜单，它主要是针对桌面可以进行的一系列操作。

图 8-26　桌面弹出式菜单

为某对象（控件）设计弹出式菜单的步骤如下。

（1）在菜单编辑器中按设计下拉式菜单的方法设计弹出式菜单，然后将要作为弹出式菜单的顶级菜单设置为不可见。

（2）如果要求响应鼠标的右键，则在对象的 MouseDown 事件过程中编写代码，用以下的 PopupMenu 方法显示弹出式菜单。

```
[<窗体名>.] PopupMenu <菜单名>[,Flags[,x[,y[,BoldCommand]]]]
```

其功能是在 MDI 窗体或窗体对象上的当前鼠标位置或指定的坐标位置显示弹出式菜单。

<窗体名>：指菜单所在的位置，如果省略，则默认为是当前窗体。

<菜单名>：在菜单设计器中设计的菜单项（至少有一个子菜单）的名称。

Flags：可选项，一个数值或常量，用于指定弹出式菜单的位置和行为，其取值如表 8-6 和表 8-7 所示。

表 8-6 位置常量

值	位 置 常 量	说 明
0	vbPopupMenuLeftAlign	默认值，弹出式菜单的左上角位于坐标(x,y)处
4	vbPopupMenuCenterAlign	弹出式菜单的上框中央位于坐标(x,y)处
8	vbPopupMenuRightAlign	弹出式菜单的右上角位于坐标(x,y)处

表 8-7 行为常量

值	行 为 常 量	描 述
0	vbPopupMenuLeftButton	默认值，弹出式菜单项只响应鼠标左键单击
2	vbPopupMenuRightButton	弹出式菜单项可以响应鼠标左、右键单击

如果要同时指定位置常量和行为常量，则将两个参数值用 Or 连接，如 4 Or 2。

x：指定显示弹出式菜单的 x 坐标，省略时为鼠标坐标。

y：指定显示弹出式菜单的 y 坐标，省略时为鼠标坐标。

BoldCommand：指定弹出式菜单中要显示为黑体的菜单项控件的名称，如果该参数省略，则弹出式菜单中没有以黑体字出现的菜单项。

【例 8-7】设计迷你型记事本弹出式菜单。

在[例 8-6]的基础上，再增加一个针对菜单 RichText 控件的弹出式菜单，目的是执行针对 RichText 的特定操作。菜单项目及属性设置见表 8-8，设计界面如图 8-27 所示。

表 8-8 菜单属性设置

标 题	名 称	Visible 属性
弹出菜单	MenuPopup	False
字体	Font	True
颜色	Color	True
清除内容	Clear	True

定义为弹出式菜单最顶层项的可见性属性必须去掉。

图 8-27 弹出式菜单设计

现在还只是定义了弹出式菜单的内容，运行时在 RichText 上单击鼠标右键，并不会弹出相应的菜单。为了能让右键发生作用，必须在 RichText 的 MouseDown 事件下按要求编写如下代码，其运行效果如图 8-28 所示。

```
Private Sub RichTextBox1_MouseDown(Button As Integer, Shift As
Integer, x As Single, y As Single)
    If  Button  =  vbRightButton  Then  PopupMenu  MenuPopup,
vbPopupMenuLeftAlign
End Sub
```

图 8-28　弹出式菜单运行效果

8.3　VB 工具栏与状态栏的操作

8.3.1　工具栏

工具栏（也称为发条或者控制栏）已经成为许多基于 Windows 应用程序的标准功能。工具栏包含工具栏按钮，提供了对应用程序中最常用的菜单命令的快速访问，进一步增强了应用程序的菜单功能。例如，Word、Excel 等办公软件均提供了丰富的工具栏按钮，大大增强了 Word、Excel 的功能。

图 8-29 是 Word 标准工具栏，提供了针对 Word 的一些常用操作。

图 8-29　Word 标准工具栏

用户也可以在应用程序中添加状态栏。状态栏通常位于窗体底部，可以显示文本或预定义数据，如自动更新的时间和日期等。

在 VB 6.0 应用程序的窗体中添加工具栏和状态栏很容易。VB 提供了两个 ActiveX 控件，即 Toolbar 控件和 StatusBar 控件。使用它们可以非常容易，而且方便地创建工具栏和状态栏。

Toolbar 和 StatusBar 都是一组 ActiveX 控件的一部分，要想方便地应用这两个控件，首先要把它们添加到工具箱中，而且在创建脱离 VB 集成开发环境的 Windows 应用程序时，还必须把包含该控件的文件安装到用户的系统文件中。

1．ActiveX 控件简介

VB 应用程序的界面主要由控件组成，工具箱中提供了 20 个常用的控件，可以直接使用这些控件，它们称为标准控件。当开发复杂的应用程序时，仅仅使用这些控件是不够的。其实，除了工具箱中的标准控件之外，还有一些控件，它们平常不在工具箱中，这种的控件都以单独的.ocx 文件存在，需要时，可以选择"工程"菜单中的"部件"命令，从打开的"部件"对话框中选择这些控件，即把它们添加到工具箱中，使用它们与使用标准控件完全一样。这类控件称为 ActiveX 控件。ActiveX 控件可以是系统提供的，也可以是第三方开发商提供的，还可以是用户自己开发的。在软件开发中，使用 ActiveX 控件一方面能够节约大量的开发时间，另一方面，由于许多 ActiveX 控件是作为产品开发的，已经过测试和许多人的使用，这对提高软件的正确性和可靠性有很大的帮助。

2．ActiveX 控件的引入

ActiveX 控件必须引入，否则无法使用，下面介绍 Toolbar 和 StatusBar 这两个 ActiveX 控件的引入方法。

选择"工程"菜单中的"部件"命令，打开"部件"对话框，选中"Microsoft Windows Common Control 6.0"复选框，如图 8-30 所示。载入文件后，工具栏中会增加几个控件按钮，其中有 Toolbar、StatusBar 和 ImageList 控件等。

图 8-30　引入 Toolbar、StatusBar 等控件

如果脱离 VB 集成开发环境，直接在 Windows 中运行 VB 应用程序，就必须创建可执行文件。如果应用程序含有 Activex 控件，就必须在系统中注册与其相关的.ocx 文件，否则，应用程序找不到该控件的代码，导致运行时产生"文件未找到"的错误信息。

3．创建工具栏

有了 Toolbar 控件，就可以通过将按钮添加到按钮集合中创建工具栏。每个按钮对象可以用 Caption 属性显示文本，或者拥有相关联的 ImageList 控件提供的图像，或者二者兼而有之。这里提到的 ImageList 控件，为其他 Windows 公共控件保管图像，相关内容将在后面介绍。

创建好工具栏之后，还要为其编程，即对 Button_Click 事件添加代码，以便对选定的按钮做出反应。概括地说，使用 Toolbar 控件创建工具栏的步骤如下。

（1）创建 ImageList 控件作为要使用的图形的集合。

（2）创建 Toolbar 控件，并将 Toolbar 控件与 ImageList 控件相关联，创建 Button 对象。

（3）在 ButtonClick 事件中添加代码。

下面先介绍 ImageLsit 有关内容。

如前所述，ImageList 为其他 Windows 控件保管图像，因此，可以把它视为一种图像仓库。它提供了单一的、一致的图像目录，从而节省了开发时间，用户可以不编程而一次性地将所有图像事先装载到 ImageList 控件中，只在需要时设置 Key 或 Index 属性值即可。即使如此，ImageList 中的图像也可在运行时添加和删除。

双击工具箱中的 ToolBar 及 ImageList 按钮，窗体上出现一个 ToolBar1 控件和 ImageList1

控件。按以下步骤在 ImageList1 控件中添加图像。

（1）打开 ImageList1 属性窗口，单击"图像"选项，如图 8-31 所示。

（2）单击"插入图片"按钮，打开选定图片对话框。

（3）在该对话框中选定多个图片文件，选定图片的数不少于 Toolbar 按钮的数，单击"打开"按钮，这时每个图像都有一个从 1 开始的索引值。

注：选定图片可以是位图、图标或光标、Gif 图像、Jpeg 图像，而且可以同时选定多个图像。

图 8-31　ImageList"属性页"对话框

单击"插入图片"，打开"选定图片"对话框，引入指定的图片文件。可以一次选定一个也可以同时选定多个图片，如图 8-32 所示。

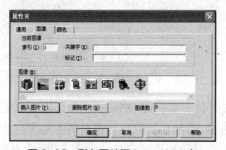

图 8-32　引入图片至 ImageList 中

图片装载进来后，只需将 Toolbar 与 ImageList 关联，下面介绍如何实现二者的关联。

（1）通过前面的操作，窗体菜单栏下自动创建一个 Toolbar1 控件对象，其初始状态没有一个按钮。

（2）打开 Toolbar1 属性窗口，在"通用"选项下设置图像列表(I)为 ImageList1，如图 8-33 所示。

（3）单击"按钮"选项，单击"插入按钮"产生新的按钮，并对此按钮进行相应的属性设置，如图 8-34 所示，由于事先引入了多张图片，单击"插入"按钮产生一个新的按钮，并对新产生的按钮设置属性，主要是设置按钮的"标题"、"关键字"和"图像"。其中本按钮对应哪个图片由"图像"属性确定图像的索引值。

（4）重复第（3）步，直到所有按钮全部设计完成。

（5）单击"确定"按钮关闭 Toolbar 属性窗口。

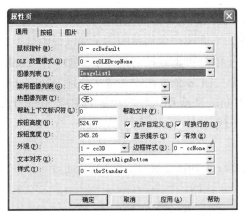

图 8-33　Toolbar 图像列表关联至 ImageList

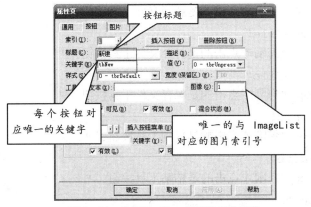

图 8-34　设置 Toolbar 按钮的其他属性

在"属性页"对话框的"通用"选项卡中，将工具栏的"外观"和"边框样式"都设置为 1，使工具栏更加突出、漂亮。

工具栏中的每个按钮还有"样式"属性，该属性决定了按钮的行为特点。在"属性页"对话框的"按钮"选项卡中可以设定按钮的"样式"属性。表 8-9 列出了 6 种按钮样式及其说明。

表 8-9　Toolbar 按钮的其他属性

值	常　数	说　　明
0	tbrDefault	普通按钮。按钮按下后恢复原态，如"新建"等按钮
1	tbrCheck	开关按钮。按钮按下后将保持按下状态，如"加粗"等按钮
2	tbrButtonGroup	编组按钮。一组按钮同时只有一个有效，如"右对齐"等按钮
3	tbrSeparator	分隔按钮。把左右的按钮用竖线分割
4	tbrPlaceholder	占位按钮。以便安放其他控件，可设置按钮宽度（Width）
5	tbrDropdown	菜单按钮。具有下拉式菜单，如 Word 中的"字符缩放"按钮

将按钮添加到工具栏并为其赋予图像之后，剩下的工作就是为所有按钮添加代码，以便单击该按钮时，执行相应的操作。

4．为工具栏编写代码

当用户单击按钮（占位符和分隔符样式的按钮除外）时，会发生 ButtonClick 事件。可以用按钮的 Index 属性或 Key 属性识别单击的按钮。利用这些属性中的任意一个,可以用 Sclect Case 语句编写按钮的功能,下面用一个简单的例子加以说明。

【例 8-8】在［例 8-7］的基础上,按前述方法添加一个 Toolbar 工具栏和一个 ImageList 控件,并为 Toolbar 添加 6 个按钮,6 个按钮的关键字分别为"NewFile"、"OpenFile"、"SaveFile"、"Copy"、"Paste"、"Cut"。为 ImageList 引入相应数量的图片,设定 Toolbar 图像列表为 ImageList 控件对象,并为其编写如下代码。

```
Option Explicit
Private Sub Toolbar1_ButtonClick(ByVal Button As MSComctlLib.
Button)
    Select Case Button.Key
        Case "NewFile"
            MsgBox "您刚才点击的是新建文件工具按钮."
        Case "OpenFile"
            MsgBox "您刚才点击的是打开文件工具按钮."
        Case "SaveFile"
            MsgBox "您刚才点击的是保存文件工具按钮."
        Case "Copy"
            MsgBox "您刚才点击的是复制工具按钮."
        Case "Paste"
            MsgBox "您刚才点击的是粘贴工具按钮."
        Case "Cut"
            MsgBox "您刚才点击的是剪切工具按钮."
    End Select
End Sub
```

程序运行后,只要单击任意一个按钮,就可打开一个消息框,提示用户单击了哪个按钮,如图 8-35 所示。

图 8-35 ［例 8-8］运行效果

5．灵活使用 ToolBar 控件

ToolBar 控件除了具有方便创建工具栏的功能,还有许多其他的功能,这可以大大减少程序员的工作量。

在程序运行时,双击工具栏会显示"自定义工具栏"对话框,如图 8-36 所示。可以在该对话框中重新安排工具栏按钮。

图 8-36 "自定义工具栏"对话框

通过对每个 Button 对象的"工具提示文本"进行编程，可以进一步增加程序的可用性。为此，需要将 ShowTips 属性设置为 True。当调用"自定义工具栏"对话框时，单击按钮会在对话框中显示按钮的描述；这种描述可通过对"工具提示文本"属性进行编程来实现。如果选中"可换行的"复选框(见图 8-33)，则当用户改变窗体的大小时，ToolBar 控件会自动折行。尽管 Button 对象能自动换行，但放置在其上的其他控件不能。

8.3.2 状态栏

使用 Microsoft Windows Common Control 6.0 中的 StatusBar 控件，可以为程序添加状态栏。状态栏通常位于窗体底部，也可以置于顶部或侧面。

StatusBar 控件由 Panels 集合构成。在该集合中至多可包含 16 个 Panel 对象，每个对象可以显示一个图像和文本。

在运行时，可以通过 Text、Picture 和 Width 属性动态改变在向 Panel 对象的文本、图像或宽度。要在设计时添加 Panel 对象，可以用鼠标右键单击 StatusBar 控件，单击快捷菜单中的"属性"命令，打开"属性页"对话框，如图 8-37 所示。

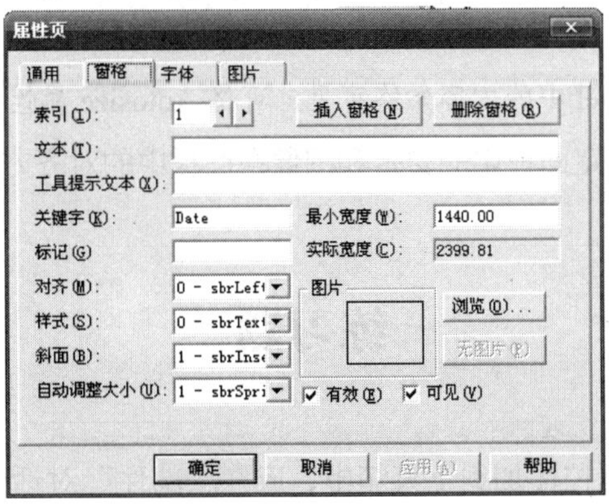

图 8-37 状态栏的"属性页"对话框

使用该对话框，可以添加 Panel 对象和设置每个对象的各种属性。用户也可以在运行时添加 Panel 对象，这需要使用带 Add 方法的 Set 语句。首先声明 Panel 类型的对象变量，然后将该对象变量设置为由 Add 方法创建的 Panel。例如：

```
'StatusBar 控件的名称为 SbTest
Dim pnTest As Panel
Set pnTest =sbTest.panels.Add()
```

创建 Panel 对象之后，就可以用设置的对象变量引用该对象，并设置其各种属性。例如：

```
pnTest.Text=Drivel.Drive
pnTest.Picture=LoadPicture("mapnet.bmp")
```

```
pnTest.Key="drive"
```
其中，"关键字"属性必须是唯一的，它用来标明特定的对象。在单击特定的 Panel 对象时，应用程序代码据此做出相应的响应。

要在 StatusBar 控件中用程序响应单击事件，可以在 PanelClick 事件中使用 SelectCase 语句。例如：

```
Private Sub sbTest_PanelClick(ByVal Panel As MSComctllib.Panel)
    Select Case Panel.Key
    Case "Drive"
        Panel.Text=Drivel.Drive
    Case "openDB"
        Panel.Text=noopenDB.Name
    Case Else
        '处理其他情况
    ...
    End Select
End Sub
```

StatusBar 的每个 Panel 对象的外观，还可以使用 Bevel、AutoSize 和 Alignment 属性改变，各属性含义如下。

（1）Bevel 属性指定 Panel 对象是否凹下、凸起或者水平。

（2）AutoSize 属性决定当窗体或窗口控件的大小改变时，Panel 对象本身的大小应该如何改变。

注意：如果想保证 Panel 中的内容始终可见，可将 Autosize 属性设置为 SbrContents。

（3）Alignment 属性指定面板中的文本和图像在面板中的对齐方式，类似于在文字处理器中，文本的对齐方式。

练习题

一、填空题

1. 为了把通用对话框控件加到工具箱中，应在"部件"对话框的"控件"选项卡中选择_____。

2. 在文件对话框中，FileName 和 FileTitle 属性的主要区别是_____，假定有一个名为"fn.exe"的文件，它位于"C:\abc\def"目录下，则 FileName 属性的值为_____；FileTitle 属性的值为_____。

3. 假定在窗体上建立了一个通用对话框，其名称为 CommonDialog1，用下面的语句可以建立一个对话框：CommonDialog1.Action=2。与该语句等价的语句是_____。

4. 在用名称为 CommonDialog1 的通用对话框控件建立"打开"或"保存"文件对话框时，如果有以下语句，则在"文件类型"框中显示_____。

```
CommonDialog1.Filter="All    Files(*.*)|*.*|Text    Files(*.txt)|
*.txt|Batch Files(*.bat)|*.bat"
CommonDialog1.FilterIndex=2
```

二、思考题

1. ToolBar 控件的作用是什么？ImageList 控件的作用又是什么？如何使两个控件连接？

2. 通用对话框使用什么控件设计？该控件使用哪些方法打开"打开"、"保存"、"颜色"、"字体"、"打印"和"帮助"对话框？

3. 如何自行设置通用对话框的标题？

4. 如何在"打开"对话框内过滤多种文件类型？如何在"另存为"对话框内传送文件名？

5. 在使用"字体"对话框之前必须设置什么属性值？要控制字体的颜色，又将如何设置 Flags 属性？

三、上机题

利用前面所学的知识，设计一个带有下拉式菜单、弹出式菜单、工具栏的文本编辑器。设计要求如下。

1. 新建一个工程，将窗体 Form1 的 Caption 属性设置为"文本编辑器"。

2. 在窗体 Form1 上建立文本编辑器窗体的下拉式菜单，其内容如表 8-10 所示。

表 8-10　文本编辑器的下拉式菜单结构

文件（&F）	编辑（&E）	视图（&V）	
新建 Ctrl+N	剪切 Ctrl+X	页面	
打开 Ctrl+O	复制 Ctrl+C	大纲	
保存 Ctrl+S	粘贴 Ctrl+V	文档结构	
—		—	
打印 Ctrl+P		工具栏	常用
预览			格式
—			颜色
退出 Ctrl+E			字体

3. 在窗体上添加一个 RichTextBox 类控件作为图文编辑器，用弹出式菜单实现文本编辑器的"复制"、"剪切"、"粘贴"功能。

4. 用工具栏按钮实现对菜单命令的简化操作，包括"新建"、"打开"、"保存"、"剪切"、"复制"、"粘贴"等常用命令。

第 9 章
程序调试与出错处理

【学习内容】

编程过程中难免出现错误，为了便于发现错误，VB 提供了许多调试工具，借此，我们可以较容易地发现错误，并加以纠正。程序在运行过程中，使用环境、资源等发生变化，也可能导致错误，借助 VB 提供的错误捕获方法，通过适当编程，能够解决此类问题。本章主要介绍程序代码中可能出现的错误类型、调试工具的使用和错误捕获处理程序的设计方法。

9.1 程序错误

程序员都希望编写出完美的应用程序，但在编程过程中难免会有疏忽，出现这样或那样的错误，这些错误俗称 Bug。小错误对于用户来说只是有些不方便，如光标没有按照预期的样子出现；严重的错误则可能使程序对许多命令停止响应，还可能需要用户重新运行程序，甚至导致计算机系统崩溃。

程序设计中的常见错误通常可分为 3 类：编译错误、运行时错误和逻辑错误。

9.1.1 编译错误

程序在编译过程中出现的错误叫作编译错误（compile error）。编译错误主要是由不正确书写代码而产生的语法错误，如非法使用关键字、丢失关键字、遗漏了必需的标点符号或括号等。

根据 VB 发现错误的时机，编译错误可分为自动语法检测错误和调试运行时的编译错误两种。

1. 自动语法检测错误

在代码窗口输入程序代码时，如果语句没有输完或关键字输入有错，按回车键后，由于 VB 编辑环境自动进行语法检查，会弹出一个出错窗口；同时有错的一行会变为红色，进行错误提示，这种错误叫自动语法检测错误。单击“确定”按钮，关闭提示窗口，就可修改出错的一行语句。这是一种最容易发现的错误。

例如：

```
Private Sub Command1_Click()
    Din a As Integer      '关键字出错，应将 Din 改为 Dim
    Fore I=1 To  100      '关键字出错，应将 Fore 改为 For
        a=a+I
    Next
End Sub
```

上述情况如图 9-1 所示。

如果自动语法检测错误不起作用，可单击 "工具"→"选项"命令，在"选项"对话框中的"编辑器"选项卡中进行设置，确保选中"自动语法检测"复选框，如图9-2所示。

图9-1 关键字Dim错误

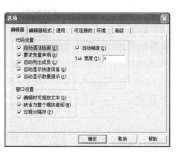
图9-2 设置自动语法检测

2. 调试运行时的编译错误

当编程者输入程序代码以后，单击工具栏中的"启动"按钮执行程序时，VB先要对代码进行编译，此时产生的错误就是调试运行时的编译错误。这种编译错误一般是在函数名后没有括号、参数和缺少关键字等情况下发生。例如，Do与Loop语句、For与Next语句、If语句与End If语句没有配对使用。

图9-3中缺少与If语句配对使用的End if语句。单击工具栏中的"启动"按钮，使程序运行，再单击命令按钮时，会弹出一个编译错误提示窗口。单击"确定"按钮后，可对程序代码进行修改。

图9-4所示，语句x=Sin中的函数sin没有带参数。与上一样，也会弹出编译错误提示框。

图9-3 If与End If没有配对使用

图9-4 正弦函数Sin没有参数

9.1.2 运行时错误

运行时错误（runtime error）是指程序在运行期间执行了非法操作或某些操作失败，如打开的文件没有找到、磁盘空间不足、网络连接断开、除法运算中除数为零等。这种错误在编译时常常难以发现，只有在运行程序时，通过用户的一些操作才会表现出来。

例如，在窗体中放入一个按钮，按钮的单击事件处理代码如下。

```
Private Sub Command1_Click()
    Dim a(20) As Long
    Dim j As Long
    For j = 0 To 22
        a(j) = j + 1    '下标会超过10，数组下标越界，弹出错误
    Next
End Sub
```

按F5键运行程序，单击命令按钮时，会弹出数组下标越界错误，如图9-5所示。

例如，在窗口界面上有一个被除数文本框 txtDividend、一个除数文本框 txtDivisor 和一个命令按钮 Command1。对命令按钮单击事件编写如下代码。

```
Private Sub Command1_Click()
    Dim intDividend As Integer
    Dim intDivisor As Integer
    intDividend = CInt(txtDividend)
    intDivisor = CInt(txtDivisor)
    Print "商是: "; intDividend / intDivisor '显示商，如果除数为 0 就出错
End Sub
```

按 F5 键启动程序，如果在被除数文本框 txtDividend 中输入一个数，除数文本框 txtDivisor 输入 0，单击命令按钮，就会产生一个除数为 0 的运行时错误，如图 9-6 所示。

图 9-5　数组下标越界的运行时错误

图 9-6　除数为 0 的运行时错误

9.1.3　逻辑错误

程序运行后，得不到应有的运行结果，这种未按预期方式执行而产生的错误叫作逻辑错误（logic error）。

例如，对一个命令按钮事件，编写如下代码。

```
Private Sub Command1_Click()
    Dim t As Long    '应在该语句后再加一个语句：t=1，才能得出正确结果
    For j=1 to 4
      t=t*j
    Next
        Print t
End Sub
```

这段代码没有语法错误，编译能通过，也有结果，但程序运行后的结果为 0，不是编程者所期望的值。编程者所期望的是求 4!，值为 1*2*3*4=20。

要发现这样的逻辑错误确实很困难，通常编程者需要花很多精力，认真分析，并借助调试工具才能排除。因此，编程时一定要仔细，尽量避免逻辑错误。

9.2　调试和排错

在程序中发现并排除错误的过程叫作调试，即 Debug—去除 Bug。VB 提供了丰富的调试排错工具，可以方便地跟踪程序的运行，排除错误。为了灵活地调试程序，排除错误，下面介绍 VB 集成开发环境的工作模式、常用调试工具和使用调试工具排错等内容。

9.2.1　VB 开发环境的工作模式

VB 是一个集程序编辑、编译和调试运行于一体的集成开发环境，按工作状态可分为 3 种模式：设计模式（design mode）、运行模式（run mode）和中断模式（break mode）。编程者可从 VB 开发环境主窗口的标题栏查看当前所处的工作模式。

1. 设计模式

启动 Visual Basic，出现"新建工程"对话框，选择"新建"或"打开"现存的任何项目，就进入设计模式；或者进入 VB 环境后，选择"文件"菜单中的"新建工程"或"打开工程"选项，均可进入设计模式。

设计模式的主窗口标题栏上显示"[设计]字样，如图 9-7 所示。在设计模式下，编程者可完成如窗体设计、控件绘制等程序界面的设计以及编写程序代码的工作。

图 9-7　设计模式下的 VB 主窗口标题栏

2. 运行模式

执行"运行"菜单的"启动"命令、按 F5 键，或单击工具栏中的"启动"按钮▶，均可进入运行模式，此时标题栏显示"[运行]"字样，如图 9-8 所示。

图 9-8　运行模式下的 VB 主窗口标题栏

在运行模式下，VB 开发环境把控制权交给程序，编程者可查看程序代码，但不能修改程序代码。单击工具栏中的"结束"按钮■，或选择"运行"菜单下的"结束"命令，即可终止程序的运行，使系统返回设计模式。

3. 中断模式

在 VB 开发环境中运行程序时，有以下几种进入中断模式的方法。

（1）在程序代码中人为插入 Stop 语句。

（2）在代码窗口中用菜单命令设置断点。

（3）在代码窗口中用鼠标操作设置断点。

（4）在程序运行时，选择"运行"菜单下的"中断"命令、按 Ctrl+Break 组合键，或单击工具栏中的"中断"按钮▆，强迫运行着的程序中断。

（5）当程序运行出现错误时。

进入中断模式后，VB 主窗口标题栏显示"[break]"字样，如图 9-9 所示。

图 9-9　中断模式下的 VB 主窗口标题栏

在中断模式下，可以通过相关调试窗口检查数据是否正确，可以检查、修改程序代码，修改程序后，可继续执行。在 VB 开发环境中，程序运行一旦被中断，变量值和对象的属性值就被保留下来，可让编程者分析程序的当前状态；各种调试工具的使用，大大方便了程序的调试。

9.2.2 VB 调试工具

VB 提供的调试工具包括断点、中断表达式、监视表达式、单步运行等。打开"调试"菜单，可以看到所提供的调试功能，如图 9-10 所示。

要使用调试工具，可选择"调试"菜单下的菜单项，也可使用"调试"工具栏。选择"视图"→"工具栏"→"调试"选项，就可打开"调试"工具栏，如图 9-11 所示。当鼠标指针移到"调试"工具栏中的按钮上时，会弹出按钮调试功能的文字说明。

图 9-10 "调试"菜单

图 9-11 "调试"工具栏

常用的调试工具可分 3 类：设置/取消断点、跟踪调试、调试窗口。

1．设置/取消断点

为了便于分析、找到程序代码中的错误，常常需要查看程序运行到一些关键语句时的变量及对象属性的值。为此，在关键语句处设置断点（注意：断点所在语句尚未执行），使程序执行到断点语句时暂停下来，进入中断模式。

（1）设置断点的方法

在代码窗口中，将光标移到希望中断的语句上，选择"调试"菜单中"切换断点"选项，或按 F9 快捷键，该语句就被设置为断点，并反向粗体突出显示，最左边的指示栏中还显示一个棕色圆点，作为断点标志。图 9-12 所示，设置了 3 个断点，左边指示栏中有 3 个断点标志。

图 9-12 设置断点

在语句行最左边的指示栏中单击，也可以设置断点。

如果光标所在行不是可执行语句，则断点设置无效。

根据实际调试的需要，可以设置多个断点，逐段调试程序。设置好断点后，单击工具栏中的"启动"按钮▶运行程序。运行到第一个断点处暂停，可以查看此时程序的相关变量值，进行分析修改；再次单击"启动"按钮▶，程序继续运行到下一个断点处暂停，如此重复操作，直到调试完毕。

（2）取消断点的方法

对于已经设置好的断点，如果不需要了，可以将其清除。在代码窗口中，将光标移到有断点的语句，选择"调试"菜单下的"切换断点"选项、F9 键，或直接单击断点语句左边指示栏中的断点标志，均可取消断点。

在设计模式和中断模式下均可设置断点，方法一样。

当调试通过后，需要清除所有断点。清除所有断点的方法是：选择"调试"菜单下的"清除所有断点"选项，或按 Ctrl+Shift+F9 组合键。

2．跟踪调试

利用断点只能大体说明哪一段代码发生错误，一般不能精确定位到错误语句。程序跟踪方法可以一步一步跟踪程序执行顺序和执行情况，找到发生错误的语句位置。程序跟踪调试有逐语句执行、逐过程执行、跳出执行和运行到光标处等方法。

要调试某段代码，一般是在该段代码的第一个可执行语句处设置断点；启动程序后，运行到该语句处就会暂停，进入中断方式，这时，可以选用调试工具进行跟踪调试。

各种调试工具介绍如下。

（1）逐语句执行：一般在中断模式下，选择"调试"菜单下的"逐语句"选项、按 F8 键，或单击"调试"工具栏上的"逐语句"按钮，就执行一条语句，之后暂停进入中断模式，多次这样操作，就可一步一步逐语句执行。

（2）逐过程执行：与逐语句执行基本相同，区别就是不跟踪进入过程或函数内部，把过程或函数作为一个整体对待执行，而逐语句执行会跟踪进入过程或函数的内部。

使用逐过程执行的一般方法为：在中断模式下，每次选择"调试"菜单下的"逐过程"选项、按 Shift+F8 组合键，或单击"调试"工具栏上的"逐过程"按钮，就执行一条语句；如果遇到过程或函数，就当成一条语句执行。

（3）跳出执行：当调试进入过程或函数内部某语句时，如果认为后面语句没有错误的话，就没有必要逐语句执行，这时可以使用跳出执行调试工具。跳出过程或函数后，在调用过程的下一行中断执行。显然，可以提高工作效率。

使用跳出执行工具的方法为：选择"调试"菜单下的"跳出"选项、按 Ctrl+Shift+F8 组合键，或单击"调试"工具栏中的"跳出"工具按钮。

（4）运行到光标处：在调试时，如果某语句前的代码已调试正确，要在这个语句处中断暂停，或希望跳过一段代码，在该段代码后的语句上暂停，就可以使用"运行到光标处"调试工具。

运行到光标处的方法是：将光标放到需要暂停的行上，选择"调试"菜单下的"运行到光标处"选项，或按 Ctrl+F8 组合键。暂停在光标处的语句后，可以继续使用各种调试工具。

3．调试窗口

前面 4 种跟踪调试方式，仅能暂停在某个语句上，并不能查看此时变量、对象属性的值，因而不能判断代码是否有错误。为了查看暂停到某个语句时变量、对象属性的值，以分析代码是否发生错误，VB 提供了立即窗口、监视窗口和本地窗口等调试窗口。

（1）立即窗口

立即窗口主要用于中断暂停时，显示变量、对象属性的值；也可以执行单个过程，对表达式求值；或为变量、对象属性赋值。显示立即窗口的方法是：选择"视图"菜单下的"立即窗口"选项，或单击"调试"工具栏上的"立即窗口"按钮。

当程序调试处于中断模式时，在立即窗口中输入语句，如 Print 变量，就会在立即窗口中显示此时变量的值，如图 9-13 所示。

在程序代码中的适当位置加入语句：Debug.Print 表达式，当程序运行到此语句时，就会将表达式的值直接显示在立即窗口中；如果将这个语句放到循环语句内，就会不断地显示表达式的值。由于执行这个语句后，程序不会进入中断状态，会继续执行。因此，为了看清每一次该语句的执行结果，可在该语句后设置一个断点，如图 9-14 所示。

图 9-13　在立即窗口执行 Print i,j　　　　图 9-14　在立即窗口显示 Debug.Print i,j 的结果

（2）监视窗口

在跟踪调试时，编程者为了监视自己设定的表达式值，可以在中断模式下使用监视窗口。通常，如果调试的程序暂停在第一个断点语句处，就单击"视图"菜单下的"监视窗口"选项，打开监视窗口，然后在监视窗口中添加要监视的表达式。

添加监视表达式的方法有以下 3 种：

第一种方法：用鼠标右键单击监视窗口的内部，弹出快捷菜单，如图 9-15 所示，选择"添加监视"选项，打开"添加监视"对话框，如图 9-16 所示。在"添加监视"对话框中输入表达式，并设置表达式中变量所在的上下文（即变量是在哪个模块中的哪个过程内定义的）。根据编程者的需要，还应设置监视类型。

第二种方法：选择"调试"菜单下的"添加监视"选项，打开"添加监视"对话框，其他操作与第一种相同。

图 9-15　添加监视对话框的快捷菜单　　　　图 9-16　　"添加监视"对话框

第三种方法：利用"快速监视"添加监视表达式。在代码窗口中选择要监视的表达式，单击"调试"工具栏中的"快速监视"按钮，或选择"调试"菜单下的"快速监视"选项，打开"快速监视"对话框，如图 9-17 所示，单击"添加"按钮，即可将所选择的表达式添加到监视窗口。

图 9-17　"快速监视"对话框

设置好监视窗口中的内容后，还要配合设置"断点"、"逐语句"或其他跟踪调试方法，才能实时跟踪、查看监视窗口中各种表达式的值及变化情况。图 9-18 是采用"逐语句"跟踪方法监视表达式值的一个例子。

图 9-18 监视窗口实例

（3）本地窗口

为了方便编程者在调试程序时，查看当前运行的
过程或函数内定义的所有局部变量，VB 提供了本地
窗口工具。使用方法为：当调试的程序暂停在第一个
断点语句处时，单击"视图"菜单下的"本地窗口"
选项，显示本地窗口，在其中可以看到当前过程的局
部变量值，以及当前窗体的属性值。要实时跟踪、查
看局部变量的变化，还要配合"断点"、"逐语句"

图 9-19 用本地窗口查看局部变量

或其他跟踪调试方法。图 9-19 是用本地窗口跟踪、查看当前过程局部变量的一个例子。

另外，为了方便跟踪递归调用函数的执行过程，VB 还提供了"调用堆栈"窗口工具。

9.2.3 使用调试工具

为了进一步学习和使用调试工具，下面介绍一个程序的调试过程。

【例 9-1】计算 $t = 0.1 + 0.2 + 0.3 + \ldots\ldots + 0.9 + 1$。

编写的程序代码如下。

```
Private Sub Form_Load()
        Show    '显示窗体，以便把结果显示在窗体上
        Dim t As Single, i As Single
        t = 0
        For i = 0.1 To 1 Step 0.1
            t = t + i
        Next i
        Print "总和:"; t
    End Sub
```

运行结果为：

总和：4.5

这不是正确的答案，正确结果应为 5.5。

显然，这种错误既不是编译错误，也不是运行时错误，而是逻辑错误。

利用调试工具查找出错原因，操作步骤如下。

1．设置断点

为了了解循环过程中变量 i 和 t 的变化情况，在代码窗口中，对语句 $t = t + i$ 设置断点，
如图 9-20 所示。

图 9-20 设置断点

2．重新运行程序

程序在断点处中断运行，进入中断模式，如图 9-21 所示。

图 9-21　在断点处中断

3．打开本地窗口

单击"调试"工具栏上的"本地窗口"按钮，利用本地窗口监视过程内局部变量及窗体属性值的变化情况，如图 9-22 所示。

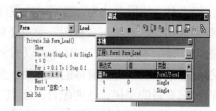

图 9-22　打开本地窗口

4．"逐语句"跟踪调试

（1）单击"调试"工具栏上的"逐语句"按钮，或按 F8 键，使程序单步执行；"本地窗口"会实时显示过程内所有局部变量的当前值及变化情况。

（2）连续单击"逐语句"按钮，或按 F8 键，使 For 语句循环执行 9 次，此时，本地窗口显示的变量值如图 9-23 所示。

图 9-23　For 语句执行 9 次的情况

（3）再次单击"逐语句"按钮，程序不再继续循环，而是退出循环，执行 Next i 语句后的 Print 语句。

可见，上述循环语句只循环了 9 次。本来应该循环 10 次，但由于浮点数在机器内的存储和处理会发生微小误差，当执行到第 9 次循环时，循环变量 i 的值为 0.9000001，再加上步长值 0.1 时，已经超过 1，往下就不再执行循环体了。所以，实际上只循环 9 次，仅计算 0.1 + 0.2 + 0.3 + …+ 0.9=4.5。

当步长值为小数时，为了防止丢失循环次数，可将终值适当增加，一般是加上步长值的一半，如 For i=0.1 To 1.05 Step 0.1。

通过这个例子说明，有时调试程序并不容易，要求调试者加倍小心才能发现错误。

9.3　错误捕获及处理

调试过的应用程序在实际运行中，有时由于运行环境的改变、资源的使用等原因还会出现错误。例如，程序需要对光盘或硬盘中的文件进行操作，但如果光盘驱动器中没有安装光盘或硬盘中没有这样的文件，就会发生"运行时错误"，导致程序不能正常继续运行。

为了避免这些可预见的错误造成程序不能正常运行，设计程序时，在代码中可能出现错误的地方设置错误陷阱（error trapping）来捕获错误，并进行适当的处理。这样，经过错误捕获及处理设计的程序具有更强的适应性。

9.3.1 Err 对象

Err 对象是 VB 提供的一个全局固有错误对象，用来保存程序运行过程中最新产生的运行时错误信息，其属性由错误生成者自动设置。Err 对象的主要属性和方法如下。

1. 主要属性

（1）Number 属性：为数值类型，范围为 0～6 5535，保存错误号。

（2）Source 属性：为字符串类型，指明错误产生的对象或应用程序的名称。

（3）Description 属性：为字符串类型，用于记录简短的错误信息描述。

2. 常用方法

（1）Clear 方法：用于清除 Err 对象的当前属性值。

（2）Raise 方法：人为产生错误，主要用于调试错误处理程序段。

例如，执行语句 Err.Raise55，将产生 55 号运行时错误，即"文件已打开"错误。

由于程序运行过程中产生的错误保留在 Err 对象中，因此，编程者可用 Err 对象判断产生错误的类型、来源，从而确定处理错误的方法。

9.3.2 错误处理的步骤

程序运行过程中，如果产生运行时错误，则一般的处理步骤如下。

（1）全局错误对象 Err 记录当前错误的类型、出错原因等。

（2）捕获错误，并强制转移到编程者设计的"错误处理程序段"的入口。

（3）在"错误处理程序段"内，根据具体错误进行处理。如果问题有解决方法，则在处理后返回原程序某处继续执行，否则，进行其他处理。

9.3.3 捕获错误语句

使用 On Error 语句可以捕获错误，其语法格式如下

```
On  Error  GoTo  标号
```

说明：如果标号不为 0，则程序执行到该语句时，开始捕捉错误。

（1）该语句通常放置在过程或可能出现错误的开始位置。

（2）程序运行时，当该语句后面的代码出错时，会自动跳转到标号所指定的程序行去运行。

（3）标号所指示的程序行通常为错误处理程序段的开始行。

（4）如果标号为 0，就取消错误捕获，之后可以设置新的捕获错误语句。

下面是使用错误处理的示例。

```
On  Error  GoTo  ErrLine     '捕捉错误，语句出错时转移至 ErrLine
          ……
ErrLine:                     '标号
          ……                '错误处理代码
Resume                       '返回语句
```

9.3.4 退出错误处理语句

当指定的错误处理完成后，应该控制程序返回到合适的位置继续执行，完成这种退出错误处理、返回继续执行的语句是 Resume。其有以下 3 种使用格式。

（1）Resume [0]：程序返回到出错语句处继续执行。

（2）Resume Next：程序返回到出错语句的下一条语句。

（3）Resume 标号：程序返回到标号处继续执行。

9.3.5　常用的错误捕获与处理代码结构

在程序的错误捕获及处理中，常用以下两种结构形式。

1. On Error GoTo …Resume 结构

结构如下。

```
On  Error  Goto  标号      '为错误处理语句所在行的标号
可能出错的语句部分
Exit Sub（Function）       '退出过程或函数
标号:
错误处理语句
Resume                    '返回到出错语句处继续执行
```

这种错误处理结构常用在能够更正错误的场合。例如，对光驱进行操作时，发现光驱中没有光盘的错误。在捕获到错误后，进行适当的提示，可使错误得以解决。

2. On Error Goto…Resume Next 结构

结构如下。

```
On  Error  Goto  标号      '为错误处理语句所在行的标号
可能出错的语句部分
Exit Sub（Function）       '退出过程或函数
标号:
错误处理语句
Resume  Next              '返回到出错语句的下一个语句处继续执行
```

这种结构常用于处理不易更改的错误。

【例 9-2】设计一个程序，其功能是：输入某个数，求该数的平方根。

本程序主要考虑对负数的处理。当用户输入负数时，使用 On Error...Resume 进行错误处理。编写代码如下。

```
Private Sub Form_Load()
    Dim x As Single, y As Single, i As String
    '''''''''''''''''''''''''''''''''''''''''''''
    On  Error  GoTo  errln   '以下出错时转移到 errln
    Show                     '显示窗体
    i = ""                   'i 为实数标记
    x = Val(InputBox("请输入一个数"))
    y = Sqr(x)
    Print y; i               '显示
        Exit Sub             '退出过程
        '''''''''''''''''''''''''''''''''''''''''''''
    errln:                   '标号
    If  Err.Number = 5  Then  '本错误的错误码为 5
```

```
        x=-x                    '转换为正数
        i="i"                   '复数标记
        Resume                  '返回
    Else                        '其他错误处理
        MsgBox ("错误发生在" & Err.Source & ", 代码为" & Err.Number
& ", 即" & Err.Description)
        Exit Sub
    End If
    '''''''''''''''''''''''''''''''''''''''''''''
End Sub
```

说明：

（1）程序运行时，用户输入一个正数，正确显示数的平方根。

（2）如果输入的是一个负数，则因求负数的平方根（通过函数 Sqr()）而出错，此时会跳转到错误处理程序段。

（3）在错误处理程序段中，先判断错误码，若是 5（即发生求负数的平方根的错误），则将该负数转换为正数，设置复数标记，然后执行 Resume 语句返回到原出错处继续执行；如果发生的不是错误 5，则显示有关信息后强制结束。

练习题

一、填空题

1. 程序设计中常见的错误可分为 3 类：_____、_____ 和 _____。

2. 在程序中出现 0 为除数的错误是_____错误。

3. VB 集成开发环境有 3 种工作模式：_____、_____、_____。

4. 常用的调试工具可分为 3 类：_____、_____ 和 _____。

5. 设置断点的快捷键是_____；单步执行的快捷键是_____。

6. Resume 语句的 3 种使用形式分别是_____、_____ 和 _____。

二、选择题

1. 当语句不符合语法规则时，出现（　　）错误。

    A. 逻辑错误　　　B. 运行时期错误　　　C. 语法错误　　　D. 以上都不对

2. 下列述述中，正确的是（　　）。

    A. 中断点只能在设计过程中设置

    B. 中断点只能在执行过程中设置

    C. 中断点可以在设计过程中设置，也可以在执行过程中设置

    D. 中断点可以在设计过程中设置，也可以在执行过程或中断过程中设置

3. 下列属性中，属于 Err 对象的是（　　）。

    A. Number　　　　　B. Caption　　　　　C. Style　　　　　D. Text

4. 最不容易检查出来的错误是（　　）。

    A. 运行错误　　　　B. 逻辑错误　　　　C. 编辑错误　　　　D. 都一样

5. 以下方法不能从运行模式进入中断模式的是（　　　）。

   A. 按 Ctrl+Break 组合键

   B. 当程序出现未被捕捉的错误时，单击错误提示对话框中的"调试"按钮。

   C. 程序执行到设置断点处

   D. 程序执行到错误捕捉语句

6. 以下关于断点的说法，错误的是（　　　）。

   A. 一个程序中可以设置多个断点

   B. 程序执行到断点处会进入中断模式，断点处的语句没有被执行

   C. Visual Basic 默认以粗体、暗红色高亮度显示设置了断点的语句行

   D. 设置断点的语句行前始终出现一个箭头标志，直到断点被取消

7. 错误捕捉语句捕捉到的错误多数是（　　　）。

   A. 运行错误　　　　　B. 逻辑错误　　　C. 编辑错误　　　　D. 都有可能

8. 在捕捉程序错误并处理后，程序返回到出错语句处继续执行，可以使用语句（　　　）。

   A. On Error Goto 0　　B. Resume　　　C. Resume Next　D. Resume 标号

三、简答题

1. 什么是程序调试？

2. 常用的调试工具有哪几类？各有什么功能？

3. 错误捕获与处理代码一般常采用哪两种代码结构？

四、程序阅读题

1. 指出下列代码的错误。

```
ForI=0 To 20
    For J=1 To 20
        A=100/(I*J)
    Next J
Next I
```

2. 下面程序段是否有问题？

```
Sub Temp()
A=Val(Text1.Text)
On Error Goto myError
    A=1/A
    myError:
    MsgBox("Error Occurred")
End Sub
```

五、编程题

1. 编写一段程序，如果出现数组下标越界错误，则给出错误的描述。

2. 编写一段程序，要求能够对下列代码中的错误进行捕捉处理。

```
For i=1 To 100
    For j=1 To 50
        a(i,j)=100/(i-j)
    Next j
Next i
```

PART 10

第 10 章
图形操作

【学习内容】

VB 提供了许多有用、灵活的图形处理功能，通过相关控件、绘图方法实现图形绘制、文字输出和图片显示，完成界面装饰、动画特技和科学曲线绘制等工作。本章主要介绍程序设计中图形和图像的基本操作，包括坐标系统、图形控件、常用的绘图和图形显示方法，并通过多个例子说明 Visual Basic 图形功能的实际应用。

10.1 图形操作基础

各种可视控件都是放置在容器中的，VB 中的容器有屏幕、窗体、图片框和打印机等。容器中的控件有确定的位置和大小，并有一定的颜色；在容器中绘制的点、线、面、体也一样，因此，坐标系统和颜色是图形操作的基础。

10.1.1 坐标系统

在 Visual Basic 应用程序界面中，每个对象（如控件对象、点、线、面、体等）都定位于它所存放的容器用户区中。例如，窗体位于屏幕内，屏幕是窗体的容器；在窗体内放置控件，窗体就是控件的容器；在图片框（PictureBox）控件内放置控件，图片框控件就是内部控件的容器。要确定对象的位置和大小，每一个容器都应有自己的坐标系统；不同的容器，其坐标系统是不同的。

窗体、图片框等容器内的任何一个点，都可以用相应容器坐标系统中的一对坐标（X, Y）来定位。在 VB 中，即使同一容器内，若采用的坐标系统种类不同，同一绘图区域的坐标刻度范围以及同一点的坐标（X，Y）也是不同的。那么有多少种坐标系统呢？Visual Basic 提供了 8 种坐标系统，分为两大类，即预定义坐标系统和自定义坐标系统，如表 10 – 1 所示。

表 10-1 Visual Basic 坐标系统

ScaleMode（坐标模式）	值	说明
VbUser	0	用户自定义坐标系
VbTwips	1	twips（缇）坐标，1 英寸 = 1440 缇
VbPoints	2	points（点）坐标，1 英寸 = 72 点
VbPixels	3	像素坐标
VbCharacters	4	字符坐标（水平每个单位 = 120twips，垂直每个单位 = 240twips）
VbInches	5	英寸坐标
VbMillimeters	6	毫米坐标
VbCentimeters	7	厘米坐标

由表 10-1 可知，窗体和图片框作为一个容器，其用户区坐标系统的种类由坐标模式属性 ScaleMode 的值确定。

1．预定义坐标系统

Visual Basic 预定义坐标系有 7 种，坐标模式 ScaleMode=1、2、3、4、5、6、7，它们的共同特点是：原点（0，0）定位在容器用户区的左上角，X 轴向右、Y 轴向下为正方向；不同点只是坐标单位不同。

坐标单位的选择要根据实际情况。例如，在绘制一幅工程图时，最好选用英寸或者厘米作为单位，以便和实际对象有对应关系；如果要显示和处理图形，则最好使用像素作为坐标单位。

当新建一个窗体或在窗体中放置一个图片框控件时，窗体、图片框用户区采用以缇为单位的坐标系，即 ScaleMode= VbTwips。因此，这种坐标系称为默认坐标系。

图 10-1 是窗体用户区的默认坐标系。

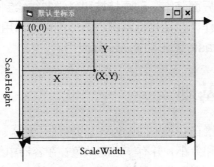

图 10-1　默认坐标系

默认坐标系的单位为 twip（缇，1twip=1/20 磅=1/1440 英寸）。

容器用户区的坐标系统由 ScaleLeft、ScaleTop、ScaleHeight、ScaleWidth 属性确定。其中，ScaleLeft 和 ScaleTop 属性用于控制容器左边和顶端的坐标，根据这两个属性值可得到坐标系原点；对于预定义坐标系，容器的 ScaleTop、ScaleLeft 属性默认值均为 0。ScaleHeight 与 ScaleWidth 属性用于确定容器用户区内部垂直方向高度及水平方向宽度。

要注意，窗口、图片框等容器在其父容器中的位置和大小由 Left、Top 和 Width、Height 属性确定，坐标单位由父容器的坐标系决定。

2．自定义坐标系

在绘制图形时，要想使坐标的原点在一个特定的位置，并改变坐标轴的方向，可以通过自定义坐标系统来实现。

当容器对象的坐标模式属性 ScaleMode = 0 时，采用的就是用户自定义坐标系。此时，可以通过设置容器的 4 个属性 ScaleLeft、ScaleTop、ScaleHeight、ScaleWidth 来定义合适的坐标系。容器左上角坐标为（ScaleLeft，ScaleTop），右下角坐标为（ScaleLeft+ScaleWidth，ScaleTop+ScaleHeight）。用户自定义坐标系没有如英寸、厘米那样的单位，而是一个逻辑单位，也就是将窗口、图片框用户区的宽度和高度分为 ScaleWidth 个和 ScaleHeight 个逻辑单位。

在编程时，自定义容器用户区的坐标范围：左上角坐标（$X1$，$Y1$）和右下角坐标（$X2$，$Y2$），常用如下两种方法。

（1）直接设置容器的 4 个属性

即直接设置容器的 ScaleLeft = $X1$、ScaleTop = $Y1$、ScaleHeight = $Y2-Y1$、ScaleWidth =

$X2-X1$。例如，自定义窗体的坐标范围（-300，200），（300，-200）。先计算出 ScaleHeight = -200-200 = -400，ScaleWidth = 300-（-300）= 600，于是设置窗体的 4 个属性如下。

```
Form1.ScaleLeft=-300
Form1.ScaleTop=200
Form1.ScaleHeight=-400
Form1.ScaleWidth=600
```

坐标系的原点正好在中心，X 轴的正方向向右，Y 轴正方向向上，如图 10-2 所示。

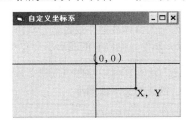

图 10-2　自定义坐标系

（2）使用窗体或图片框的 Scale 方法来自定义其用户区的坐标系

语法格式如下。

[对象名.]Scale[(X1，Y1) – (X2，Y2)]

（$X1$，$Y1$）是容器用户区左上角的新坐标，（$X2$，$Y2$）是容器对象用户区右下角的新坐标。如果使用不带参数的 Scale（两组坐标都省略），则坐标系统重置为默认坐标系，单位为缇。

【例 10-1】在窗体中创建一个自定义坐标系，要求坐标原点（0，0）位于中央位置，窗口用户区宽度为 600 个逻辑单位，高度为 800 个逻辑单位，X 轴向右为正方向，Y 轴向上为正方向。程序运行结果如图 10-3 所示。

操作步骤如下。

（1）运行 VB 开发环境，创建一个窗体。

（2）在窗体"属性"窗口中，设置 AutoRedraw=true。

（3）在"代码设计"窗口，编写窗体加载事件代码。

事件代码如下。

```
Private Sub Form_Load()
      Show      '显示窗体
      Form1.Scale (-300, 400)-(300, -400)'设置窗体用户区坐标原点及范围
      Form1.Line (-300, 0)-(300, 0)    '画 X 轴线
      Form1.Line (0, -400)-(0, 400)     '画 Y 轴线
End Sub
```

（4）运行程序，显示结果如图 10-3 所示。

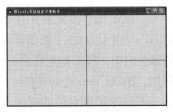

图 10-3　定义系统坐标

10.1.2 使用颜色

设计图形时常常需要给图形添加各种色彩，使其表现更为生动和丰富。Visual Basic 中的许多控件都具有能控制显示颜色的属性，这些属性中有些也适用于非图形的控件。表 10-2 列出了这些颜色属性。

表 10-2　颜色属性说明

属　　性	说　　明
BackColor	对用于绘画的窗体或控件设置背景颜色。如果用绘图方法进行绘图之后改变 BackColor 属性，则已有的图形将会被新的背景颜色所覆盖
ForeColor	设置绘图方法在窗体或控件中创建文本或图形的颜色。改变 ForeColor 属性不影响已创建的文本或图形
BorderColor	为形状控件边框设置颜色
FillColor	为用 Circle 方法创建的圆和用 Line 方法创建的方框设置填充颜色

在 Visual Basic 程序设计中，每种颜色都由一个 Long 型整数表示。可使用 4 种方法定义颜色属性的值，分别是使用 RGB 函数、使用 QBColor 函数、使用在"对象浏览器"中列出的其中一种内部常数和直接输入一种十六进制颜色值。

1．使用颜色常数或十六进制颜色值

表 10-3 列出了 Visual Basic 中常用的颜色常数。在设计状态和运行时都可直接使用这些常数定义颜色。

表 10-3　常用颜色常数

常　　数	十六进制值	描　　述
vbBlack	&H0	黑色
vbRed	&HFF	红色
vbGreen	&HFF00	绿色
vbYellow	&HFFFF	黄色
vbBlue	&HFF0000	蓝色
vbMagenta	&HFF00FF	洋红
vbCyan	&HFFFF00	青色
vbWhite	&HFFFFFF	白色

例如，设置窗体背景颜色为红色，可以使用常数 vbRed。

Form1.BackColor = vbRed

正常的 RGB 颜色的有效范围为 0 ~ 16 777 215（&HFFFFFF&）。每种颜色的设置值（属性或参数）都是一个 4 字节的长整数，有以下两种情况。

（1）高字节都是 0，而低 3 字节，从最低字节到第 3 字节，分别定义了红、绿、蓝 3 种颜色的值。红、绿、蓝 3 种成分都用 0 ~ 255（&HFF）的数表示，格式为&HBBGGRR&。

BB 指定蓝的值，GG 指定绿色的值，RR 指定红色的值。每个数段都是两位十六进制数，即 00 ~ FF，中间值是 80。例如，BackColor = &HFF0000&，指定背景色为蓝色。

（2）最高位设置为 1，从而改变低 3 字节颜色值的含义，即颜色值不再代表一种 RGB 颜色，而是一种从 Windows "控制面板"指定的环境范围颜色。这些数值对应的颜色范围是

&H80000000&～&H80000015&，被称为系统色。例如，&H80000002&这个十六进制数，用来指定一个活动窗口的标题颜色。设计时，通过属性窗口的"系统"选项卡，可以选择系统设置值，并自动转换成十六进制值。

2．使用 RGB 函数

RGB 函数返回红、绿、蓝三原色混合而产生的某种颜色值长整数，其语法格式如下。

RGB（红，绿，蓝）

说明：括号中的红、绿、蓝三原色必须是 0～255 的数值，0 表示亮度最低， 255 表示亮度最高。例如，RGB（0,0,0）返回黑色， RGB（255,255,255）返回白色。

例如：

```
' 设定背景色为蓝色
Form1.BackColor = RGB(0, 0,255)
' 设定背景色为黄色
Form2.BackColor = RGB(255, 255, 0)
' 在窗体上描绘紫色的点
PSet (200, 200), RGB(255, 0,255)
```

3．使用 QBColor 函数

QBColor 函数返回 Quick Basic 所使用的 16 种颜色长整数，其语法格式如下。

QBColor（颜色码）

说明：颜色码是 0～15 的整数，每个颜色码代表一种颜色，对应关系如表 10-4 所示。

表 10-4　QBColor 颜色码

值	颜　色	值	颜　色
0	黑色	8	灰色
1	蓝色	9	亮蓝色
2	绿色	10	亮绿色
3	青色	11	亮青色
4	红色	12	亮红色
5	洋红色	13	亮洋红色
6	黄色	14	亮黄色
7	白色	15	亮白色

10.2　Visual Basic 绘图控件

Visual Basic 提供了两种标准类型的绘图控件：直线（Line）控件和形状（Shape）控件，可以在设计模式和程序运行中，快速直接绘制出各种简单的线条和形状。另外，在工具箱中通过添加部件的方法，可添加图表（MSChart）控件，它支持以图形方式显示数据的二维、三维图表。下面介绍这 3 个控件的使用方法。

10.2.1　Line 控件

Line 控件是最简单的图形控件，一般用于显示水平线、垂直线和对角线。其常用属性见表 10-5。

表 10-5　Line 控件常用属性

属 性 名	功　　能
BorderColor	设置或返回对象的边框颜色
BorderSytle	设置或返回对象的边框样式,有 7 种样式,取值范围为 0~6
BorderWidth	设置或返回图形边框宽度
X1,Y1,X2,Y2	设置或返回 Line 控件的起始点($X1$,$Y1$) 和终止点($X2$,$Y2$)的坐标

下面以一个实例来熟悉 Line 控件的使用。

【例 10-2】利用 Timer 控件和 Line 控件,设计一个小动画。要求:启动程序时,窗口中左上角有一条静止的直线;单击窗体时,直线在窗体中水平、垂直向右下移动;当直线碰到窗体底部时,又恢复原状静止不动;继续单击窗体,就重复动作。

操作步骤如下。

(1)在窗体中放置一个定时器控件 Timer1
和一个直线控件 Line1,如图 10-4 所示。

(2)在代码窗口中,编写事件代码。

窗体 Load 事件过程初始化两个控件,代码
如下。

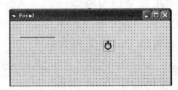

图 10-4　在窗体中放置一个直线控件和定时器控件

```
Private Sub Form_Load()    '对两个
控件进行初始化
    Timer1.Interval = 150    ' 设置计时器时间间隔
    ' 设置 Line1 的属性,使直线两端点初始位置在左上角附近
    With Line1
        .X1 = 200
        .Y1 = 200
        .X2 = 800
        .Y2 = 200
    End With
    Timer1.Enabled = False    '定时器初始时为关断
End Sub
```

窗体单击 Click 事件过程,启动定时器,代码如下。

```
 Private Sub Form_Click()
    Timer1.Enabled = True    ' 启动计时器
End Sub
```

定时器 Timer 事件过程实现动画,代码如下。

```
Private Sub Timer1_Timer()
    Static flag As Boolean    'flag=true 水平显示;flag=false 垂直显示
'提一个问题:flag 变量为什么是静态变量
    If flag Then    '水平显示
      Line1.X1 = Line1.X2
        Line1.Y1 = Line1.Y2
Line1.X2=Line1.X2+600
    Else                    '垂直显示
        Line1.X1 = Line1.X2
```

```
        Line1.Y1 = Line1.Y2
        Line1.Y2=Line1.Y2+600
      End If
    flag = Not flag      ' 水平与垂直转换
      If Line1.Y1 > ScaleHeight Then      ' 如果线超出窗体，就恢复原状
       Timer1.Enabled = False    ' 等待另一次单击
       With Line1
         .X1 = 200
         .Y1 = 200
         .X2 = 800
         .Y2 = 200
       End With
       flag = False
      End If
End Sub
```

10.2.2　Shape 控件

Shape 控件是形状控件，通过它可以绘制矩形、正方形、椭圆、圆、圆角矩形和圆角正方形等几何图形。在设计模式下，添加到容器中，就显示为一个几何图形，其形状、颜色等属性可以在属性窗口中设定，也可在代码中通过编程灵活改变。下面简单介绍 shape 控件的 3 个主要属性。

1. Shape 属性

Shape 属性设置如表 10-6 所示。

表 10-6　Shape 属性设置值及其描述

符号常数	对应的设置值	描　　述
VbShapeRectangle	0	（默认值）矩形
VbShapeSquare	1	正方形
VbShapeOval	2	椭圆形
VbShapeOval	3	圆形
VbShapeRoundedRectangle	4	圆角矩形
VbShapeRoundedSquare	5	圆角正方形

设置不同 shape 属性值时，shape 控件的外观如图 10-5 所示。

2. FillStyle 属性

FillStyle 属性用来设置 Shape 控件的填充效果，取值范围在 0~7 的整数值，分别设置实心、透明、水平线、垂直线、左上对角线、右下对角线、交叉线和对角交叉线等 8 种填充效果。

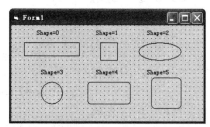

图 10-5　设置不同 Shape 属性值时 Shape 控件的外观

3. BorderStyle 属性

BorderStyle 属性用来设置 Shape 控件的边框样式，取值范围为 0~6 的整数值，分别设置透明、实线、虚线、点线、点画线、双点画线和内收实线等 7 种线型。

下面以一个实例来熟悉 Shape 控件的使用。

【例 10-3】应用 Shape 控件，创建一个简单的图形界面，如图 10-6 所示。

操作步骤如下。

（1）界面设计

在窗体中放置一个 Shape 控件 Shape1；放置一个形状框架 frame1，在其中放置 4 个单选按钮，组成数组 Option1，用于选择形状；放置一个边框类型框架 frame2，在其中放置 5 个单选按钮，组成数组 Option2，用于设置边框类型；放置一

图 10-6　Shape 控件简单示例

个填充风格框架 frame3，在其中放置 4 个单选按钮，组成数组 Option3，用于设置填充风格。

（2）编写事件代码

形状单选按钮数组 Option1（索引分别为 0、1、2、3）单击事件过程的代码如下。

```
Private Sub Option1_Click(Index As Integer)  'Index 数组索引，0 表示矩形
    '设置形状
    Select Case Index
    Case 0  '矩形
            Shape1.Shape = 0
    Case 1  '正方形
            Shape1.Shape = 1
    Case 2  '圆
            Shape1.Shape = 3
    Case 3  '圆角矩形
            Shape1.Shape = 4
    End Select
End Sub
```

边框类型单选按钮数组 Option2（索引分别为 0、1、2、3、4）单击事件过程的代码如下。

```
Private Sub Option2_Click(Index As Integer)  'Index 数组索引，0 表示透明
    '设置边框风格
    Shape1.BorderWidth = 1  '设置边框宽度
    Select Case Index
    Case 0  '透明
            Shape1.BorderStyle = 0
    Case 1  '实线
            Shape1.BorderStyle = 1
    Case 2  '虚线
            Shape1.BorderStyle = 2
    Case 3  '点线
            Shape1.BorderStyle = 3
    Case 4  '点画线
            Shape1.BorderStyle = 4
    End Select
End Sub
```

填充风格单选按钮数组 Option3（索引设为 1、2、3、6）单击事件过程的代码如下。

```
Private Sub Option3_Click(Index As Integer)    'Index 数组索引，1 表示透明
'设置填充风格
    Select Case Index
    Case 1  '透明
                Shape1.FillStyle = 1
    Case 2   '水平线
              Shape1.FillStyle = 2
    Case 3   '垂直线
              Shape1.FillStyle = 3
    Case 6   '交叉线
              Shape1.FillStyle = 6
    End Select
End Sub
```

10.2.3　MSChart 控件

MSChart 控件是一个功能强大的高级图表工具，拥有丰富的图表绘制功能，可以显示二维和三维的直方图、面积图、折线图、饼图等多种常用图表。它是定制控件，控件文件名是 MSCHART20.OCX，控件部件名为 Microsoft Chart Control6.0（OLEDB）。在使用之前，必须将它添加到工具箱中，方法是：在工具箱中单击鼠标右键，在弹出的快捷菜单中选择"部件"命令，显示"部件"对话框，如图 10-7 所示，再选择控件即可。

在窗体中放置一个 MSChart 控件时，会自动创建一个默认数据的直方图图表。用鼠标右键单击 MSChart 控件，在弹出的快捷菜单中选择"属性"选项，打开 MSChart 控件的"属性页"对话框，如图 10-8 所示。在"属性页"对话框中可设置图表类型、轴、轴网格、序列、序列颜色、背景、文本和字体等。

图 10-7　"部件"对话框

图 10-8　MSChart 控件的"属性页"对话框

1. MSChart 控件的主要属性

（1）ChartType 属性：用于设置和返回图表类型。图表类型与 ChartType 属性对应值如表 10-7 所示。例如，ChartType=1 时，显示二维直方图；ChartType=14 时，显示饼图。

表 10-7　ChartType 属性

ChartType	图 表 类 型	ChartType	图 表 类 型
0	三维直方图	4	三维面积图
1	二维直方图	5	二维面积图
2	三维折线图	……	……
3	二维折线图	14	饼图

（2）行（格）属性

① RowCount 属性：表示图表中的总格（行）数。

例如，若 MSChart 控件显示二维数组 Array_2(M，N)，则总格（行）数 RowCount=M。RowCount=5，表示有 5 格（行）数据。

若 MSChart 控件显示一维数组 Array_1(N)的元素值，则总行数 RowCount=1。

② Row 属性：表示图表中某格（行）的序号。

若 MSChart 控件显示二维数组 Array_2(M，N)，则图表中第 I 格的序号 Row=I；Row=1 表示第 1 格（行）数据。

③ RowLabel 属性：表示格（行）标签名，默认值为 Ri。可以修改其值，如改为长沙市区人数、怀化市区人数等。

④ RowLabelCount 属性：表示格（行）标签数，MSChart 控件允许设置多个格（行）标签。通常取值为 1，只有需要用 2 行以上的标签时，才修改此属性。

⑤ RowLabelIndex 属性：表示格（行）标签序号，通过设置不同格（行）标签序号选择不同格（行）标签进行编辑。

（3）列属性

① ColumnCount 属性：表示图表中每格（行）中的列数，即数组中的列数 N。例如，ColumnCount=3，表示每格（行）中有 3 列，图表每格数据用 3 个矩形或 3 个扇形表示。

② Column 属性：表示图表中某格（行）某列的列序号。例如，Row=1,Column=1，表示图表中第 1 格（行）第 1 列。

③ ColumnLabel 属性：表示图表列标签名，默认为 Ci。

④ ColumnLabelCount 属性：表示图表某格中的列标签数。

⑤ ColumnLabelIndex 属性：表示图表某格中的列标签序号。

（4）Data 属性

Data 属性用于表示图表中由数据格（行）序号 Row 与列序号 Column 指定的值，即数组 Array_2(Row,Column)的值。

可修改该值，例如，在 MSChart1 的属性框内设置 Row=1，Column=1，Data=60，表示将图表中第 1 个数据格（行）中第 1 列的矩形高度改为 60。

（5）图例属性：用于说明图表中列值含义而设置的一个图形。通常，图例内容包含列的颜色图标与标签名，以便用户能知道图表中每列的含义。图例的主要属性如下。

① ShowLegend 属性：为 True 时显示图例，为 False 时不显示图例。

② Legend 属性：用于设置图例字体等。

（6）TitleText 属性：表示图表标题，如 TitleText="一维数组图表示例"。

（7）ChartData 属性：设置或返回一个数组，该数组包含图表要显示的数据值。

例如，ChartData=Array_2，表示 MSChart 将显示二维数组的元素值。

说明： 如果是多维数组或数据表，且其第一列（或第一个字段）为字符串，则第一列（或第一个字段）被用作图表的行标签。

【例 10-4】用 MSChart 控件显示一维数组的图表示例。

定义一维整型数组 Array_1（1 To 10），用直方图与饼图两种方式显示 Array_1 中的数据图表，效果如图 10-9 所示。

操作步骤如下。

（1）新建一个工程。

（2）将 MSChart 控件添加到工具箱中。

（3）界面设计。

将 MSChart 控件拖到窗体中，拖出一个数据图表控件对象 MSChart1；在窗体中添加由两个命令按钮组成的控件数组 Command0（1），分别用于显示直方图与饼图。

（4）代码设计。

双击命令按钮，在单击事件过程中输入如下代码。

```
Private Sub Command1_Click(Index As Integer)
    Dim I As Integer
    Dim Array_1(1 To 10) As Integer
  For I = 1 To 10    '给数组赋初值
      Array_1(I) = I
  Next I
  With MSChart1
     .ChartData = Array_1          '将一维数组赋给 MSChart 控件
     .TitleText = "一维数组图表示例"
     .ShowLegend = True            '显示图例
     If Index = 0 Then
        .chartType = 1            '以直方图形式显示一维数组元素值
     ElseIf Index = 1 Then
           .chartType = 14            '以饼图形式显示一维数组元素值
     End If
     For I = 1 To 10
       .Plot.SeriesCollection(I).LegendText = "Y" & I   '为图例中的
列标签名赋值
     Next I
  End With
End Sub
```

程序运行后，分别单击"直方图"按钮与"饼图"按钮，屏幕显示如图 10-9 所示。

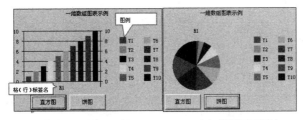

(a) 直方图显示图表　　　(b) 饼图显示图表

图 10-9　例 10-4 运行效果

【例 10-5】用 MSChart 控件显示二维数组的图表示例。

定义 5 行 5 列的二维变体类型数组 Array_2（1 To 5，1 To 5），用直方图、饼图和折线图 3 种方式显示 Array_2 中的数据图表。效果如图 10-10 所示。

操作步骤如下。

（1）新建一个工程。

（2）界面设计。

将 MSChart 控件拖到窗体中，拖出一个数据图表控件对象 MSChart1；在窗体中添加由 3 个命令按钮组成的控件数组 Command0（1、2），分别用于显示直方图、饼图和折线图。

（3）代码设计。

双击命令按钮，在单击事件过程中输入如下代码。

```
Private Sub Command1_Click(Index As Integer)
        Dim I As Integer
        Dim Array_2(1 To 5, 1 To 5) As Variant
        For I = 1 To 5
                Array_2(I, 1) = "A(" & I & ")" '数组第 1 列为字符串时，将作
为行标签使用
                Array_2(I, 2) = I
                Array_2(I, 3) = I * 2
                Array_2(I, 4) = I * 3
                Array_2(I, 5) = I * 4
        Next I
        With MSChart1
                .ChartData = Array_2       '将二维数组赋给 MSChart 控件
                .TitleText = "二维数组图表示例"  '为 MSChart 控件的标题赋值
                .ShowLegend = True         '显示图例
        If Index = 0 Then
                .chartType = 1         '以直方图形式显示二维数组元素值
        ElseIf Index = 1 Then
                .chartType = 14    '以饼图形式显示二维数组元素值
        Else
                .chartType = 3         '以折线图形式显示二维数组元素值
        End If
        For I = 1 To 5 - 1       '除标签首列外，还有 5-1=4 列
                .Plot.SeriesCollection(I).LegendText = "Y" & I  '为
图例中的标签名赋值
        Next I
        End With
End Sub
```

程序运行后，分别单击"直方图"、"饼图"与"折线图"按钮，屏幕显示如图 10-10 所示。

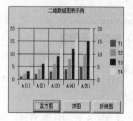
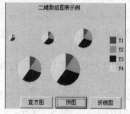
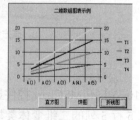

(a)直方图　　　　　　　（b）饼图　　　　　　　(c) 折线图

图 10-10　例 10-5 运行效果

10.3　Visual Basic 绘图方法

Visual Basic 对诸如窗体、图片框控件、打印机等容器对象，提供了多种绘图方法，编程者借此可以完成复杂图形的绘制。在代码窗口中用绘图方法创建的图形，只有通过运行应用程序才能看到结果。常用的绘图方法有 Line、Circle、Pset 和 Point 等。

10.3.1 Line 方法

Line 方法用于在指定容器对象上画直线或矩形，其语法格式如下。

[object.]Line [Step] (x1, y1) − [Step] (x2, y2), [Color], [B][F]

object：指窗体、图片框或打印机，默认为当前窗体。

(*x1, y1*)：可选的。为 Single 型（单精度浮点数）型，表示直线或矩形的起点坐标。ScaleMode 属性决定使用的度量单位。如果省略，则线起始于由 CurrentX 和 CurrentY 指示的位置。

(*x2, y2*)：必需的。为 Single（单精度浮点数）型，表示直线或矩形的终点坐标。

第一个[Step]：可选的。指定起点坐标，它们相对于由 CurrentX 和 CurrentY 属性提供的当前图形位置。

第二个[Step]：可选的。指定相对于线的起点的终点坐标。

[Color]：可选的。为 Long 型（长整型数），表示画线时用的 RGB 颜色。如果省略，则使用 ForeColor 属性值。可用 RGB 函数或 QBColor 函数指定颜色。

[B]：可选的。如果包括，则利用对角坐标画出矩形。

[F]：可选的。如果使用了 B 选项，则 F 选项规定矩形以矩形边框的颜色填充。不能只用 F 不用 B。如果不用 F 只用 B，则矩形用当前的 FillColor 和 FillStyle 填充。FillStyle 的默认值为 transparent。

【例 10-6】用 Line 方法在窗体上画出一组随机射线。要求：射线起点在窗体中心；终点由随机函数产生；颜色也由随机函数产生；单击窗体停止产生射线。

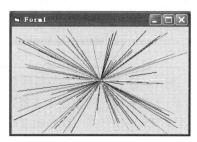

图 10-11　产生射线效果

为了看清楚产生过程，在窗体上放一个计时器 Timer1 来定时产生射线，其属性 Interval = 100。程序执行效果如图 10-11 所示，编写代码如下。

```
Private Sub Form_Click()
    Timer1.Enabled = False    '单击窗体，停止产生射线（即定时器不工作）
End Sub
Private Sub Form_Load()
    Scale (100, 100)-(0, 0)    '设置窗体坐标系范围，即自定义坐标系
End Sub
Private Sub Timer1_Timer()
    x = Int(100 * Rnd)
    y = Int(100 * Rnd)
    cc = Int(16 * Rnd)    '产生 0~15 颜色代码
    Line (50, 50)-(x, y), QBColor(cc)
End Sub
```

10.3.2 Circle 方法

Circle 方法用于在窗体、图片框、打印机等容器对象中画圆、椭圆、圆弧和扇形，其语法格式如下。

[object.]Circle [Step] (x, y), radius, [color, start, end, aspect]

Circle 方法说明如表 10-8 所示。

表 10-8　Circle 方法说明

部分	描述
object	可选的，为窗体、图片框、打印机等容器对象。如果 object 省略，则具有焦点的窗体作为 object
Step	可选的。关键字 ，指定圆、椭圆或弧的中心相对于当前 object 的 CurrentX 和 CurrentY 属性提供的坐标
(x, y)	必需的。 Single 型 （单精度浮点数），指定圆、椭圆或弧的中心坐标。object 的 ScaleMode 属性决定了使用的度量单位
radius	必需的。Single 型（单精度浮点数），指定圆、椭圆或弧的半径。 object 的 ScaleMode 属性决定了使用的度量单位
color	可选的。为 Long 型 （长整型数），指定圆的轮廓的 RGB 颜色。如果省略，则使用 ForeColor 属性值。可用 RGB 函数或 QBColor 函数指定颜色
start, end	可选的。为 Single 型 （单精度浮点数），当弧、部分圆或椭圆画完以后，start 和 end 指定（以弧度为单位）弧的起点和终点位置。其范围为 −2 ~ 2 pi 。起点的默认值是 0，终点的默认值是 2 * pi
aspect	可选的。为 Single 型 （单精度浮点数），指定圆的纵横尺寸比。默认值为 1.0，表示在屏幕上产生一个标准圆

另外，还有以下几点值得注意。

（1）填充圆，需要使用容器对象的 FillColor 和 FillStyle 属性；只有封闭的图形才能填充；封闭图形包括圆、椭圆和扇形。

（2）Circle 方法总是逆时针（正）方向绘图。

（3）当在起始角、终止角取值前加负号时，画出扇形；负号表示画圆心到圆弧的径向线。

（4）画圆、椭圆或弧时，线段的粗细取决于容器对象的 DrawWidth 属性值。在容器背景上画圆的方法取决于容器的 DrawMode 和 DrawStyle 属性值。

（5）Circle 执行时，容器对象的 CurrentX 和 CurrentY 属性被设置为中心点坐标。

【例 10-7】在图片框中画出如图 10-12 所示的圆弧和扇形。

操作步骤如下。

（1）在窗体添加一个图片框控件 Picture1 和一个命令按钮 Command1，命令按钮标题为"输出图形"。

（2）编写命令按钮的单击事件过程，代码如下。

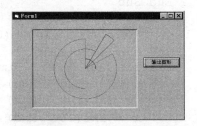

图 10-12　在图片框中画圆弧和扇形

```
Private Sub Command1_Click()
    pi = 4 * Atn(1)
    Picture1.Scale (0, 0) -(100, 100)
```

```
      Picture1.Circle (50, 50), 10, QBColor(1), 0, pi / 2
      Picture1.Circle (50, 50), 20, QBColor(2), pi / 3, 1.5 * pi
      Picture1.Circle (50, 50), 30, QBColor(3), -pi / 2, -pi / 6
      Picture1.Circle (50, 50), 40, QBColor(4), -pi / 4, -pi / 3
End Sub
```

（3）运行效果如图 10-12 所示。

10.3.3　Pset 方法

Pset 方法用于在窗体、图片框和打印机对象上的指定位置画点，并设置颜色。它是通过为指定像素设置颜色来实现功能的。其语法格式如下。

[object.]PSet [Step] (x, y), [Color]

说明：

object 可以省略，如果省略，则具有焦点的窗体作为其对象。

可选项 Step，指定相对于由 CurrentX 和 CurrentY 属性提供当前图形位置的坐标。

（x, y）为必选项，是单精度浮点数，用于指示设置点的水平（x 轴）和垂直（y 轴）坐标。

Color 为可选项，指定点的 RGB 颜色，取值是长整型数。如果省略，则使用容器对象的 ForeColor 属性值。

【例 10-8】用 Pset 方法在窗体上绘制正弦曲线，运行结果如图 10-13 所示。

操作步骤如下。

（1）在窗体中添加一个命令按钮 Command1，标题为"正弦曲线"。

（2）编写命令按钮的单击事件过程，代码如下。

```
Private Sub Command1_Click()
    Const pi As Single = 3.141592653589
    Dim x As Single
    Form1.DrawWidth = 3
    Form1.Scale (-10 * pi, 2)-(10 * pi, -2)
    For x = -10 * pi To 10 * pi Step 0.01
        Form1.PSet (x, Sin(x)), vbRed
    Next x
End Sub
```

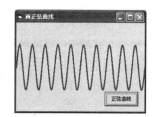

图 10-13　正弦曲线图

10.3.4　Point 方法

Point 方法用于返回窗体或图片框上指定点的 RGB 颜色值，其语法格式如下。

[object.]Point (x, y)

如果（x, y）指定的点在对象之外，则返回值为-1。

【例 10-9】用 Point 方法获取一个区域的信息，并用 Pset 方法在另一个区域中画出。

操作步骤如下。

（1）界面设计。

在窗体上画出两个图片框 Picture1 和 Picture2，并在 Picture1 中设置一个灯泡图形。

（2）编写窗体 Load 事件代码，初始化两个图片框对象，使 Picture2 的高和宽均是 Picture1 的两倍，代码如下。

```
Private Sub Form_Load()
    x = Picture1.Width
    y = Picture1.Height
```

```
        Picture2.Width = 2 * x
        Picture2.Height = 2 * y
End Sub
```

（3）编写窗体的单击 Click 事件代码，使两个图片框的坐标系统设置相同，将 Picture1 中各点颜色逐个取出，画到 Picture2 中，代码如下。

```
Private Sub Form_click()
        Picture1.Scale (0, 0)-(400, 400)    '定义图片框 Picture1 的坐标系
        Picture2.Scale (0, 0)-(400, 400)    '定义图片框 Picture2 的坐标系
        For i = 1 To 400                    '按行扫描
            For j = 1 To 400                '按列扫描
                mcolor = Picture1.Point(i, j)    '返回指定点的颜色
                Picture2.PSet (i, j), mcolor     '重绘信息
            Next j
        Next i
End Sub
```

（4）运行程序。

单击窗体，结果如图 10-14 所示。

图 10-14　Point 方法应用示例

10.3.5　其他相关方法

1．Cls 方法

Cls 方法用于清除画图区域的图形，其语法格式如下。

[object.]Cls

Cls 方法可以清除所有绘制输出的文字、图形。要清除窗体（Form）、图片框对象（Picture）上的所有图形，可分别使用如下语句。

Form.Cls

Picture.Cls

注意：Cls 方法不能清除给窗体、图片框的 Picture 属性加载的图片。

2．Move 方法

Move 方法用来改变窗体或控件对象的位置和大小，其语法格式如下。

[object.]Move [Left],[Top],[Width],[Height]

参数说明如下。

object：是指被移动的对象，可以是窗体和除时钟、菜单以外的任何对象。

Left、Top：分别为左上角的水平（ x 轴）、垂直（ y 轴）坐标，为 Single 类型。

Width、Height：设置对象宽度、高度，为 Single 类型。

3．PaintPicture 方法

PaintPicture 方法用于在 Form、PictureBox 和 Printer 上绘制图形文件。其语法格式如下。

[object.]PaintPicture　picture,x1,y1,width1,height1,x2,y2,Width2,height2,opcode

说明：

（1）object：只能是窗体、图片框或打印机等目标对象，默认为当前窗体。

（2）picture：是指要绘制的图形源，必须是 Form 或 PictureBox 控件的 Picture 属性，Picture 属性可以是 Bmp、Dib、Ico、Wmf、Emf 等格式的图片。

（3）x1，y1：指定在 object 坐标系中的目标坐标位置。object 的 ScaleMode 属性决定坐标系的度量单位。

（4）Width1：可选项，表示目标宽度。如果目标宽度比源宽度（width2）大或小，则拉伸或压缩源块。如果省略该参数，则使用源宽度。

（5）Height1：可选的，表示目标高度。如果目标高度比源高度（height2）大或小，则拉伸或压缩源块。如果省略该参数，则使用源高度。

（6）x2，y2：可选的，表示源图块在源坐标系中的起点坐标，默认值为 0。

（7）Width2：可选的，表示源块宽度，如果省略该参数，则使用整个源宽度。

（8）Height2：可选的，表示源块高度，如果省略该参数，则使用整个源高度。

（9）Opcode：用来定义将源块绘制到目标对象上时，对源块执行的位操作。一般使用 vbSrcCopy(&H00cc0020)。更多的选项请查阅（Microsoft Developer Network）帮助。

借助于 PaintPicture 方法，可以将一个对象中的位图进行复制、翻转、缩放、旋转到另一个对象中。

要进行位图的翻转，除了应合理设置传送源或目标区域的坐标位置外，还要设置图形高度或宽度的正负值。设置图形宽度为负数时，水平翻转图形；设置图形高度为负数时，上下翻转图形，若将宽度和高度都设为负数，则两个方向同时翻转图形。

【例 10-10】PaintPicture 方法使用示例。

要求在程序中，将 1 个图片框中的图形复制到另外 3 个图片框中，并且在复制图形时进行缩放和翻转操作。

操作步骤如下。

（1）界面设计。

在窗体上画 4 个图片框和 3 个命令按钮，属性设置如表 10-9 所示，界面布局如图 10-15 所示。

表 10-9　属性设置

对象	属性	值
窗体	Caption	操作图片
图片框 1	名称	PicS
	AutoSize	True
	Picture	某位图
图片框 2	名称	PicD1
图片框 3	名称	PicD2
图片框 4	名称	PicD3
按钮 1	名称	Command1
	Caption	缩放
按钮 1	名称	Command2
	Caption	水平翻转
按钮 1	名称	Command3
	Caption	垂直翻转

（2）编写各事件代码。

```
Private w, h      '定义两个窗体级变量 w,h

  '窗体 Load 事件代码
```

```
Private Sub Form_load()
    w = PicS.Width
    h = PicS.Height
End Sub
'缩放命令按钮 Click 事件代码
Private Sub Command1_Click()
    '缩小为原图的一半
    PicD1.PaintPicture PicS.Picture, 0, 0, w / 2, h / 2, 0, 0, w, h
End Sub
'水平翻转命令按钮 Click 事件代码
Private Sub Command2_Click()
    '缩小为原图的一半，并水平翻转
    PicD2.PaintPicture PicS.Picture, 0, 0, w / 2, h / 2, w, 0, -w, h
End Sub
'垂直翻转命令按钮 Click 事件代码
Private Sub Command3_Click()
    '缩小为原图的一半，并垂直翻转
    PicD3.PaintPicture PicS.Picture, 0, 0, w / 2, h / 2, 0, h, w, -h
End Sub
```

值得一提的是，为了实现图片的水平翻转，$(X2, Y2)$ 一般为要复制区域的右上角坐标，并且设置复制区域的宽为负值。为了实现图片的垂直翻转，$(X2, Y2)$ 一般为要复制区域的左下角坐标，并且设置复制区域的高为负值。

（3）运行程序。

单击各按钮，左边图片框中的图片被复制到右边相应图片框中，并且对图片进行了缩放和旋转操作，如图 10-16 所示。

图 10-15　界面布局　　　　图 10-16　PaintPicture 方法应用示例

为了确保用绘图方法创建的图形是持久性的图形，即被临时挡住的部分在遮挡物（如其他窗口）移走后可自动重画，可以将窗体、图片框等容器的 AutoRedraw 属性设置为 True，或者在窗体、图片框等容器的 Paint 事件过程中创建图形。

10.4　显示图片

应用程序经常会在窗体、图片框或图像控件内显示一些图片，VB 支持的图片格式有.bmp、.dib、.ico、.cur、.wmf、.emf、.jpeg 和.gif 等。可以在设计和运行时，通过有关窗体和控件的 Picture 属性来设置要显示的图片。

10.4.1　加载图片

1. 设计时加载图片

设计时有两种加载图片的方法。

（1）利用"属性"窗口设置

选择窗体、图片框或图像控件，在"属性"窗口中选择"Picture"属性，并单击──按钮，打开"加载图片"对话框，从中可选择要加载的图片。如果为窗体设置了 Picture 属性，选定的图片就会显示在窗体上，作为窗体背景图片。

（2）利用剪贴板设置

把需要的图片复制到剪贴板上，在 Visual Basic 开发环境中，选择窗体、图片框或图像控件，然后从"编辑"菜单中，选择"粘贴"命令。

一旦为窗体、图片框或图像控件加载了图片，则它们的 Picture 属性设置框将显示："（Bitmap）"、"（Icon）"或"（Metafile）"。

要删除已加载的图片，只要将 Picture 属性设置框内显示的"（Bitmap）"、"（Icon）"或"（Metafile）"删除，重新变为"（None）"即可。

2. 在运行时加载图片

在运行时加载图片，可以使用 LoadPicture 函数，其格式如下。

[窗体]|[图片框]|[图像框].Picture = LoadPicture（"图形文件路径和文件名"）

例如，将 tips.gif 文件加载到 Form1 窗体中，代码如下。

Form1.Picture = LoadPicture("C:\WINDOWS\Web\tips.gif")

另外，使用不带参数的 LoadPicture 函数可以删除图片。例如，将 Form1 窗体中的图片删除，代码如下。

Form1.Picture = LoadPicture("")

10.4.2　图片框控件

图片框（PictureBox）控件除了使用 Line、Circle、Pset、Point、Cls、Print 等常用绘图方法绘制图形外，还可以显示位图、图标、元文件等图形。下面介绍图片控件的 4 个常用属性。

（1）CurrentX/CurrentY：设置或返回下一个输出的水平坐标和垂直坐标。

（2）Picture：通过设置 Picture 属性，可把图像放入图片框中显示。

（3）AutoSize：设置是否根据图片的大小自动调整图片框控件的尺寸。默认值为 False，表示图片框大小不变化。当设置为 True 时，图片框控件大小根据所显示图片的尺寸自动调整大小。例如，图 10-17 中左边 Picture 控件的显示区域比实际图片小，由于 AutoSize 属性设置为 False，图片框控件大小不变，图片被剪裁；右边 Picture 控件的 AutoSize 属性设置为 True，图片框能自动调整大小与显示的图片相适应。

10.4.3　图像框控件

图像框（Image）控件与图片框控件一样，也是用来显示位图、图标和元文件等图形。但图像框控件与图片框控件相比，有自己的特点：占用内存小，显示速度比较快；只支持 PictureBox 控件的一部分属性、事件和方法；不能作为容器，不支持绘图方法和 Print 方法；用 Stretch 属性确定是否缩放图形来适应控件大小。

下面介绍图像框控件的两个常用属性。

（1）Picture 属性：使用方法与图像框控件相同。

（2）Stretch 属性：返回或设置一个值，该值用来指定一个图形是否要调整大小，以适应 Image 控件的大小。默认值为 False，表示控件要调

图 10-17　AutoSize 属性　　　图 10-18　Stretch 属性

整大小，以与图形相适应。当设置为 True 时，图片自动缩小或放大，以适应图像框的大小，把全部图形显示在图像框内；若图像框中显示的是位图，则图形放大或缩小后会有一些失真。

例如，图 10-18 左边的 Image 控件，由于 Stretch 属性设置为 False，图像框自动调整与实际图形大小相同。右边 Image 控件的 Stretch 属性设置为 True，图形自动放大，以适应图像框大小。

为了说明图片框和图像框加载图片的方法，图片框的 AutoSize 属性与图像框的 Stretch 属性对所加载的图形的影响，下面给出一个综合示例。

【例 10-11】显示图片综合示例。

操作步骤如下。

（1）界面设计

在窗体上画一个图片框、一个图像框、一个框架、两个复选框和 3 个命令按钮，界面布局如图 10-19 所示，相关控件属性设置如表 10-10 所示。

表 10-10　属性设置

对象	属性	值
窗体	Caption	显示图片示例
图片框 1	名称	Picture1
复选框	名称	AutoCheck
	Caption	AutoSize
复选框	名称	StretchCheck
	Caption	Stretch
图像框 1	名称	Image1
按钮 1	名称	CmdLoad
按钮 1	Caption	载入图片
按钮 2	名称	CmdExchange
	Caption	交换图片
按钮 3	名称	CmdDelete
	Caption	删除图片

（2）编写各事件代码

在窗体的 Load 事件过程中，设置图片框和图像框的大小，代码如下。

```
Private Sub Form_Load()
    Picture1.Height = 1255: Picture1.Width = 1255
    Image1.Height = 1255: Image1.Width = 1255
End Sub
```

"载入图片"按钮 CmdLoad 的单击（Click）事件过程，使图片框和图像框显示图片。代码如下。

```
Private Sub CmdLoad_Click()
    Picture1.Picture = LoadPicture("C:\WINDOWS\Web\tips.gif")
    Image1.Picture = LoadPicture("C:\WINDOWS\Web\exclam.gif")
End Sub
```

"交换图片"按钮 CmdExchange 的单击（Click）事件过程，使图片框和图像框交换显示图片。代码如下。

```
Private Sub CmdExchange_Click()
    Dim picbak As Picture          '声明一个临时图片对象变量 picbak
    Set picbak = Picture1.Picture   '给图片对象 picbak 赋值
    Picture1.Picture = Image1.Picture
    Image1.Picture = picbak
End Sub
```

"删除图片"按钮 CmdDelete 的单击（Click）事件过程，用于删除图片框和图像框中显示的两幅图片。代码如下。

```
Private Sub CmdDelete_Click()
    Picture1.Picture = LoadPicture()
    Image1.Picture = LoadPicture()
End Sub
```

标题为"AutoSize"的复选框 AutoCheck 的 Click 事件过程，用于设置图片框的 AutoSize 属性；当用户选中标题为"AutoSize"的复选框时，图片框根据图片大小调整自身尺寸。代码如下。

```
Private Sub AutoCheck_Click()
    Picture1.AutoSize = AutoCheck.Value
End Sub
```

标题为"Stretch"的复选框 StretchCheck 的 Click 事件过程，用于设置图像框的 Stretch 属性；当用户选中标题为"Stretch"的复选框时，图片根据图像框的大小自动调整尺寸。代码如下。

```
Private Sub StretchCheck_Click()
    Image1.Stretch = StretchCheck.Value
End Sub
```

（3）运行程序

程序运行后，界面如图 10-20 所示。

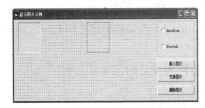 

图 10-19　显示图片界面布局　　图 10-20　显示图片示例运行效果

练习题

一、选择题

1. 在以下的属性和方法中，（　　　）可重定义坐标系统。

A. DrawStyle 属性　　B. DrawWidth 属性　C. Scale 方法　　　D. ScaleMode 属性

2. 坐标度量单位可通过（　　　）来改变。

A. DrawStyle 属性　　B. DrawWidth 属性　C. Scale 方法　　　D. ScaleMode 属性

3. 对象的边框类型由（　　　）设置。

A. DrawStyle 属性　　B. DrawWidth 属性　C. Boderstyle 方法 D. ScaleMode 属性

4. 当使用 line 方法时，参数 B 与 F 可组合使用，下列中（　　　）是错误的。

A. BF　　　　　　　　B. F　　　　　　　　C. B　　　　　　　D. 不使用 B 与 F

5. 使用 Line 方法画线后，当前坐标在（　　　）。

A. （0，0）　　　　B. 直线起点　　　C. 直线终点　　　D. 容器的中心

6. 执行语句"Circle (1000，1000)，500，8，−6，−3"将绘制（　　　）。

A. 圆　　　　　　　B. 椭圆　　　　　C. 圆弧　　　　　D. 扇形

7. 执行语句"Line (1200，1200)−Step(1000，500)，B"后，CurrentX=（　　　）。

A. 2200　　　　B. 1200　　　　C. 1000　　　　D. 1700

8. 能作为容器使用的对象是（　　　）。

A. 图片框　　　　　B. 图像框　　　　C. 标签框　　　　D. 文本框

9. 图形大小能自动随控件尺寸改变的控件是（　　　）。

A. 图像框　　　　　B. 图片框　　　　C. 文本框　　　　D. 框架

10. 下面选项中，不能将图像载入图片框和图像框的方法是（　　　）。

A. 在界面设计时，手工在图片框和图像框中绘制图形

B. 在界面设计时，通过 Picture 属性载入

C. 在界面设计时，利用剪贴板粘贴图像

D. 在程序运行期间，用 LoadPicture 函数装入图形文件

11. 设计时添加到图片框或图像框的图片数据保存在（　　　）。

A. 窗体的 frm 文件　　　　　　　B. 窗体的 frx 文件

C. 图片的原始文件内　　　　　　D. 编译后创建的 exe 文件

12. 当窗体的 AutoRedraw 属性采用默认值时，若程序启动后马上显示绘图方法绘制的图形，则绘图代码应放在（　　　）。

A. Paint 事件　　　B. Load 事件　　　C. Initialize 事件　　　D. Click 事件

13. 对 DrawWidth 属性进行设置后，将影响（　　　）。

A. Line、Circle、Pset 方法　　　　　B. Line、Shape 控件

C. Line、Circle、Point 方法　　　　　D. Line、Circle、Pset 方法和 Line、Shape 控件

14. Cls 可清除窗体或图片框中（　　　）的内容。

A. Picture 属性设置的背景图案　　　B. 在界面设计时放置的控件

C. 程序运行时产生的图形和文字　　　D. 以上都是

15. 用于在窗体、图片框或打印机的指定位置上绘制点的绘图方法是（　　　）。

A. Line　　　　B. Circle　　　　C. Pset　　　　D. Point

二、填空题

1. 改变容器对象的 ScaleMode 属性值，容器坐标系的_____改变，但内部已有控件的位置和大小不会改变。

2. 当 Scale 方法不带参数时，采用_____坐标系。

3. 设 Picture1.ScaleLeft=−200，Picture1.ScaleTop=250，Picture1.ScaleWidth=500，Picture1.ScaleHeight=−400，则 Picture1 右下角的坐标为_____。

4. 窗体 Form1 的左上角坐标为（−200，250），窗体 Form1 的右下角坐标为（300，−150）。X轴的正向向_____，Y轴的正向向上。

5. 使用 Circle 方法画扇形，起始角、终止角的取值范围为____，Circle 方法正向采用____时针方向。

6. Visual Basic 提供的绘图方法有：_____清除所有图形和 Print 输出；_____画圆、椭圆和圆弧；_____画线、矩形和填充框；_____返回指定点的颜色值；_____设置各像素的颜色。

7. 每个窗体和图片框都具有_____属性，其值设置为 False 时，窗体上显示的任何由图形方法创建的图形若被另一个窗口暂时挡住，将会丢失，而设置为 True 后，被挡住的界面上的内容在遮挡物移走后可自动重画。

8. 容器对象外侧的实际高度和宽度由_____和_____属性确定。

9. 为了在运行时把 C:\WINDOWS\Web 文件夹下的图形文件 exclam.gif 装入图片框 Picture1，所使用的语句为_____。

10. 计时器控件能以一定的时间间隔触发_____事件，对该事件过程编写适当的程序代码，可实现动画效果。

11. 在运行时加载图片到窗体、图片框或图像控件，常使用_____函数。

12. 使用 Line 方法画矩形，必须在指令中使用关键字_____。

13. 设置图片框控件的_____属性，可使图片框根据图片的大小自动调整尺寸；设置图像框控件的_____属性，图形会自动放大、缩小以适应图像框的大小。

14. MSChart 控件的_____属性，用于设置或返回图表类型。

三、编程题

1. 编写程序，实现以 5 为步长，绘制 10 个同心圆。

2. 编写程序，绘制 $\cos(2x)\sin(5x)$ 函数曲线图。

3. 编写程序，绘制如图 10-21 所示的太极图。

4. 设计如图 10-22 所示的简易画板。要求：程序运行时，选择单选按钮，在图片框上实现相应的功能，即选择"画直线"，在图片框上画一条直线；选择"画矩形"，在图片框上画一个矩形；选择"画圆"，在图片框上画一个圆；选择"画椭圆"，在图片框上画一个椭圆。单击 "Cls"的命令按钮，则清除图片框的内容。

5. 设计一个简单程序。要求：在窗体中设计一个"颜色"菜单，并画一个圆，如图 10-23 所示；单击菜单中的颜色名称，圆就会填充相应的颜色。

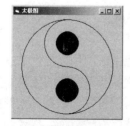

图 10-21　太极图

图 10-22　简易画板

图 10-23　带填充色圆的绘制

第11章
数据库技术

本章主要讲述 Visual Basic 对数据库访问的方法，重点讲述了数据控件和 ADO 数据控件的使用。学习如何使用"可视化数据管理器"创建 MS Access 数据库和表，如何将数据库中的数据与文本框等控件进行绑定，特别是记录集 Recordset 的使用，通过对记录集数据的增加、删除、查找、指针移动等，实现对数据库数据的操作。

结构化查询语言（Structured Query Language，SQL）是一种介于关系代数与关系演算之间的语言。SQL 是一个通用且功能强大的关系数据库语言。注意了解 SQL 的特点及组成，掌握 SELECT 语句的使用，在应用程序中正确使用 SQL 语句。

本章还介绍了如何使用 Visual Basic 提供的报表工具制作 VB 格式的报表。

11.1　数据库基础

11.1.1　数据库概述

为了适应大量数据的集中存储和管理，并提供多个用户共享数据的功能，使数据与程序完全独立，最大限度地减少数据的冗余度，出现了数据库管理系统。

11.1.2　数据模型

1．数据模型的概念及要素

数据模型是现实世界在数据库中的抽象，也是数据库系统的核心和基础，数据模型通常包括 3 个要素。

（1）数据结构：数据结构主要用于描述数据的静态特征，包括数据的结构和数据间的联系。

（2）数据操作：数据操作是指在数据库中能够进行的查询、修改、删除现有数据或增加新数据的各种数据访问方式，并且包括数据访问相关的规则。

（3）数据完整性约束：数据完整性约束由一组完整性规则组成。

2．数据模型的分类

数据库管理中一个重要概念是数据模型。数据模型是数据库系统中用以提供信息表示和操作手段的形式框架。在数据库中，数据模型是用户和数据库之间相互交流的工具。用户只要按照数据库提供的数据模型，使用相关的数据描述和操作语言就可以把数据存入数据库，而无须过问计算机管理这些数据的细节；用户想要从数据库中找出有关数据，只要知道数据模型，就可以使用有关语言查找相应的数据。目前在数据库管理软件中常用的数据模型有 3 种，即关系模型、层次模型和网状模型。

关系模型是把存放在数据库中的数据和它们之间的联系看作是一张张二维表。这与我们日常习惯是很接近的。

表 11-1 就是一个二维表。各种账本、收发文登记簿都可以看作二维表。如果用户知道了这个框架，当要查找某个学生的情况时，通过查询语言告诉数据库这个表的名称（如学生名册），要查找的是哪个学生，如给出姓名（如张平），查找哪些项，如性别、年龄，数据库管理软件就会自动查找出来。许多关系数据库管理系统提供了一种称为 SQL（Structure Query Langure）的查询语言，使用这种查询语言，上面的查询要求可以表示为：Select 性别，年龄 From 学生名册 Where 姓名='张平'。

表 11-1　学生名册

学　号	姓　名	性　别	年　龄	系　名	年　级	住　址
2011011101	张平	男	20	临床	2011 级	学生宿舍

层次模型是把数据之间的关系纳入一种一对多的层次框架来加以描述。例如，学校、企事业单位的组织结构就是一种典型的层次结构。图 11-1 为图书馆的一种组织结构层次模型。层次模型对于表示具有一对多联系的数据是很方便的，但要表示多对多联系的数据就不太方便了。网状模型是可以方便灵活地描述数据之间多对多联系的模型。它用一个矩形框表示客观世界的一个实体，这些实体之间的联系通过连线来表示。图 11-2 为学生选修课程的一种网状模型。

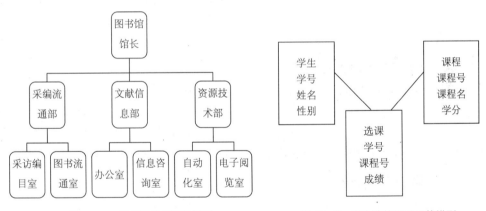

图 11-1　图书馆组织层次模型　　　图 11-2　学生选修课程网状模型

11.1.3　数据组织方式

数据是现实世界中信息的载体，是信息的具体表达形式。为了表达有意义的信息内容，数据必须按照一定的方式进行组织和存储。数据库中的数据组织一般可以分为 4 级：数据项、记录、文件和数据库。

1. 数据项

数据项可以定义数据的最小单位，也叫元素、基本项、字段等。数据项与现实世界实体的属性相对应，数据项有一定的取值范围，称为域。域以外的任何值对该数据项都是无意义的。例如，表示月份的数据项的域是 1～12，13 就是无意义的值。每个数据项都有一个名称，称为数据项目。数据项的值可以是数值、字母、汉字等形式。数据项的物理特点在于它具有确定的物理长度，一般用字节数表示。

几个数据项可以组合，构成组合数据项。如"日期"可以由日、月、年 3 个数据项组合而成。组合数据项也有自己的名称，可以作为一个整体看待。

2. 记录

记录由若干相关联的数据项组成。记录是应用程序输入/输出的逻辑单位。对于大多数据库系统，记录是处理和存储信息的基本单位。记录是关于一个实体的数据总和，构成该记录的数据项表示实体的若干属性。

记录有"型"和"值"的区别。"型"是同类记录的框架，它定义记录，"值"是记录反映实体的内容。

为了唯一标识每个记录，就必须有记录标识符，也叫关键字。记录标识符一般由记录中的第一个数据项担任，唯一标识记录的关键字称为主关键字，其他标识记录的关键字称为辅关键字。

3. 文件

文件是一个给定类型（逻辑）记录的全部具体值的集合。文件用文件名称标识。文件根据记录的组织方式和存取方法可以分为顺序文件、索引文件、直接文件和倒排文件等。

4. 数据库（database）

数据库是数据处理的一种最新技术，目前已广泛应用于各个领域。数据库技术研究的问题就是如何科学地组织和存储数据，如何高效地获取和处理数据。数据库就是存放数据的仓库，是长期储存在计算机内、有组织的、可共享的大量数据的集合。数据库中的数据不是杂乱无章的，而是按照某种方式组织在一起的，这些数据可以供企业的各相关用户使用，使各用户可以共享某些数据，降低数据的冗余，减少造成数据不一致的机会，保证数据的正确性、完整性和一致性。

11.1.4 数据库管理系统

数据库管理系统（DataBase Management System，DBMS）是为数据库的建立、使用和维护而配置的软件，它是建立在操作系统的基础上，位于操作系统与用户之间的一种数据管理软件，负责对数据库进行统一的管理和控制。用户发出的（或应用程序中的）各种操作数据库中数据的命令，都要通过数据库管理系统来执行。

11.1.5 数据库系统

数据库系统（DataBase System）是指带有数据库的计算机应用系统。数据库系统不仅包括数据库本身，即实际存储在计算机中的数据，还包括相应的硬件、软件及各类人员。数据库系统的软件包括数据库管理系统（DBMS）、支持数据库管理系统的操作系统、数据库应用开发工具、为特定应用开发的数据库应用系统。其中，DBMS 是为数据库的建立、使用、维护、管理和控制而配置的专门软件，是数据库系统的核心。

数据库系统的人员包括数据库系统管理员（DBA）、系统分析员和数据库设计人员、应用程序员、最终用户。他们分别扮演不同的角色，承担不同的任务。

11.1.6 关系数据库系统

关系数据模型是当前最流行、应用最广泛、最受用户欢迎的数据模型，基于关系模型的数据库系统称为关系数据库系统。

在关系模型中,无论是实体,还是实体之间的联系,均由单一的结构类型,即关系(二维表)来表示,任何一个关系数据库都是由若干相互关联的二维表组成的。

目前,已经有一些流行的,也比较成熟的软件产品能够很好地支持关系型数据模型,这些产品也因此称为关系型数据库管理系统(Relational DataBase Management System, RDBMS)。例如,Microsoft 公司的 Microsoft Access 和 MS-SQL Server,Sybase 公司的 Sybase,甲骨文公司的 Oracle 以及 IBM 公司的 DB2。其中,Microsoft Access 是一个中小型数据库管理系统,适用于一般的中小企业;MS-SQL Server、Sybase 和 Oracle 属于大中型的数据库管理系统; DB2 则属于大型的数据库管理系统,并且对计算机硬件有专门的要求。

11.1.7 数据库的特点

数据库是以一定方式组织、存储及处理相互关联的数据的集合,它以一定的数据结构和一定的文件组织方式存储数据,并允许用户访问。这种集合具备下述特点。

1. 数据的集成性

数据库系统中采用统一的数据结构方式,数据的结构化是数据库系统与文件系统的根本区别;数据库系统中的全局数据结构是多个应用程序共用的,而每个应用程序调用的数据是全局结构的一部分,称为局部结构(即视图),这种全局与局部的结构模式构成数据库系统数据集成性的主要特征。

2. 数据的高度共享性与低冗余性

数据库系统从整体角度看待和描述数据,数据不再面向某个应用而是面向整个系统。因此,数据可以被多个用户、多个应用共享使用,尤其是数据库技术与网络技术的结合扩大了数据库系统的应用范围。数据的共享程度可以极大地减小数据的冗余度,节约存储空间,又能避免数据之间的不相容性和不一致性(所谓数据的不一致性,是指同一数据在系统的不同拷贝的值不一样)。

3. 数据独立性高

数据的独立性是指用户的应用程序与数据库中数据是相互独立的,即当数据的物理结构和逻辑结构发生变化时,不影响应用程序对数据的使用。数据的独立性是由 DBMS 的二级映像功能来保证的。数据的独立性一般分为两种:物理独立性和逻辑独立性。物理独立性是指数据的物理结构(包括存储结构、存取方式等)的改变,如存储设备和物理存储的更换、存取方式的改变等都不影响数据库的逻辑结构,从而不致引起应用程序的改变。逻辑独立性是指数据的总体逻辑结构改变时,如修改数据模式、改变数据间的联系等,不需要修改相应的应用程序。

4. 数据的管理和控制能力

数据由数据库系统统一管理和控制,保证了数据的安全性和完整性。数据库系统对访问数据库的用户进行身份及其操作的合法性检查,保证了数据库中数据的安全性;数据库系统自动检查数据的一致性、相容性,保证数据符合完整性约束条件;数据库系统提供并发控制手段,能有效控制多个用户程序同时对数据库数据的操作,保证共享及并发操作;数据库系统具有恢复功能,即当数据库遭到破坏时,能自动从错误状态恢复到正确状态的功能。

11.2 Visual Basic 数据库管理器

大型数据库(如 Oracle、Sybase 等)不能由 Visual Basic 6.0 创建,要创建这些类型的数据库,就需要使用相应数据库管理系统提供的工具来完成。但 VB 6.0 提供了创建 Microsoft Access 数据库和其他一些数据库的工具——可视化数据管理器。VB 提供的可视化数据管理器（Visual Data Manager）是一个非常实用的工具。使用它可以方便地建立数据库、数据表和数据查询，可以自动生成 VB 的数据窗体（含基本程序代码），从而很容易地建立一个 VB 数据库管理程序。由于它使用可视化的操作界面，因此很容易为用户所掌握。

11.2.1　数据管理器的启动

在 Visual Basic 开发环境中单击"外接程序"菜单中的"可视化数据管理器"选项或运行 Visual Basic 系统目录中的 Visdata.exe，都可启动 VB 的可视化数据管理器，如图 11-3 所示。使用可视化数据管理器建立的数据库是 Access 数据库（格式为.mdb），可以被 Access 直接打开和操作。

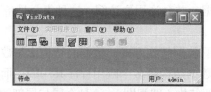

图 11-3　可视化数据管理器

在可视化数据管理器的菜单栏中，有"文件"、"实用程序"、"窗口"和"帮助"4 个菜单，其提供的主要命令如下。

（1）"文件"菜单提供数据的新建、打开和退出等命令。

（2）"实用程序"菜单提供查询生成器和数据窗体设计等命令。

（3）"窗口"菜单提供窗口平铺和层叠等命令。

可视化数据管理器可以管理诸如 Access、dBase、FoxPro、Paradox 和 Excel 等数据库。下面以 Access 数据库为例，介绍如何新建数据库、打开已建数据库、修改数据库表的结构、查询和修改数据库的内容，以及如何使用可视化数据管理器进行数据库应用程序设计等内容。

11.2.2　创建数据库

在可视化数据管理器中，选择"文件"→"新建"→Microsoft Access（M）→Version 7.0 MDB（7）命令，打开"选择要创建的 Microsoft Access 数据库"对话框。在该对话框的"保存类型"下拉列表框中选择库文件类型，在"保存在"下拉列表框中选择路径，在"文件名"文本框中输入库文件名，单击"保存"按钮，即可创建一个如图 11-4 所示的数据库。在图 11-4 中包括两个窗口：左边的是"数据库窗口"，用于显示数据库；右边的是"SQL 语句"窗口，用于输入查询数据库内容所用的 SQL 语句。但要注意的是：数据库虽然已建立，但现在还没有任何表文件。

图 11-4　创建数据库

11.2.3 向数据库中添加数据表和字段

在数据库窗口中单击鼠标右键，在弹出的快捷菜单中单击"新建表"命令，将显示如图11-5所示的"表结构"对话框。在"表名称"文本框中输入表名称，单击"添加字段"按钮，打开如图11-6所示的"添加字段"对话框。

图 11-5 "表结构"对话框

图 11-6 "添加字段"对话框

"添加字段"对话框中的"顺序位置"确定字段的相对位置，即字段在表中的物理位置；"验证文本"是在用户输入的字段值无效时，应用程序显示的消息文本；"验证规则"确定字段中可以添加什么样的数据；"默认值"确定字段的默认值。

在"添加字段"对话框中，依次输入每个字段的名称、类型、大小（宽度）后单击"确定"按钮，直至建成表的所有字段，最后单击"关闭"按钮退出"添加字段"对话框，返回"表结构"对话框。单击"生成表"按钮，数据管理器将创建该表，之后返回如图11-4所示的"数据库及查询"窗口。在其"数据库窗口"中能看到创建的新表及其字段（展开Fields），如图11-7所示。

图 11-7 数据库窗口

11.2.4 为表建立索引及添加记录

单击"表结构"对话框的"添加索引"按钮，在弹出的对话框中输入索引名称，选择索引字段后，单击"确定"按钮，即可完成索引的建立。

在"数据库窗口"中用鼠标右键单击欲添加记录的表，在弹出的快捷菜单中单击"打开"命令，打开如图11-8所示的"表数据维护"窗口。单击"添加"按钮之后录入一条记录的各项内容，然后再次单击"添加"按钮录入下一条记录，直至录入全部记录内容，最后单击"关闭"按钮。

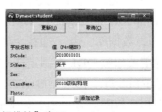

图 11-8 "表数据维护"窗口

11.2.5 打开已有数据库

（1）通过"外接程序"菜单，打开"可视化数据库管理器"窗口。

（2）单击"文件"菜单中的"打开数据库"选项，在其数据库类型子菜单中选择数据库类型，如 Access 类型，打开"打开 Microsoft Access 数据库"对话框。

（3）在对话框中选择库文件类型、文件夹及库文件名，单击"打开"按钮，打开如图 11-7 所示的数据库窗口。

（4）记录维护。数据库打开后，就可以查询或修改数据库各表中存储的数据。打开表的方法是双击表项目或用鼠标右键单击，在快捷菜单中单击"打开"命令。数据管理器将在如图 11-8 所示的"表数据维护"窗口中打开表。在此窗口中，单击"添加"按钮，可以添加一条记录；单击"编辑"按钮可以修改一条现有的记录；单击"删除"按钮将删除当前记录。此外，还可以对表中的内容进行排序、过滤和移动等处理。

（5）修改数据库表的结构。打开数据库后，可以对数据库表的结构进行修改，修改数据库表结构的步骤如下。

① 在"数据库及查询"窗口中，用鼠标右键单击指定的数据库表图标，在快捷菜单中单击"设计"命令，打开如图 11-5 所示的"表结构"对话框。

② 在"表结构"对话框中添加或删除指定字段，完成后单击"关闭"按钮，返回上级窗口。

注意：在返回的"数据库窗口"中，对应的字段可能没有立即更新，要显示更新后的字段，只要单击鼠标右键，在快捷菜单中选择"刷新列表"命令即可。

此外，还可以使用"可视化数据管理器"编写结构化查询语句进行查询，以及应用程序设计。

11.3 结构化查询语言（SQL）

11.3.1 SQL 简介

结构化查询语言（Structured Query Language，SQL）是用于对存放在计算机数据库中的数据进行组织、管理和检索的工具，是操作数据库的工业标准语言。按照 ANSI（美国国家标准协会）的规定，SQL 被作为关系型数据库管理系统的标准语言。SQL 语句可以用来执行各种操作，如更新数据库中的数据、从数据库中提取数据等。目前，绝大多数流行的关系型数据库管理系统，如 Oracle、Sybase、Microsoft SQL Server、Access 等都采用了 SQL 标准。虽然很多数据库都对 SQL 语句进行了再开发和扩展，但是包括 Select、Insert、Update、Delete、Create，以及 Drop 在内的标准的 SQL 命令仍然可以被用来完成几乎所有的数据库操作。在 SQL 中，指定要做什么而不是怎么做，如图 11-9 所示。只要告诉 SQL 需要数据库做什么，就可以确切指定想要检索的记录以及按什么顺序检索。可以在设计或运行时对数据控件使用 SQL 语句。用户提出一个查询，数据库返回所有与该查询匹配的记录。

从功能上来考虑，SQL 可以分为数据定义语言（Data Definition Language，DDL）、数据操纵语言（Data Manipulation Language，DML）和数据控制语言（Data Control Language，DCL）三大类。在 SQL 中，数据库、表、视图、索引等都被看作对象，这些对象可以由数据库管理系统本身提供的功能或通过 DDL 数据定义语言来定义和管理；SQL 中的数据操作命令，如增加 INSERT、删除 DELETE、修改 UPDATE、查询 SELECT 等统称为数据操纵语言；数据控制语言主要实现对用户权限的分配和事务（transaction）的控制等处理。

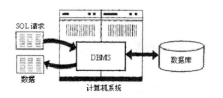

图 11-9　用 SQL 进行数据存取

SQL 规范中包含的命令和子句数量虽然不多，但却可以完成各种复杂的数据库操作。表 11-2 和表 11-3 列出了常用的 SQL 命令和子句。另外，用户经常涉及对数据进行统计运算。统计操作除了可以使用常用的运算符外，还可以使用统计函数。在 SQL 中，统计函数称为聚合函数，聚合函数经常与 SELECT 语句的 GROUP BY（分组）子句一同使用。常用的聚合函数如表 11-4 所示。

表 11-2　常用的 SQL 命令

命　　令	描　　述
SELECT	从数据库中查找满足指定条件的记录
CREATE	创建数据库、表、视图等
INSERT	向数据库表中插入或添加新的记录
UPDATE	更新（修改）指定记录
DELETE	从数据库表中删除指定记录

表 11-3　常用的 SQL 子句

子　　句	描　　述
FROM	为从其中选择记录的表命名
WHERE	指定所选记录必须满足的条件
GROUP BY	把选定的记录分组
ORDER BY	对选定的对记录排序

表 11-4　常用的 SQL 聚合函数

聚合函数	描　　述
AVG	返回组中值的平均值。空值将被忽略
SUM	返回表达式中所有值的和
COUNT	返回组中项目的数量
MAX	返回表达式的最大值
MIN	返回表达式的最小值

11.3.2　SQL 简例

下面通过例子介绍常用的 SQL 命令。

1. SELECT 命令

在众多的 SQL 命令中，SELECT 语句应该算是使用最频繁的。SELECT 语句主要用来对数据库进行查询并返回符合用户查询标准的结果数据。SELECT 语句的语法格式如下。

SELECT [DISTINCT] 列 1 [,列 2,…] FROM 表名 [WHERE 条件] [GROUP BY 表述式] [ORDER BY 表达式 [ASC | DESC]]

说明：

（1）DISTINCT：指定不返回重复记录。

（2）列 1 [, 列 2, …]：决定哪些列将作为查询结果返回，若要返回表中的所有列，则使用通配符"*"来设定。

（3）FROM 表名：决定查询操作的数据来源表。

（4）WHERE 条件：规定哪些数据值或哪些行将被作为查询结果返回。"条件"的运算符包括各种常见运算符和模式匹配运算符 LIKE。LIKE 运算符的功能非常强大，使用 LIKE 运算符可以设定只选择与用户规定格式相同的记录。此外，还可以使用通配符"%"来代替任意字符串。

（5）GROUP BY 表述式：按"表达式"对查询结果进行分组。

（6）ORDER BY 表达式：按"表达式"对查询结果排序。ASC 表示升序（默认），DESC 表示降序。

【例 11-1】用 SELECT 命令完成以下各种操作。

（1）从学生成绩表中查询所有王姓同学的"姓名"和"成绩"。

`SELECT 姓名, 成绩 FROM score WHERE 姓名 LIKE '王%'`

注：字符串必须包含在单引号内。

（2）查询学生成绩表中的所有信息。

`SELECT * FROM score`

（3）查询成绩表中数学和英语成绩均不及格的学生信息。

`SELECT * FROM score WHERE 数学<60 AND 英语<60`

（4）查询学生成绩表中所有数学成绩及格的学生信息，并将查询结果按数学成绩降序排列。

`SELECT * FROM score WHERE 数学>=60 ORDER BY 数学 DESC`

（5）查询数学成绩不及格的人数、数学平均分、最高分。

`SELECT COUNT(*) AS 人数 FROM score WHERE 数学<60`

`SELECT AVG(数学) AS 平均分, MAX(数学) AS 最高分 FROM score`

注：子句"AVG(数学) AS 平均分"的含义是把查询结果中的数学平均分以"平均分"作为字段名返回。

（6）以性别分组查询男生与女生的数学平均分。

`SELECT 性别, AVG（数学）AS 平均分 FROM score GROUP BY 性别`

（7）连接查询，设学生成绩表中未包含学生的籍贯等信息，但在 student 表中包含了这些信息。查询学生的学号、姓名、籍贯和数学成绩。

`SELECT score.学号, score .姓名, score .数学, student .籍贯 FROM score, student WHERE score.学号 = student.学号`

SELECT 语句的功能非常强大，由于篇幅的关系，本书不做深入讨论，有兴趣的读者可以查询 SQL 语句的详细文档。

2. CREATE TABLE 命令

该语句用来建立新的数据库表，其语法格式如下。

`CREATE TABLE 表名(列名 1 数据类型,…)`

说明：

（1）"列名"与"数据类型"之间用空格分隔。

（2）SQL 中较为常用的数据类型有以下几种。

char(size)：固定长度字符串，括号中的 size 用来设定字符串的最大长度。Char 类型的最大长度为 255 字节。

varchar(size)：可变长度字符串，最大长度由 size 设定。

number(size)：数字类型，其中数字的最大位数由 size 设定。

Date:日期类型。

number(size,d)：数字类型，size 决定该数字总的最大位数， d 用于设定该数字小数点的位数。

【例 11-2】创建一个名为 student 学生基本信息表。

```
CREATE TABLE student(学号 char(7),姓名 varchar(8),性别 char(2)，年龄
number(3)，籍贯 varchar(20) primary key 学号)
```

注："Primary key 学号"表示指定"学号"为关键字。关键字意味着对于本表的每条记录，此字段上的数据不能为空，也不能重复，关键字可以包含一个或多个字段。

3. INSERT 命令

INSERT 命令用于向数据库表中插入或添加新的数据行（记录），其语法格式如下。

```
INSERT INTO 表名(列1,列2,…) VALUES(值1,值2,…)
```

说明：向数据库表中添加新记录时，在关键字 INSERT INTO 后面输入所要添加的表名称，然后在括号中列出将要添加新值的列名。最后，在关键字 VALUES 后面按照前面输入列的顺序对应地输入所有要添加的记录值。

【例 11-3】为 student 表插入一条新记录。

```
INSERT INTO student(学号,姓名,性别,年龄,籍贯) VALUES('0801001', '张三',
'男',21,'江西赣州')
```

4. UPDATE 命令

UPDATE 命令用于更新或修改满足规定条件的现有记录，其语法格式如下。

```
UPDATE 表名 SET 列1 = 值1 [，列2 = 值2,…] WHERE 条件
```

【例 11-4】为 student 表中的"张三"同学加 1 岁。

```
UPDATE student SET 年龄 =年龄+1 WHERE 姓名= '张三'
```

5. DELETE 命令

DELETE 命令用于删除数据库表中的行（记录），其语法格式如下。

```
DELETE FROM 表名 WHERE 条件
```

说明：如果用户在使用 DELETE 时不设定 WHERE 子句，则删除表中的所有记录。

【例 11-5】删除 student 表中"张三"同学的记录。

```
DELETE FROM student WHERE 姓名= '张三'
```

11.4　数据控件的使用

Visual Basic 提供了两种与 Jet 数据库引擎接口的方法：Data 控件和 DAO 对象。

11.4.1　Data 控件

数据控件（Data）是 VB 访问数据库最常用的工具之一，提供了一种方便地访问数据库中

数据的方法，使用数据控件无须编写代码，就可以对 VB 所支持的各种类型的数据库执行大部分数据访问操作。

Data 控件属于 VB 的内部控件，可以直接在标准工具箱中找到它。在同一工程，甚至同一窗体中可以添加多个 Data 控件，让每个控件连接到不同数据库或同一数据库的不同表，以实现多表访问。它还可以和代码一起查询满足 SQL 语句的表的记录。

使用 Data 控件可以访问多种数据库，包括 Microsoft Access、Microsoft FoxPro 等，也可以使用 Data 控件访问 Microsoft Excel、Lotus 1-2-3 及标准的 ASCII 码文本文件。此外，Data 控件还可以访问和操作远程的开放式数据库连接（ODBC）数据库，如 Microsoft SQL Server 和 Oracle 等。

数据控件本身不能显示和直接修改记录，只能在与数据控件相关联的数据约束控件关联后才能显示和修改数据。可以作数据约束控件的标准控件有 8 种：文本框、标签、图片框、图像框、检查框、列表框、组合框、OLE 控件。

1. Data 控件的主要属性

（1）Connect 属性

Connect 属性用来指定该数据控件所要链接的数据库格式，默认值为 Access，其他还包括 dBase、FoxPro、Excel 等。其可识别的数据库包括 MDB 文件、DBF 文件、DB 文件和 ODBC 数据库

（2）DatabaseName 属性

DatabaseName 属性是用于确定数据控件使用的数据库的完整路径。如果链接 Access 数据库，就可单击按钮定位.mdb 文件。例如，选择 "C: \ dbbook.mdb" 数据库文件。

（3）RecordSource 属性

RecordSource 属性用于指定数据控件所链接的记录来源，可以是数据表名，也可以是查询名。在属性窗口中的下拉列表中选择数据库中的记录来源。例如，选择学生信息表 "Student"，如果只需要访问所有男生信息，则 RecordSource 可指定为以下 SQL 语句。

```
SELECT * FROM student WHERE 性别='男'
```

（4）RecordSetType 属性

RecordSetType 属性用于指定数据控件存放记录的类型，包含表类型记录集、动态集类型记录集和快照类型记录集，默认为动态集类型。

表类型记录集（Table）：包含实际表中的所有记录，这种类型可对记录进行添加、删除、修改、查询等操作，直接更新数据。其 VB 常量为 VbRSTypeTable，值为 0。

动态集类型记录集（Dynaset）：可以包含来自于一个或多个表中记录的集合，即能从多个表中组合数据，也可只包含所选择的字段。这种类型可以加快运行的速度，但不能自动更新数据。其 VB 常量为 VbRSType Dynaset，值为 1。

快照类型记录集（Snapshot）：与动态集类型记录集相似，但这种类型的记录集只能读，不能更改数据。其 VB 常量为 VbRSType Snapshot，值为 2。

（5）BOFAction 和 EOFAction 属性

程序运行时，用户可以通过单击数据控件的指针按钮来前后移动记录。BOFAction 属性指示当记录移动到表开始时的动作，EOFAction 指示在记录移动到结尾时的动作。

BOFAction 记录属性值为 0（MoveFirst）时，将第一条记录作为当前记录；为 1（BOF）时，将当前记录定位在第一条记录之前（即记录的开头），同时，记录集的 BOF 值为 True，并触发数据控件的 Validate 事件。

EOFAction 属性值为 0（Move Last）时，将最后一条记录作为当前记录；为 1（EOF）将

当前定位在第一条记录之前（即记录的末尾），同时，记录集的 EOF 值为 True，并触发数据控件的 Validate 事件；为 2（AddNew）时，若 RecordSetType 设置为 Table Dynaset，则移动到记录末尾并自动添加一条新记录，此时可对新记录进行编辑，当再次移动记录指针时，新记录被写入数据库，否则显示不支持 "AddNew" 操作的提示。

（6）DataSource 属性

该属性通过指定一个有效的数据控件连接一个数据库。

（7）DataField 属性

该属性用于设置数据库有效的字段。

【例 11-6】利用 Data 控件及文本框显示 Student 表中的记录信息。

在窗体上放置一名为 Data1 的 Data 控件，设置 DatabaseName 为指定的 Access 数据库，设置 RecordSource 属性为 "Student"。放置几个用于显示字段值的文本框，把它们的 DataSource 属性设置为 "Data1"，将 DataField 属性设置为有关的字段。程序运行结果如图 11-10 所示。

图 11-10　Data 控件的使用

此程序没有编写一行代码就实现了数据的显示，这说明了 VB 数据控件在数据处理方面的便捷性。

2. Data 控件的主要事件

（1）Reposition 事件

Reposition 事件在某一个新记录成为当前记录之后触发。通常使用该事件计算当前记录的数据内容。触发该事件有以下几种原因。

① 单击数据控件的某个按钮，进行了记录的移动。

② 使用 Move 方法群组。

③ 使用 Find 方法群组。

④ 其他可改变当前记录的属性或方法。

（2）Validate 事件

Validate 事件与 Reposition 事件不同，Validate 事件是当某一记录成为当前记录之前，或是在 Update、Delete、Unload 或 Close 操作之前触发。该事件的定义如下。

```
Private Sub Data1_Validate(Action As Integer ,Save As Integer)
```

Action：用来指示引发该事件的操作，其设置值如表 11-5 所示。

表 11-5　Validate 事件的 Action 参数

常　　数	值	描　　述
vbDataActionCancel	0	当 Sub 退出时取消操作
vbDataActionMoveFirst	1	MoveFirst 方法
vbDataActionMovePrevious	2	MovePrevious 方法

常　数	值	描　述
vbDataActionMoveNext	3	MoveNext 方法
vbDataActionMoveLast	4	MoveLast 方法
vbDataActionAddNew	5	AddNew 方法
vbDataActionUpdate	6	Update 操作（不是 UpdateRecord）
vbDataActionDelete	7	Delete 方法
vbDataActionFind	8	Find 方法
vbDataActionBookmark	9	Bookmark 属性已被设置
vbDataActionClose	10	Close 的方法
vbDataActionUnload	11	窗体正在卸载

Save：用来指定被连接的数据是否已修改。

【例 11-7】在 Validate 事件触发时确定记录内容是否修改，如果不修改则恢复。

```
Private Sub Data1_Validate(Action As Integer, Save As Integer)
    Dim Msg
    If Save = True Then
        Msg = MsgBox("要保存修改吗？", vbYesNo)
        If Msg = vbNo Then
            Save = False
            Data1.UpdateControls ' 恢复原先内容
        End If
    End If
End Sub
```

（3）Data 控件的主要方法

① Refresh 方法。

当 DatabaseName、ReadOnly、Exclusive 或 Connect 属性的设置值改变时，可以使用 Refresh 方法打开或重新打开数据库，以更新数据控件的集合内容。

② UpdateRecord 方法。

当约束控件的内容改变时，如果不移动记录指针，则数据库中的值不会改变，可通过调用 UpdateRecord 方法来确认对记录的修改，将约束控件中的数据强制写入数据库中。

③ UpdateControls 方法。

UpdateControls 方法可以从数据控件的记录集中再取回原先的记录内容，即恢复原来的值（如［例 11-7 所示］）。在与数据控件绑定的控件中修改记录内容后，可以使用 UpdateControls 方法使这些控件显示恢复的原值。

④ Close 方法。

Close 方法主要用于关闭数据库或记录集，并将该对象设置为空。一般来说，在关闭之前要使用 Update 方法更新数据库或记录集中的数据，以保证数据的正确性。

3. 记录集对象

记录集（RecordSet）对象描述来自数据表或命令执行结果的记录集合，其组成为记录（行），常用于指定可以检查的行，移动行，指定移动行的顺序，添加、更改和删除行，通过更改行来更新数据源等。

在实际操作中，使用什么记录集取决于要完成的任务。表类型的记录集已建立了索引，适合快速定位与排序，但内存开销太大。动态集类型的记录集则适合更新数据，但其搜索速度不及表类型。快照类型的记录集内存开销最小，只适合显示读数据。

使用 RecordSet 对象的属性与方法的一般格式如下。

数据控件名.RecordSet.属性/方法

（1）记录集对象的属性

① CursorType。

该属性用于设置记录集游标（指针）类型，取值参见表 11-6，默认为 0，即指针只能前移。如果要让指针自由移动，一般设为键盘指针 1。其语法格式如下。

记录集.CursorType=值

表 11-6　记录集游标类型

常　　数	值	说　　明
adOpenForwardOnly	0	默认值，启动一个只能向前移动的游标（Forward Only）
adOpenKeyset	1	启动一个 Keyset 类型的游标
adOpenDynamic	2	启动一个 Dynamic 类型的游标
adOpenStatic	3	启动一个 Static 类型的游标

② BOF。

BOF 属性用于判断当前记录指针是否在记录集的开头，如果在开头，则返回 True，否则返回 False。记录集为空时，也返回 True。

③ EOF。

EOF 属性用于判断当前记录指针是否在记录集的结尾，如果在结尾，则返回 True，否则返回 False。记录集为空时，也返回 True。

记录集有两个特殊位置：BOF 和 EOF。BOF 表示记录集的开头，位于第一条记录之前；EOF 表示记录集结尾，位于最后一条记录之后。如果记录集不为空，则指针可以在 BOF、所有记录和 EOF 移动。如果记录集为空，则指针同时指向 BOF 和 EOF，它们的值均为 True。

具体判断如下：当当前记录位于一个 RecordSet 对象第一行记录之前时，BOF 属性返回 True，否则返回 False；当当前记录位于一个 RecordSet 对象最后一行记录之后时，EOF 属性返回 True，否则返回 False；BOF 与 EOF 都为 False 时，表示指标位于 RecordSet 中；BOF 与 EOF 都为 True 时，在 RecordSet 中没有任何记录。

从以上可知，通过检验 BOF 和 EOF 属性，可以得知当前指针所指向的 RecordSet 的位置，使用 BOF 与 EOF 属性，可以得知一个 RecordSet 对象是否包含记录或者得知移动记录行是否已经超出该 RecordSet 对象的范围。

【例 11-8】判断记集录是否为空。

```
If Not rs.bof And rs.EOF Then        ' 如果不是开头，也不是结尾，则执行
    …
End If
```

【例 11-9】循环输出记录集记录：

```
Do While Not rs.EOF                   '如果没有到达记录集末尾，则循环输出下面的记录
    …
```

```
        rs.MoveNext
Loop
```

④ RecordCount。

该属性用于返回记录集中的记录总数。值得注意的是，使用 RecordCount 属性，必须设置指针类型为键盘指针 1 或静态指针 3。

⑤ AbsolutePosition。

该属性用于返回当前指针所在的记录行，如果是第一条记录，则其值为 0，该属性只读。

⑥ BookMark 属性。

BookMark 属性的值采用字符串类型，用于设置当前指针的书签。当创建或打开一个非仅向前类型 RecordSet 对象（向前类型 RecordSet 对象是指 CursorType=adOpenForwardOnly 的 RecordSet 对象）时，其中的每一行均已有一个唯一的书签。可以通过将 Bookmark 属性值赋给某个变量，为其当前行保存书签，移动指针后，可在任意时刻设置 RecordSet 对象的 Bookmark 属性，为该变量的值以快速地返回该行。

为了确保 RecordSet 能支持书签，使用 Bookmark 属性前，可先检查 RecordSet 的 Bookmarkable 属性。如果 Bookmarkable 为 False，该 RecordSet 就不支持书签。

Bookmark 属性的值不保证一定与行号相同。

⑦ NoMatch 属性。

在记录集中进行查找时，如果找到相匹配的记录，则 RecordSet 的 NoMatch 属性为 False，否则为 True。该属性常与 Bookmark 属性一起使用。

（2）记录集对象的方法

① AddNew 方法。

AddNew 方法用于添加一条新记录，新记录的每个字段若有默认值，则以默认值表示，否则为空。例如，给 Data1 的记录集添加新记录。

```
Data1.RecordSet.AddNew
```

② Delete 方法。

Delete 方法用于删除当前记录的内容。注意：在删除后，当前记录仍是被删除记录，因此通常在删除后将当前记录移到下一条记录。

③ Find 方法群组。

Find 方法用于查找指定记录，它是多种查找方法的统称，称为方法群组，包含 FindFirst、FindLast、FindNext 和 FindPreviou 方法，这 4 种方法的主要区别是查找的起点不同。

FindFirst：从第一条记录开始向后查找。

FindLast：从最后一条记录开始向前查找。

FindNext：从当前记录开始向后查找。

FindRrevious：从当前记录开始向前查找。

通常，当查找不到符合条件的记录时，需要显示信息提示用户，因此使用 NoMatch 属性，若 Find 或 Seek 方法找不到相符的记录，则 NoMatch 属性为 True。

【例 11-10】查找"学号"字段为"0809001"的记录。

```
Data1.RecordSet.FindFirst ("学号='0809001'")
If Data1.RecordSet.NoMatch Then   '如果没找到
   MsgBox "找不到 0809001 号同学！"
```

```
End If
```

④ Seek 方法。

Seek 方法适用于数据表（Table）类型记录集，通过一个已被设置为索引（Index）的字段，查找符合条件的记录，并使该记录为当前记录。

使用 Seek 方法必须打开表的索引，它只能在 Table 表中查找与指定索引规则相符的第一条记录，并使之成为当前记录。其语法格式如下。

数据表对象.Seek comparison,key1,key2,…,key13

Seek 允许接受多个参数，第一个是比较运算符 comparison，用于确定比较的类型。Seek 方法中可用的比较运算符有=、>=、>、<>、<、<=等。

在使用 Seek 方法定位记录时，必须通过 Index 属性设置索引。若在同一个记录集中多次使用同样的 Seek 方法（参数相同），那么找到的总是同一条记录。

⑤ Move 方法群组。

Move 方法群组用于移动记录，包含 MoveFirst、MoveLast、MoveNext 和 MovePrevious 方法，这 4 种方法分别移动记录到第一条、最后一条、下一条和前一条。

注意：当在最后一条记录时，使用了 MoveNext 方法的 EOF 值会变为 True，如果再使用 MoveNext 方法就会出错。使用 MovePrevious 方法前移，结果也类似。

Move[n] 方法向前或向后移 n 个记录，n 为指定的数值。

⑥ Update 方法。

Update 方法用于保存对 RecordSet 对象的当前记录所做的修改。

（3）记录集对象的应用

Data 控件是浏览和编辑记录集的好工具。数据库记录的查找、增加、删除和修改操作需要使用 Find、AddNew、Delete、Edit、Update 和 Refresh 方法。它们的语法格式如下。

数据控件.记录集.方法名。

● 增加记录。

AddNew 方法用于在记录集中增加新记录。增加记录的步骤如下。

① 调用 AddNew 方法。

② 给各字段赋值。给字段赋值格式为：RecordSet.Fields（"字段名"）=值。

③ 调用 Update 方法，确定所做的添加，将缓冲区内的数据写入数据库。

注意：如果使用 AddNew 方法添加了新的记录，但是没有使用 Update 方法，而是移动到其他记录，或者关闭了记录集，那么所做的输入将全部丢失，而且没有任何警告。调用 Update 方法写入记录后，记录指针自动从新记录返回到添加新记录前的位置，而不显示新记录。为此，可在调用 Update 方法后，使用 MoveLast 方法将记录指针再次移到新记录上。

● 删除记录。

从记录集中删除记录的操作步骤如下。

① 定位被删除的记录使之成为当前记录。

② 调用 Delete 方法。

③ 移动记录指针。

注意：使用 Delete 方法时，当前记录立即删除。删除一条记录后，被数据库约束的绑定控件仍显示该记录的内容。因此，需移动记录指针刷新绑定控件，一般移至下一记录。在移动记录指针后，应该检查 EOF 属性。

● 编辑记录。

数据控件能自动修改现有记录，当直接改变被数据库约束的绑定控件的内容后，需单击数据控件对象的记录移动按钮来改变当前记录，确定所做的修改。也可通过程序代码来修改记录。使用程序代码修改当前记录的步骤如下。

① 调用 Edit 方法。

② 给各字段赋值。

③ 调用 Update 方法，确定所做的修改。

注意： 可使用 UpdateControls 方法放弃对数据的修改，也可使用 Refresh 方法，重读数据库、刷新记录集。由于没有调用 Update 方法，数据的修改没有写入数据库，所以这样的记录会在刷新记录集时丢失。

下面通过两个实例对这些应用进行讨论。下面的实例均是基于名为 Students.mdb，存放在应用程序所在文件夹的 Access 数据库中，数据表为 Student 的学生信息表，其表结构为：学号（char（7））、姓名（varchar（8））、性别（char（2））、班级（ClassName varchar（20）），记录如表 11-7 所示。

表 11-7　Student 结构

学　　号	姓　　名	性　　别	班　　级
2003010101	刘军	男	03 级临床一班
2003020101	张小凤	女	03 级护理一班
2003010201	李小兵	男	03 级临床二班

【例 11-11】浏览记录可用［例 11-6］实现，但 Data 控件的浏览按钮不美观，为此在窗体设置"首记录"、"前条"、"后条"和"末记录" 4 个按钮，以代替 Data 控件的 4 个箭头按钮来浏览 Student 表。要求运行效果如图 11-11 所示。

图 11-11　浏览记录

因为要用按钮代替 Data 控件的浏览按钮，因此需要把 Data 控件的 Visible 属性设为 False，以免影响界面效果。另外，由于 Students.mdb 存放于应用程序所在文件夹，所以 Data 控件的 DatabaseName 属性不能在设计时设定，必须在运行时由程序设定。其余约束控件与数据源的有关字段绑定见【例 11-6】。程序清单如下。

```
Private Sub Cmdtop_Click()                '"首记录"按钮
    Data1.RecordSet.MoveFirst
End Sub
Private Sub CmdPrior_Click()              '"前条"按钮
    Data1.RecordSet.MovePrevious
    If Data1.RecordSet.BOF Then           '检查是否越界
        MsgBox "第一条记录"
```

```
        Data1.RecordSet.MoveFirst
    End If
End Sub
Private Sub CmdNext_Click()                    ' "后条" 按钮
    Data1.RecordSet.MoveNext
    If Data1.RecordSet.EOF Then                ' 检查是否越界
        MsgBox "最后一条记录"
        Data1.RecordSet.MoveLast
    End If
End Sub
Private Sub CmdLast_Click()                    ' "末记录" 按钮
    Data1.RecordSet.MoveLast
End Sub
Private Sub Form_Load()                        ' 窗体加载事件
    mPath = App.Path
    If Right(mPath, 1) <> "\" Then mPath = mPath + "\"
    Data1.DatabaseName = mPath + "Students.mdb"
    Data1.RecordSource = "Student"
End Sub
```

【例 11-12】在［例 11-11］的基础上增加"新加"、"删除"、"修改"、"保存"、"放弃"和"查找"5 个按钮，如图 11-12 所示。

图 11-12 记录维护

程序清单如下。

```
Private Sub EnableButtons(B:Boolean)           '设置各按钮的可用性
    cmdDel.Enabled = B
    cmdModify.Enabled = B
    cmdCancel.Enabled = B
    cmdSave.Enable = B
    cmdFind.Enabled = B
    cmdTop.Enabled = B
    cmdPrior.Enabled = B
    cmdNext.Enabled = B
    cmdLast.Enabled = B
End Sub
Private Sub cmdAdd_Click()                      ' 新增
    On Error Resume Next
    EnableButtons(False)
    Data1.RecordSet.AddNew
    Text1.SetFocus
End Sub
```

程序中的语句"On Error Resume Next"是 VB 的错误捕获语句，表示程序在运行时发生错误时，忽略错误行，继续执行下一条语句。

```
Private Sub cmdModify_Click()          '修改,调用 Edit 方法修改记录
    On Error Resume Next
    EnableButtons(False)
    Data1.RecordSet.Edit
    Text1.SetFocus
End Sub
Private Sub cmdDel_Click()             ' 删除
    On Error Resume Next
    If MsgBox("操作将删除当前记录,是否继续？", vbYesNo, Me.Caption) =
vbYes Then
        Data1.RecordSet.Delete
        Data1.RecordSet.MoveNext
        If Data1.RecordSet.EOF Then Data1.RecordSet.MoveLast
    End If
End Sub
```

事件调用 Delete 方法删除当前记录。因为错误的删除操作会导致数据丢失，所以删除之前使用 MsgBox 函数要求用户确认。另外，在删除所有记录后，执行 Move 操作会发生错误，这时由 On Error Resume Next 语句处理错误。

```
Private Sub cmdSave_Click()            ' 保存
    On Error Resume Next
    EnableButtons(True)
    Data1.RecordSet.UpDate             '调用 UpDate 方法保存数据
End Sub
Private Sub cmdCancel_Click()          ' 放弃
    On Error Resume Next
    EnableButtons(True)
    Data1.RecordSet.Cancel             ' 调用 CanCel 方法放弃保存数据
End Sub
Private Sub cmdFind_Click()            ' 查找
    mno = InputBox$("请输入学号", "查找窗")
    Data1.RecordSet.FindFirst "学号 like '" & mno & "'"
    If Data1.RecordSet.NoMatch Then MsgBox "无此学号!", , Me.Caption
End Sub
```

查找操作调用 Find 方法，并在查询条件中使用"like"操作符以实现模糊查找。

"首记录"、"前条"、"后条"和"末记录"4 个按钮事件及 Form_Load 事件与［例 11-11］相同。

以上代码给出了处理数据表数据的基本方法。值得注意的是，对于一条新记录或修改的记录，必须保证数据的完整性，这可以通过 Data1_Validate 事件过滤无效记录。以下代码对学号字段进行测试，如果学号为空，则输入无效。在本例中被学号字段约束绑定的控件是 Text1，可用 Text1.DataChanged 属性检测 Text1 控件对应记录的字段值的内容是否发生了变化,Action = 6 表示 Update 操作（参见表 11-5）。

```
Private Sub Data1_Validate(Action As Integer, Save As Integer)
    If Text1.Text = "" And (Action = 6 Or Text1.DataChanged) Then
        Data1.UpdateControls
```

```
    MsgBox "数据不完整，必须要有学号！", , Me.Caption
  End If

  If Action >= 1 And Action < 5 Then
    cmdAdd.Caption = "新增": cmdModify.Caption = "修改"
    cmdAdd.Enabled = True: cmdDel.Enabled = True
    cmdModify.Enabled = True: cmdCancel.Enabled = False
    cmdFind.Enabled = True
  End If
End Sub
```

11.4.2 DAO 对象

数据访问对象（Data Access Object，DAO）是数据库编程的重要方法之一。DAO 提供了全面访问数据库的完整编程接口，并提供完成管理一个关系型数据库系统所需全部操作的属性和方法，包括创建数据库，定义表、字段和索引，建立表间的关系，定位和查询数据库等。Data 控件将常用的 DAO 功能封装在其中，利用该控件不需要编程，就可以实现访问数据库的功能。实际上，Data 控件是 DAO 对象的一个应用，二者通常结合在一起使用。

Visual Basic 通过 DAO 和 Jet 引擎可以访问以下 3 类数据库。

（1）Visual Basic 数据库，即 Microsoft Access 数据库（*.mdb）。

（2）外部数据库，包括 dBase III、dBase IV、Microsoft FoxPro 2.0 和 2.5 以及 Paradox 3.x 和 4.0 等流行格式的数据库，这几种都是采用索引顺序访问方法（ISAM）的数据库。还可以访问文本文件格式的数据库和 Microsoft Excel 或 Lotus1-2-3 电子表格。

（3）ODBC 数据库，包括符合 ODBC 标准的客户机/服务器数据库，如 Microsoft SQL Server、Oracle 等。

对于编程人员来说，只要熟悉了 DAO 对象的使用，即使对具体的数据库系统没有深入的了解，仍然可以对该数据库进行访问和控制。

DAO 使用之前必须先引用，如图 11-13 所示。在 Visual Basic 的"工程"菜单中选择"引用"命令，在弹出的"引用"对话框的列表中选择"Microsoft DAO 3.51 Object Library"或者"Microsoft DAO 3.6 Object Library"选项，单击"确定"按钮，即可使用 DAO 对象库提供的所有对象进行编程了。

在 Visual Basic 的工具箱中单击 Data 控件图标，在窗体上添加 Data 控件，如图 11-14 所示。通过设置该数据控件相关的属性值，将该控件与数据库以及其中的表关联起来。

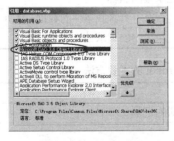

图 11-13 引用 DAO

图 11-14 添加 Data 控件

数据控件提供了数据库和用户之间的连接，它本身并不能显示数据，必须通过窗体上的数据绑定控件来显示数据库中的数据。当单击图 11-14 中的箭头按钮移动数据库记录指针时，窗体中所有绑定的控件会自动显示当前记录的内容。修改绑定控件中的数据，也会自动更改数据库中的内容。在 Visual Basic 中，可以绑定数据的控件有文本框、标签、复选框、组合框、列表框、图像框和图片等。

绑定控件时一般要设置以下两个属性。

（1）DataSource：指定要绑定的数据控件对象名称。

（2）DataField：指定要绑定的表的字段名。

1．DAO 数据控件的属性

数据控件的主要属性如下。

（1）Align：指定 Data 控件的停靠方式，默认值为"0−None"。如果改变其默认值，如设置为"2−Align Bottom"，则将 Data 控件停靠在所在窗体的底部。当窗体大小改变时，该控件的长度也会随之变化，但仍然位于窗体的底部。

（2）Caption：设置 Data 控件的标题，常用于显示数据库记录指针的位置、数据库中的记录数等信息。

（3）Connect：指定所要连接数据库的类型。其格式如下。

<Data 对象名称>.Connect=数据库类型

例如，Data1.Connect="Access"

（4）DatabaseName：设置所要连接数据库的文件名，包括路径名。

例如，Data1.DatabaseName="c:\database\student.mdb"

（5）Exclusive：设置连接的数据库是否为独占方式，默认值为 False，表示以共享方式打开数据库。

（6）Readonly：设置是否可以修改所连接数据库中的数据，默认值为 False。

（7）Recordset：该属性其实是一个由数据控件创建的记录集对象，通过该对象可以添加、删除、编辑及更新数据记录，移动记录指针，查找和定位符合指定条件的记录等。

表 11-8 表 11-9 出了记录集对象的主要属性和方法。

表 11-8　记录集 Recordset 的主要属性

属　　性	属性说明
AbsolutePosition	记录集当前指针的位置，只读，从 0 开始
Filter	记录集中数据的过滤条件
Index	记录集的索引
Name	记录集的名称
Nomatch	是否有符合查找条件的数据，为布尔型
RecordCount	记录集中的记录数

表 11-9　记录集 Recordset 的主要方法

方　　法	方法说明
AddNew	在记录集中添加一条新的记录
Delete	删除当前记录
FindFirst	从记录集的开始部分查找符合条件的第一条记录。 例如，Data1.Recordset.FindFirst "Stu_No='30521003'"
FindLast	从记录集的尾部向前查找符合条件的第一条记录

方　　法	方法说明
FindPrevious	从当前记录开始查找符合条件的上一条记录
FindNext	从当前记录开始查找符合条件的下一条记录
Move	Move *n*，将记录指针向前或向后移动 *n* 条记录
MoveFirst	将记录指针移动到第一条记录
MoveLast	将记录指针移动到最后一条记录
MovePrevious	将记录指针移动到上一条记录
MoveNext	将记录指针移动到下一条记录
Seek	打开表的索引，然后查找符合条件的第一条记录。 例如，Data1.Recordset.Index = "Stu_No"，Data1.Recordset.Seek "="，"30521003"
Update	将改动的数据写入数据库中

（8）RecordsetType：指定记录集的类型。为 0-Table 时，表示数据库中的表；为 1-Dynaset 时，表示动态记录集；为 2-SnapShot 时，表示静态的数据库快照类型。

（9）RecordSource：指定访问的数据源。可以是数据库中的表名、SQL 语句或者 MS Access Query 的名称。

使用数据控件，必须设置 DatabaseName 和 RecordSource 属性。

2．DAO 数据控件的事件

数据控件的事件如下。

（1）Reposition：改变当前记录的指针时，触发该事件。通常在该事件中读取 Data 控件的 AbsolutePosition 属性，显示当前记录的位置。

（2）Validate：在一条不同的记录成为当前记录之前，或使用 Update 方法之前（用 UpdateRecord 方法保存数据时除外），以及在 Delete、Unload 或 Close 操作之前，触发该事件。它用来检查被数据控件绑定的控件中的数据是否发生变化。

3．DAO 数据控件的方法

数据控件的方法如下。

（1）Refresh：刷新、重建或重新显示与数据控件相关的记录，用于数据源发生变化的情况。

（2）UpdateControls：将数据从数据库中重新读取到所绑定的控件中，相当于取消绑定控件中的修改，常用于取消当前修改的按钮 Click 事件中。

（3）UpdateRecord：将绑定控件中的数据写入数据库中，常用于保存数据按钮的 Click 事件中。

4．DAO 数据控件应用实例

【例 11-13】利用数据控件和文本框实现数据库的连接、数据的绑定和显示。

按表 11-10 所示的学生信息表，在 C 盘根目录新建名为 Student.mdb 的 Access 数据库，在该数据库中新建表 Stu，并将学生信息存入该表中，表的结构如表 11-11 所示。在 Visual Basic 中新建 1 个窗体，添加 1 个 Data 控件和 8 个文本框控件，设置文本框和数据控件的相关属性，将表中的数据和文本框进行绑定。添加 ImageList 和 Toolbar 控件，分别建立增加、删除、查找、保存、取消和退出的工具栏按钮，实现数据记录的增加和删除操作，根据指定学号查找记录，保存已修改的数据等。添加菜单栏，使其也能实现上述工具栏按钮的功能。

表 11-10 学生信息表

学 号	姓 名	性 别	班 级	生 日	宿 舍	电 话	QQ 号码
30521001	赵一	男	管理 200501	1988-8-8	一舍 101	86680011	12345678
30521002	钱二	男	管理 200501	1988-1-8	一舍 118	86681122	87654321
30521003	孙三	女	管理 200502	1989-6-6	二舍 211	86680990	11111111
30521004	李四	男	信息 200501	1988-9-9	一舍 123	86681234	22222222
30521005	周五	女	信息 200501	1988-2-2	二舍 101	86685678	12348765

表 11-11 学生信息表结构

字 段 名	数据类型	长 度	含 义	备 注
Stu_No	文本	8	学号	主键，唯一索引 Idx_Stu_No
Stu_Name	文本	8	姓名	
Stu_Sex	文本	2	性别	
Stu_Class	文本	10	班级	
Stu_Birth	日期/时间	8	生日	
Stu_Address	文本	40	宿舍	
Stu_Telephone	文本	20	电话	
Stu_QQ	文本	12	QQ 号码	

（1）建立数据库。创建数据库有两种方式，一种是利用 Microsoft Access 建立数据库，如图 11-15 所示，建立如表 11-11 所示结构的表 Stu；另一种是在 Visual Basic 的"外接程序"菜单中选择"可视化数据管理器"命令（VisData）来建立数据库。

进入 VisData 后，选择"文件"→"新建" →"Microsoft Access\Version 7.0 MDB"选项，输入新数据的名称 Student.mdb。然后，在空白处单击鼠标右键，选择"新建表"命令，如图 11-16 所示，建立如表 11-11 所示结构的表 Stu，如图 11-17 所示。

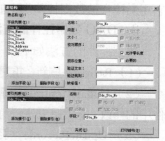

图 11-15 在 Access 中设计表结构　　图 11-16 在 VisData 中创建表　　图 11-17 在 VisData 中设计表结构

（2）界面设计。新建 1 个窗体，在上面添加 1 个 Data 控件、1 个 ImageList 控件、1 个 Toolbar 控件、1 个菜单栏、8 个标签和 8 个文本框。分别设置上述对象的属性，如表 11-12 所示。

表 11-12 数据库应用中的属性设置

对 象	属 性	属 性 值	说 明
窗体	Name	frmDatabase	窗体名称
	Caption	学生信息管理	窗体标题
数据控件	Name	Data1	数据控件的名称
	Align	2	数据控件停靠位置：窗体底部

对 象	属 性	属 性 值	说 明
数据控件	DatabaseName	c:\student.mdb	数据控件要连接的数据库名
	RecordSource	Stu	数据控件要访问的表名
标签 1	Caption	学号:	学号标签的标题
标签 2	Caption	姓名:	姓名标签的标题
标签 3	Caption	性别:	性别标签的标题
标签 4	Caption	班级:	班级标签的标题
标签 5	Caption	生日:	生日标签的标题
标签 6	Caption	宿舍号码:	宿舍号码标签的标题
标签 7	Caption	电话:	电话标签的标题
标签 8	Caption	QQ 号码:	QQ 号码标签的标题
文本框 1~8	DataSource	Data1	文本框 1~8 的数据源
文本框 1	DataField	Stu_No	文本框 1 绑定的字段名
文本框 2	DataField	Stu_Name	文本框 2 绑定的字段名
文本框 3	DataField	Stu_Sex	文本框 3 绑定的字段名
文本框 4	DataField	Stu_Class	文本框 4 绑定的字段名
文本框 5	DataField	Stu_Birth	文本框 5 绑定的字段名
文本框 6	DataField	Stu_Address	文本框 6 绑定的字段名
文本框 7	DataField	Stu_Telephone	文本框 7 绑定的字段名
文本框 8	DataField	Stu_QQ	文本框 8 绑定的字段名

菜单的设计如图 11–18 所示。在 ImageList 控件中插入一些图片，如图 11–19 所示。

图 11–18　数据库应用的菜单设计　　**图 11–19　设置数据库应用的 ImageList 属性**

工具栏的设计如图 11–20 所示。设计窗体如图 11–21 所示。

图 11–20　数据库应用的工具栏属性　　**图 11–21　数据库应用的窗体设计**

（3）代码设计。由于菜单项和工具栏按钮都要进行数据的增加、删除、查找等操作，因此首先编写以下过程，实现数据记录的增加、删除、查找、保存、取消、编辑等，然后在菜单项和工具栏的相应事件过程代码中调用这些过程。用户删除记录时，必须先确认。用户查找记录时，先输入要查找的学号。

```
Private Sub Add_Data()
'增加记录
    Data1.Recordset.AddNew
End Sub
Private Sub Delete_Data()
'删除当前记录
    If MsgBox("是否删除当前记录? ", vbYesNo, "确认") = vbYes Then
        Data1.Recordset.Delete
        Data1.Recordset.MovePrevious
    End If
End Sub
Private Sub Find_Data()
'查找指定学号的记录
    Dim str_Find_Stuno As String
    str_Find_Stuno = InputBox("请输入学号: ", "查找")
    Data1.Recordset.FindFirst "Stu_no = ' " & str_Find_Stuno &"' "
    If Data1.Recordset.NoMatch = True Then
        MsgBox "对不起，没有您要查找的记录! "
    End If
End Sub
Private Sub Save_Data()
'保存数据
    Data1.UpdateRecord
End Sub
Private Sub Cancel_Data()
'取消编辑数据
    Data1.UpdateControls
End Sub
```

为了将当前记录指针的位置信息显示给用户，在数据控件的 Reposition 事件代码中编写如下代码，使通过读取记录集 Data1.Recordset 的 AbsolutePosition 和 RecordCount 属性，能够得到当前记录所在位置和数据库中的记录总数，并显示在控件的 Caption 属性中。

```
Private Sub Data1_Reposition()
'显示当前记录所在位置
    Data1.Caption = 1 + Data1.Recordset.AbsolutePosition & _
                " of " & Data1.Recordset.RecordCount
End Sub
```

以下是各菜单项的 Click 事件过程代码。

```
Private Sub Add_Click()
```

```
'"增加"菜单命令
    Add_Data
End Sub
Private Sub Delete_Click()
'"删除"菜单命令
    Delete_Data
End Sub
Private Sub Find_Click()
'"查找"菜单命令
    Find_Data
End Sub
Private Sub Save_Click()
'"保存"菜单命令
    Save_Data
End Sub
Private Sub Cancel_Click()
'"取消"菜单命令
    Cancel_Data
End Sub
Private Sub Exit_Click()
'"退出"菜单命令
    End
End Sub
```

最后是工具栏按钮的 ButtonClick 事件代码。通过工具栏按钮的 ToolTipText 属性，能够确定用户单击的是哪一个按钮，然后执行相应的代码。

```
Private Sub Toolbar1_ButtonClick(ByVal Button As MSComctlLib.
Button)
'工具栏按钮单击
    Select Case Button.ToolTipText
        Case "增加":
            Add_Data
        Case "删除":
            Delete_Data
        Case "查找":
            Find_Data
        Case "保存":
            Save_Data
        Case "取消":
            Cancel_Data
        Case "退出":
```

图 11-22 数据库应用的运行界面

```
                End
        End Select
End Sub
```

程序运行结果如图 11-22 所示。

本例不仅实现了数据库的简单应用，还应用了菜单项、文本框、工具栏等控件，可以作为小型信息管理系统的雏形。

11.4.3　ADO 数据控件

ADO（ActiveX Data Objects），简单来说是一种访问数据的方法。该方法通过 OLE DB 提供者对数据库服务器中的数据进行访问和操作，其主要优点是易于使用、高速度、低内存支出和占用磁盘空间较少。ADO 支持用于建立基于客户端/服务器的 C/S 和基于 Web 的 B/S 应用程序。

此外，ADO 同时具有远程数据服务（RDS）功能，通过 RDS 可以在一次往返过程中实现将数据从服务器移动到客户端应用程序或 Web 页，在客户端对数据进行处理，然后将更新结果返回服务器的操作。RDS 以前的版本是 Microsoft Remote Data Service 1.5，现在，RDS 已经与 ADO 编程模型合并，以便简化客户端数据的远程操作。

通过 ADO 数据控件可以与数据库建立连接，利用 Visual Basic 的文本框、列表框、组合框等标准控件，以及第三方的数据绑定控件，都可以将数据绑定到这些控件上进行访问和执行其他操作。

（1）Connection 对象

通过 Connection 对象可以使应用程序与要访问的数据源之间建立起通道，连接是交换数据所必需的环境。对象模型使用 Connection 对象使连接要领具体化，用于通过 OLE DB 建立对数据源的链接，一个 Connection 对象负责数据库管理系统的一个链接。

（2）Command 对象

Command 对象通过已建立的连接发出访问数据源的"命令"，以某种方式来操作数据源数据。一般情况下，"命令"可以在数据源中添加、删除和更新数据，或者在表中以行的格式检索数据。对象模型使用 Command 对象来体现命令概念。使用 Command 对象可以使 ADO 优化命令的执行。

（3）RecordSet 对象

如果命令在表中是按信息行返回数据的查询结果（按行返回查询），则这些行将会存储在本地 RecordSet 对象中。通过记录集 RecordSet 可对数据库进行修改。RecordSet 对象用于从数据源获取数据。在获取数据集之后，RecordSet 对象能用于导航、编辑、增加及删除其记录。RecordSet 对象的指针经常指向数据集当前的单条记录。

1. ADO 辅助对象

（1）Errors 对象

Errors 对象集包含 0 个或多个 Error 对象。Error 对象包含发生在现有 Connection 对象上的最新错误信息。ADO 对象的任何操作都可能产生一个或多个错误，且错误随时都可能在应用程序中发生，通常是由于无法建立连接、执行命令或对某些状态（如试图使用没有初始化的记录集）的对象进行操作。对象模型以 Error 对象体现错误。当错误发生时，一个或多个 Error 对象被放入 Connection 对象的 Errors 对象集。

（2）Parameters 对象

通常，命令需要的变量部分（即参数）可以在命令发布之前更改。例如，可重复发出相同的数据检索命令，但每一次均可更改指定的检索信息。参数对于函数活动相同的可执行命令非常有用，这样就可以知道命令是做什么的，但不必知道它如何工作。

例如，可发出一项银行过户命令，从一方借出贷款给另一方。可将要过户的款额设计为参数。用 Parameter 对象来体现参数概念。Parameters 对象集包含 0 个或多个 Parameter 对象。Parameter 对象表示与参数化查询或存储过程的参数和返回值相关的参数。如果某些 OLE DB 提供者不支持参数化查询和存储过程，就不会产生 Parameter 对象。

（3）字段（Field）对象

一个记录行包含一个或多个"字段"，每一个字段（列）都分别有名称、数据类型和值，这些字段值中包含了来自数据源的真实数据。对象模型以 Field 对象体现字段。

利用 ADO 可以方便地访问数据库，其一般步骤如下。

① 建立连接：连接到数据源。

② 创建命令：指定访问数据源的命令，同时可带变量参数或优化执行。

③ 执行命令（SQL 语句）。

④ 操作数据：如果这个命令使数据按表中行的形式返回记录集合，则将这些行存储在易于检查、操作或更改的缓存中。

⑤ 更新数据：适当情况下，可使用缓存行的内容来更新数据源的数据。

⑥ 结束操作：断开连接。

以上 ADO 访问数据库的技术虽然灵活、方便，但不能以可视化方式实现，为此 VB 提供一个称为 ADO 的数据控件来实现以 ADO 方式访问数据库。

2. 使用 ADO 数据控件

下面通过一个实例来学习如何使用 ADO 数据控件。

【例 11-14】使用［例 11-13］的学生信息数据库，利用 ADO 数据控件和 DataGrid 控件来实现数据库的连接及数据的绑定，并在 DataGrid 控件中显示 stu 表。

操作步骤如下。

（1）添加部件。

① 在工具箱中增加 ADO 数据控件对象 Adodc1 和 DataGrid 控件对象 DataGrid1。

② 在工具箱空白处单击鼠标右键，选择"部件"命令（或选择"工程"菜单中的"部件"命令），打开"部件"对话框，如图 11-23 所示。

③ 选中"Microsoft ADO Data Control 6.0（OLEDB）"和"Microsoft DataGrid Control 6.0 OLEDB）"复选框，单击"确定"按钮。

（2）添加控件。

分别添加 Adodc 控件 和 DataGrid 控件 到窗体中，调整其大小，并设置 Adodc 的 Caption 属性为"学生信息表"，如图 11-24 所示。

图 11-23　"部件"对话框

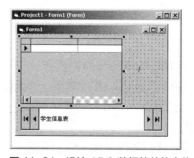

图 11-24　设计 ADO 数据控件的窗体

（3）设置 Adodc 控件连接字符串。

① 单击 Adodc 控件 ConnectionString 属性的 "…" 按钮，打开 Adodc 的 "属性页" 对话框，如图 11-25 所示。

② 选中 "使用连接字符串" 单选按钮，单击 "生成" 按钮，打开 "数据链接属性" 对话框。在此使用 "学生信息" Access 数据库，因此在 "提供者" 选择卡中选中 "Microsoft Jet 4.0 OLE DB Provider"，如图 11-26 所示。

③ 单击 "下一步" 按钮，打开 "数据链接属性" 对话框，如图 11-27 所示。在 "连接" 选项卡中选择或者输入数据库名称。

④ 单击 "测试连接" 按钮，出现测试连接成功提示，表示利用 ADO 数据控件和指定的数据库建立了连接。

（4）设置 Adodc 控件记录源。

单击 Adodc 控件 RecordSource 属性的 "…" 按钮，弹出记录源的 "属性页" 对话框，如图 11-28 所示。选择 "命令类型" 为数据表 "2-adCmdTable"，在 "表或存储过程名称" 下拉列表框中选择学生信息表 "stu"。单击 "确定" 按钮，返回窗体的设计视图，Adodc 控件设置完毕。

图 11-25　Adodc 对象的 "属性页" 对话框

图 11-26　 "数据链接属性" 对话框

图 11-27　 "数据链接属性" 对话框

图 11-28　 "属性页" 对话框

（5）设置 DataGrid 控件数据源。

将 DataGrid 和 Adodc 进行绑定。单击 DataGrid 控件的 DataSource 属性，在下拉列表框中选择 ADO 数据对象 Adodc1。

（6）运行。

按 F5 键运行，结果如图 11-29 所示。

DataGrid 控件除了可以绑定数据之外，还可以与文本框、组合框、列表框，以及第三方的数据控件进行绑定。

（7）添加其他绑定控件。

在上面的基础上添加一个标签，Caption 属性为"绑定姓名"，添加一个文本框和一个 DataList 控件，如图 11-30 所示。

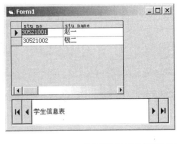

（8）设置其他绑定控件属性。

图 11-29　ADO 数据控件的运行结果

① 设置文本框的 DataSource 属性为"Adodc1"，设置其 DataField 属性为将要显示的字段名称，如"Stu_Name"。

② 设置 DataList 的 RowSource 属性为"Adodc1"，设置其 ListField 属性为将要显示的字段名称，如"Stu_Name"。

③ 按 F5 键运行，结果如图 11-31 所示。

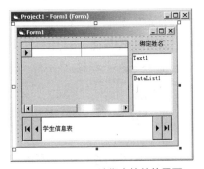

图 11-30　设计绑定控件的界面

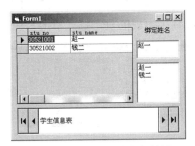

图 11-31　绑定控件的运行结果

3. 使用数据窗体向导

Visual Basic 提供了实用简便的数据窗体向导。

（1）选择"工程"菜单中的"添加窗体"命令，打开"添加窗体"对话框，如图 11-32 所示。

（2）选择"VB 数据窗体向导"，单击"打开"按钮，出现"数据窗体向导"的"介绍"对话框，单击"下一步"按钮，打开"数据库类型"对话框，如图 11-33 所示。

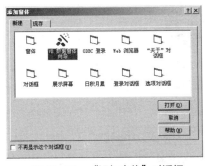

图 11-32　"添加窗体"对话框

图 11-33　"数据库类型"对话框

（3）选择"Access"，单击"下一步"按钮，浏览选择或输入数据库的名称。

（4）单击"下一步"按钮，进入 Form 窗体布局对话框，如图 11-34 所示。输入窗体名称 frmData，选择"窗体布局"为"网格（数据表）"。

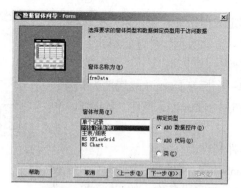

图 11-34　Form 窗体布局对话框

（5）单击"下一步"按钮，打开"记录源"对话框，如图 11-35 所示。选择"记录源"为学生信息表"stu"，将所有可用字段选入"选定字段"中，并选择"列排序按"为"stu_no"，按照学号排序。

（6）单击"下一步"按钮，打开"控件选择"对话框，如图 11-36 所示。用户可以根据需要选择窗体上出现的复选框。单击"完成"按钮，返回设计界面。

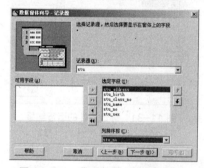

图 11-35　"记录源"对话框

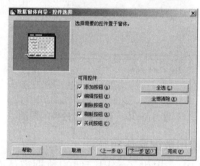

图 11-36　"控件选择"对话框

（7）将工程中原来的 Form1 移除，选择"工程"菜单中的"工程属性"命令，打开"工程属性"对话框，如图 11-37 所示，此时将由向导建立的窗体 frmData 设置为工程的启动对象。

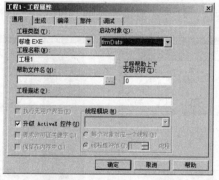

图 11-37　设置启动对象

（8）按 F5 键运行，结果如图 11-38 所示。

在 Form 窗体布局对话框中，还可以设置窗体布局为"单个记录"、"主表/细表"及"MS HFlexGrid"等，运行结果如图 11-39 至图 11-41 所示。

图 11-38　网格（数据表）的运行结果　　　　图 11-39　单个记录的运行结果

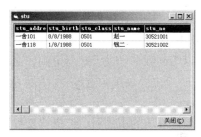

图 11-40　主表/细表的运行结果　　　　　图 11-41　MS HFlexGrid 的运行结果

11.5　数据报表设计

在 VB 平台下制作报表大致有两种选择：使用 VB 自带的 Data Report 控件和借助第三方软件。其中第三方软件比较著名的有 Microsoft 公司的 Excel 和 Seagate 公司的 Crystal Reporter。VB 自带的报表设计器必须在数据环境（data environment）的支持下才能使用，因为报表设计中的数据来源于数据环境。

11.5.1　数据环境设计器

数据环境是 VB 6.0 提出的一个新概念，它可以将许多单独使用的对象和控件组合成一个单独的环境，建成后的这个数据环境可用来访问任何数据库、查询或加入其中的存储过程。在 VB 中使用数据环境后，如果程序中有多处引用了某个数据库的地方需要更改数据引用，只需改动一次数据环境，应用程序中的其他有关地方就会做出相应变动，为开发应用程序带来极大的方便。从某种角度看，data environment 的作用相当于一个通用的 Data 控件，它可以在任何情况下使用，可以连接到所有的数据库、表以及只含一个查询或表的对象上，而不仅仅局限于连接到某个查询或表上。

在早期的 VB 版本中，使用 ActiveX User Connection 设计器创建远程数据对象（Remote Data Objects，RDO）来实现数据的访问。VB 6.0 的数据环境设计器除了支持 User Connection 设计器的所有功能外，还支持以下功能。

（1）Connection、Command 和 Multiple Connection（多连接，即在一个数据环境中访问多个数据源）对象。

（2）OLE DB 数据源和 ODBC 数据源。

（3）拖放功能，即从数据环境设计器中拖动字段和表到一个窗体或数据报表 ActiveX 设计器中，在窗体或报表中自动创建数据绑定控件。

（4）执行包含在数据环境中、作为编程的运行时方法的 Command。

（5）对绑定到窗体中控件的数据环境进行编程访问。

（6）关联 Command 对象创建一个关系层次结构、对 Command 对象分组创建一个分组层次结构、创建合计和手工绑定数据识别控件到一个 Command 对象中的 Field 对象的能力。

（7）数据环境扩展性对象模型，该模型允许创建外接程序。这些外接程序可以通过编程操作 Visual Basic 工程中的任何 Data Environment 对象。

在 VB 中创建的数据环境对象会作为 VB 工程的一部分保存到文件中，该文件的扩展名为.DSR。下面介绍如何在 VB 工程中创建一个数据环境对象，以及如何在应用程序中使用数据环境中的对象。

假设要创建一个数据环境对象，用来访问 Microsoft Access 中的 VB 班级数据库 Students.mdb。

在可以访问数据环境设计器之前，必须在 Visual Basic 中引用它。引用数据环境设计器的方法是：在"工程"菜单中选择"引用"命令，在打开的"引用"对话框中选择"Microsoft Data Environment 1.0"，然后单击"确定"按钮。

完成数据环境的引用后，选择"工程"菜单中的"添加 Data Environment"命令，将一个数据环境设计器对象添加到一个 VB 工程中，如图 11-42 所示。

图 11-42 添加数据环境

在 VB 工程中添加一个数据环境（默认名为"DataEnvironment1"）后，数据环境设计器就自动包括一个新的连接 Connection1。在设计时，数据环境打开连接并从该连接中获得元数据，包括数据库对象名、表结构和过程参数。下面设置数据环境中新建的 DataEnvironment1 及 Connection1 对象的属性。

（1）与在窗体中添加的普通控件一样，可以在 VB 的属性窗口中更改数据环境及连接的名称。例如，将数据环境和连接分别命名为"de"和"con"。

（2）用鼠标右键单击 Connection1 对象，选择"属性"命令，打开"数据链接属性"对话框。

（3）在"数据链接属性"对话框的"提供程序"选项卡中选择"Microsoft Jet 4.0 OLE DB Provider"。如果程序不是使用 Access 数据库，则要选择与数据库对应的"提供程序"。

（4）在"连接"选项卡中设置数据库名称为"Students.mdb"，如果数据库设定了用户名和密码，需要一并输入，并单击"测试连接"按钮，测试连接是否成功。

（5）单击"确定"按钮，完成连接对象属性的设置，如图 11-43 所示。

还有一个更简便的方法来建立一个新的连接，即从"数据视图"窗口中将一个连接拖动到数据环境设计器中，自动创建 Connection 对象。这对于创建"数据视图"中已存在的 Connection 对象是非常容易和高效的。

完成连接属性的设置后，就可以在这个连接对象中创建命令（Command）对象了。Command 对象定义了从一个数据库连接中获取何种数据的详细信息。Command 对象既可以基于一个数据库对象（如一个表、视图、存储过程），也可以基于一个 SQL 查询。

图 11-43　建立数据库链接

创建 Command 对象，可以采用以下步骤。

（1）在数据环境设计器工具栏中单击"添加命令"按钮，或用鼠标右键单击 Connection 对象（或数据环境对象），从快捷菜单中选择"添加命令"，系统自动添加一个"Command1"命令对象到 Connection 对象，如图 11-44 所示。

图 11-44　添加命令对象到数据库链接

（2）设置命令对象的属性。用鼠标右键单击命令对象，选择"属性"命令，打开"Command 属性"对话框。该对话框中的"通用"、"关联"、"分组"和"合计"选项卡，分别定义该数据库的来源、连接属性及关系等，并组织 RecordSet 中包含的数据，"高级"选项卡可以改变在运行时获取或操作数据的方式。这里在"通用"选项卡的"SQL 语句"中输入"SELECT * FROM Student"，如图 11-45 所示。

与 Connection 对象一样，可以有一种更为快捷的方法创建 Command 对象，即从一个"数据视图"中将一个表、视图或存储过程拖到数据环境设计器中，自动创建 Command 对象。如果与被拖动的 Command 对象相关联的 Connection 对象在数据环境中不存在，则自动创建一个 Connection 对象。

图 11-45　设置命令对象属性

此例中创建的数据环境如图 11-46 所示。数据环境创建完成后，可以很容易地把它的相关内容绑定到窗体或数据报表对象中，如图 11-47 所示。

图 11-46　创建数据环境　　　　　　图 11-47　内容绑定到窗体

从上面的例子及说明可以看出，VB 中的数据环境就像一个大的数据控件，它可以在不同的窗体中引用和操作。这对于开发应用程序来说，无疑提供了一个很好的数据工具。

11.5.2　报表设计器

报表设计器（Data Report Designer）是 VB 6.0 众多新增功能中很有用的一个功能。用过 Access 报表设计工具的用户再使用 VB 6.0 中的 Data Report Designer，就会感觉它功能更加强大，而且使用方便。它支持页面、报表头、记录行以及其他一些常用的功能，如支持不同的图形和字体等。虽然这种报表设计器不能完全取代第三方报表设计工具，但可以很方便地在 VB 中设计一些常用的报表。另外，可以方便地在程序中使用代码来调用创建好的报表对象。图 11-48、图 11-49 分别演示了报表设计器的启示及 VB 报表的组成元素。

图 11-48　启动报表设计器　　　　　　图 11-49　VB 报表的组成

报表设计器主要有以下功能特点。

（1）对字段的拖放功能：把字段从 Microsoft 数据环境设计器拖到数据报表设计器时，Visual Basic 自动在数据报表上创建一个文本框控件，并设置被拖动字段的 DataMember 和 DataField 属性。也可以把一个 Command 对象从数据环境设计器拖到数据报表设计器。在这种情况下，对于每一个 Command 对象包含的字段，将在数据报表上创建一个文本框控件，且每一个文本框的 DataMember 和 DataField 属性都被设置为合适的值。

（2）Toolbox 控件：数据报表设计器以它自己的一套控件为特色。当数据报表设计器添加到工程时，控件自动在工具箱上创建一个名为"数据报表"的新选项卡，包含几个报表用控件。

（3）报表打印及预览：使用 Show 方法预览报表，然后生成数据报表并显示在它自己的窗口内；调用 PrintReport 方法，以编程方式打印一个报表。当数据报表处于预览方式时，用户也可以通过单击工具栏上的打印机图标打印报表。

（4）文件导出：使用 ExportReport 方法导出数据报表信息。导出格式包括 HTML 和文本。可以创建一个文件模板集合，以与 ExportReport 方法一起使用。这对于以多种格式（每种都报表类型剪裁）导出报表很有用。

（5）异步操作：DataReport 对象的 PrintReport 和 ExportReport 方法是异步操作。使用 ProcessingTimeort 事件可以监视这些操作的状态，并取消任何花费时间过长的操作。

报表通常由以下 5 部分组成（见图 11-49），但在实际使用中可以根据需要选择所需部分。

报表标头：每份报表只有一个，可以用标签建立报表名。

页标头：每页有一个，即每页的表头，如字段名。

细节：需要输出的具体数据，一行一条记录。

页脚注：每页有一个，如页码。

报表脚注：每份报表只有一个，可以用标签建立对本报表的注释、说明。

报表的多数控件在功能上与 Visual Basic 内部控件相同，包括 RptLabel、RptShape、RptImage、RptTextBox、RptLine 和 RptFunction 控件，如图 11-50 所示。Function 控件能自动生成如下 4 种信息中的一种：Sum、Average、Minimum 或 Maximum。

图 11-50　报表控件

（1）RptLable（报表标签）控件。RptLable 控件与 Lable 标签控件类似，用于在报表上显示报表标头、页标头、页注脚、报表注脚、分组标头的内容。

（2）RptTextBox（报表文件框）控件。RptTextBox 控件与 TextBox 控件类似，用于显示数据报表各字段明细内容。RptTextBox 控件的主要属性如下。

● DataMember 属性。该属性通过设置数据环境中的命令对象，选择要打印的数据表。

● DataField 属性。该属性用于选择数据表中要打印的字段。

（3）RptImage（报表图像）控件。该控件用于在报表上显示图像，但不能直接与数据表字段绑定。

（4）RptLine（报表直线）控件。该控件用于在报表上画线。

（5）RptShape（报表形状）控件。该控件用于在报表上画矩形、三角形和圆等。

（6）RptFunction（报表函数）控件。该控件用于在报表上显示字段统计值。

11.5.3　报表设计

设计数据报表的一般步骤如下。

（1）在工程中添加数据环境设计器，设置其连接对象（Connection）的属性，使之与数据库连接。添加一个命令（Command）对象，设置其属性，使命令对象与数据表连接。也可通过记录集（rsCommand）对象的 Open 方法打开数据集。

（2）在工程中添加数据报表（DataReport）对象，设置其 DataSource 属性，通过环境设计器与数据库连接，再设置 DataMember 属性，通过命令对象与数据表连接。

（3）在数据报表（DataReport）对象的报表标头（Section4）中，添加 RptLable 标签控件，通过设置 Caption 属性显示报表标题内容。

（4）在数据报表（DataReport）对象的页标头（Section2）中，添加 RptLable 标签控件，通过修改 Caption 属性显示报表页标题与字段名称。

（5）在数据报表（DataReport）对象的细节栏（Section1）中，添加 RptTextBox 控件，通过设置 DataMember 属性与命令对象（即数据表）连接，设置 DataField 属性与字段连接，显示数据表记录内容。

注意：（4）、（5）中有关页标头与细节栏的设计也通过下列方法实现。

打开数据环境设计器，将命令（Command）对象拖到数据报表对象的细节栏（Section1）中。将字段标签控件 RptLable 拖到页标头（Section2）中的适当位置，并将字段名改为中文。将字段文本控件 RptTextBox 拖到细节栏（Section1）的适当位置，如图 11-56 所示。

（6）在数据报表对象的页标头（Section2）与页脚注（Section3）等区域对象中，添加日期、时间、页号等项目。在页标头（Section2）与页脚注（Section3）区域中，单击鼠标右键，在弹出的快捷键菜单中选择"插入控件"命令，再选择"当前日期"、"当前时间"、"当前页码"、"总页数"等命令，如图 11-51 所示，在上述区域内添加日期、时间、页码等项目。

图 11-51　插入日期、时间、页码等项目

（7）在数据报表对象的报表注脚（Section5）等区域对象中，添加 RptFuction 函数控件。RptFuction 函数控件主要用于统计某数值型字段的和、平均值、最大值和最小值等。其主要属性如下。

① DataMember 属性：用于选择命令对象与数据表连接。

② DataField 属性：用于选择统计字段。

③ FuntionType 属性：用于选择统计函数的类型，主要有如下类型：

0-prtFuncSum：求和函数类型。

1-prtFuncAve：求平均值函数类型。

2-prtFuncMin：求最小值函数类型。

3-prtFuncMax：求最大值函数类型。

（8）网格处理。

① 显示网格：在数据报表中单击鼠标右键，在弹出的快捷菜单中选择"显示网格"选项，取消选择"显示网格"选项，则数据报表不显示网格。再次单击"显示网格"选项，恢复选择"显示网格"选项，则数据报表显示网格。

② 抓取到网格：在数据报表中单击鼠标右键，在弹出的快捷菜单中选择"抓取到网格"选项，取消选择"抓取到网格"，则控件可在数据报表内自由移动。再次单击"抓取到网格"选项，恢复选择"抓取到网格"选项，则控件被抓取到网格边线。

若要使控件能在数据报表窗体中自由移动，则应取消选择"抓取到网格"选项，为了能看清所布线条，应取消选择"显示网格"选项。

（9）画表格线。

在数据报表内添加 RptLine 控件，可画数据报表的表格线（竖线或横线），用鼠标可改变线条的长度与方向。

（10）控件的对齐与间距。

① 控件对齐。选择控件，单击鼠标右键，在弹出的快捷菜单中选择对齐，可按水

平方向进行控件的左、右、居中对齐；可按垂直方向进行控件的顶、底、中间对齐，还可以对齐到网格。

② 水平与垂直间距：在以上快捷菜单中还可选择相同间距、递增、递减、删除。

下面以学生基本信息报表的设计过程说明如何制作报表。

① 新建工程，在窗体添加一个命令按钮，设定该命令按钮的 Captiong 属性为"打印"。

② 选择"工程"→"添加 Data Enviroment"命令，弹出如图 11-52 所示的数据环境设计器。用鼠标右键单击 Connection1，选择"属性"命令，打开"数据链接属性"对话框，在该对话框中选择提供的程序为"Microsoft Jet 4.0 OLE DB Provider"，单击"下一步"按钮，在"连接"选项卡中指定数据库的路径及名称。

③ 再次用鼠标右键单击 Connection1，选择"添加命令"，创建 Command1 对象，用鼠标右键单击 Command1，在其属性对话框中设置该对象连接的数据源为需要打印的数据表，如图 11-53 所示。

图 11-52 数据环境设计器

图 11-53 设置数据库对象

④ 选择"工程"→"添加 Data Report"命令，在属性对话框中设置 DataSource 为数据环境"DataEnviroment1"对象，DataMember 为"Command1"对象，指定"数据报表设计器"DataReport1 的数据来源，如图 11-54 所示。

图 11-54 设置 DataSource 与 DataMember 属性

⑤ 将数据环境设计器中 Command1 对象内的字段拖到数据报表设计器的细节区，如图 11-55 所示。

图 11-55 设置数据报表设计器细节区内的字段

⑥ 利用标签控件在报表标头区插入报表名，在页标头区设置报表每一页顶部的标题，如图 11-56 所示。

⑦ 利用直线控件在报表内添加直线，利用图形控件和形状控件添加图案或图形，如图 11-56 所示。

图 11-56

⑧ 利用 DataReport1 对象的 Show 方法显示报表，在 Command1_Click 事件中编写代码：DataReport1.Show。

⑨ 单击预览窗口中的"打印"按钮可以打印报表，如图 11-57 所示。

⑩ 单击预览窗口工具栏上的"导出"按钮，或者利用 DataReport1 对象的 ExportReport 方法将报表内容输出成文本文件或 HTML 文件，如图 11-58 所示。

图 11-57　DataReport1 预览效果

图 11-58　报表内容的导出

另外一个制作报表的简单方法是从"外接程序"中选择报表向导来设计报表。

Visual Basic 6.0 与以前版本的最大不同之处就是在数据库功能上有更大的提高。这也是 Microsoft 公司加强其在企业开发工具地位的重要举措。应该说，在开发大中型企业应用软件上，Visual Basic6.0 的确是最强的软件之一。相信大家在不断的使用过程中会有更深的体会。

练习题

一、选择题

1. 要利用数据控件返回数据库中的记录集，需设置（　　）属性。

    A. Connect   B. DatabaseName   C. RecordSource   D. RecordType

2. Seek 方法可在（　　）记录集中进行查找。

    A. Table 类型   B. Snapshot 类型   C. Dynaset 类型   D. 以上三者

3. 下列（　　）关键字是 Select 语句中不可缺少的。

    A. Select 、From   B. Select、Where

    C. From、Order By   D. Select、All

4. 在使用 Delete 方法删除当前记录后，记录指针位于（　　）。

    A. 被删除记录上   B. 被删除记录的上一条

C. 被删除记录的下一条　　D. 记录集的第一条

5. 使用 ADO 数据控件的 ConnectionString 属性与数据源建立连接相关信息，在“属性页”对话框中可以有（　　）种不同的连接方式。

A. 1　　B. 2　　C. 3　　D. 4

6. 数据绑定列表框 DBList 和下拉列表框 DBCombo 控件中的列表数据通过（　　）属性从数据库中获得。

A. DataSource 和 DataField　　B. RowSource 和 ListField

C. BoundColumn 和 BoundText　　D. DataSource 和 ListField

7. DBList 控件和 DBCombo 控件与数据库的绑定通过（　　）属性实现。

A. DataSource 和 DataField　　B. RowSource 和 ListField

C. BoundColumn 和 BoundText　　D. DataSource 和 ListField

8. 下列所显示的字符串中，字符串（　　）不包含在 ADO 数据控件的 ConnectionString 属性中。

A. Microsoft Jet 3.51 OLE DB Provider　　B. Data Source=C:\Mydb.mdb

C. Persist Security Info=False　　D. 2−adCmdTable0

二、填空题

1. 要使绑定控件能通过数据控件 Data1 连接到数据库上，需设置控件的________属性为________，要使绑定控件能与有效的字段建立联系，则需设置控件的________属性。

2. 如果数据控件连接的是单表数据库，则________属性应设置为数据库文件所在的子文件夹名，而具体文件名放在________属性中。

3. 记录集的 RecordCount 属性用于对 Recordset 对象中的记录计数，为了获得准确值，应先使用________方法，再获得 RecordCount 属性值。

4. 要在程序中通过代码使用 ADO 对象，必须先为当前工程引用________。

三、简答题

1. 记录、字段、表与数据库之间的关系是什么？
2. Visual Basic 中的记录集有哪几种类型？有何区别？
3. 要利用数据控件返回数据库中记录的集合，怎样设置它的属性？
4. 对数据库进行增加、修改操作后必须使用什么方法确认操作？
5. 什么是记录集对象？记录集对象的常用属性有哪些？
6. 利用 ADO 数据控件实现数据库的访问，需要设置的 ADO 数据控件属性有哪些？
7. Visual Basic 6.0 中提供的高级数据约束控件有哪些？如何进行添加？
8. 如何实现对数据库的增加、删除、修改、查询等功能？
9. 简述 SQL 中常用 Select 语句的基本格式和用法。
10. 简述制作报表的一般步骤。